普通高等教育"十三五"规划教材

高等院校计算机系列教材

计算机组成原理

主 编 刘智珺 张 琰 王 勇

副主编 阳 威 李龙腾

华中科技大学出版社

中国·武汉

内 容 简 介

计算机组成原理是计算机硬件课程中的一个至关重要的环节,它是计算机本科专业的一门核心主干课程,在先导课程和后续课程之间起着承上启下的作用。通过学习计算机组成原理,学生可以掌握基本的计算机组成和运行机制方面的内容,奠定必要的专业基础知识,为后面的学习和进一步提升实际工作水平做准备。本书加大了对例题的分析与讲解,加深了对知识点的理解与掌握,同时介绍了计算机发展的新技术。

全书共 8 章,主要介绍了计算机的基本组成、计算机中的信息表示、运算方法和运算器、存储器系统、指令系统、中央处理器、输入/输出设备、输入/输出系统。

本书可作为普通高等学校计算机、自动化、电子信息、通信、机电等专业的本、专科教材及教学参考书,也可供有关专业人员阅读。

图书在版编目(CIP)数据

计算机组成原理/刘智珺,张琰,王勇主编.—武汉:华中科技大学出版社,2019.1(2024.12 重印)
ISBN 978-7-5680-4435-6

Ⅰ.①计…　Ⅱ.①刘…　②张…　③王…　Ⅲ.①计算机组成原理　Ⅳ.①TP301

中国版本图书馆 CIP 数据核字(2019)第 012546 号

计算机组成原理
Jisuanji Zucheng Yuanli

刘智珺　张　琰　王　勇　主编

策划编辑:范　莹
责任编辑:陈元玉
封面设计:原色设计
责任监印:赵　月
出版发行:华中科技大学出版社(中国·武汉)　　电话:(027)81321913
　　　　　武汉市东湖新技术开发区华工科技园　　邮编:430223
录　　排:武汉市洪山区佳年华文印部
印　　刷:武汉邮科印务有限公司
开　　本:787mm×1092mm　1/16
印　　张:13.25
字　　数:319 千字
版　　次:2024 年 12 月第 1 版第 3 次印刷
定　　价:38.80 元

前　言

  计算机组成原理课程是计算机本科专业的核心主干课程。通过计算机组成原理课程的学习,可以了解计算机的一般组成原理,可以理解指令的执行过程与内部运行机制。计算机组成原理不仅包括硬件的设计与分析,还包括数据在计算机中的表示、运算和存储。因此,计算机组成原理这门课程,既注重于内容更新,也侧重于学以致用。为此,我们根据多年的教学实践编写了本书。本书具有立足于系统、面向应用、实用性强、适用面广等特点。

  编写本书的主要思想是,在强调基本原理、基本概念的同时,力求做到内容全面、概念清楚、通俗易懂,并兼顾实用性和前瞻性。本书共分为8章。第1章和第2章是基本的系统结构概述和信息表示的知识点,是全书的概括,也是后续内容展开的知识基础。本书具体内容的展开按照计算机的五大部件进行。第3章主要介绍运算器,第4章主要介绍存储器,第5章和第6章主要介绍指令系统与中央处理器,第7章和第8章主要介绍输入/输出设备以及输入/输出系统。

  第1章和第6章由张琰编写,第2章和第7章由阳威编写,第3章和第5章由刘智珺编写,第4章由王勇编写,第8章由李龙腾编写,全书由刘智珺统稿。

  每章后都附有习题,供学习后复习知识点。

  由于编者水平有限,书中难免存在错误,敬请批评指正。

编　者

2018 年 9 月

目　　录

第1章 概　　论

计算机是对信息进行自动处理的机器。计算机系统由硬件和软件两大部分组成。计算机系统的层次结构是计算机系统的科学描述，位于层次结构底部的两层是实际的物理机器。本章主要介绍了计算机系统的发展、计算机的层次结构、冯·诺伊曼计算机的特点、计算机系统的组成以及几个重要的计算机指标。

1.1　计算机系统的概论

1.1.1　计算机的发展

1. 第一代电子管计算机

1943 年，正当第二次世界大战进入后期的阶段，因战争需要，美国国防部批准了由 Pennsylvania 大学 John Mauchly 教授和 John Pesper Ecker 工程师提出的建造一台用电子管组成的电子数字积分计算机（ENIAC）的计划，用它来完成当时国防弹道研究实验室（BRL）为开发新武器的射程和检测模拟运算表的任务。

第一代电子管计算机的主要特点：计算机所使用的逻辑元件为电子管，存储器采用延迟线或磁效；软件程序主要使用机器语言编写，后期使用汇编语言。

2. 第二代晶体管计算机

1947 年，Bell 实验室成功地使用半导体硅做基片，制成了第一个晶体管，它的小体积、低电耗以及载流子高速运行的特点，使真空管望尘莫及。进入 20 世纪 50 年代后，全球出现了一场以晶体管替代电子管的革命，计算机的性能有了很大提高。以 IBM 公司的 700/7000 系列为例，晶体管机 7094（1964 年）与电子管机 701（1952 年）相比，其主存容量从 2 B 增加到 32 KB，存储周期从 30 μs 下降到 14 μs，指令操作码数从 24 增加到 185，运算速度从每秒上万次提高到每秒 50 万次，而且晶体管机 7094 还采用了数据通道和多路转换器等在当时看来是最新的技术。

第二代晶体管计算机的主要特点：逻辑元件使用晶体管，普遍采用磁芯作为主存储器；采用磁带或磁盘作为辅助存储器；这一代出现了 Fortran、Cobol 等高级语言，并出现了机器内部的管理程序。

3. 第三代集成电路计算机

计算机的数据存储、数据处理、数据传送以及各类控制功能，基本上都是由具有布尔逻辑功能的各类门电路完成的，而大量的门电路又都是由晶体管、电阻、电容等搭接而成。当集成电路制作技术出现后，可以利用光刻技术把由晶体管、电阻、电容等构成的单个电路制作在一块极小，如几个平方微米的硅片上。后来又实现了将成百上千个这样的门电路全部制作在一块极小,如几个平方毫米的硅片上,并引出与外部连接的引线,这样一次便能制作成百上千个相同的门电路,大大缩小了计算机的体积,大幅降低了耗电量,极大提高了机器的可靠性,这就是人们称为小规模集成电路(SSIC)和中等规模集成电路(MSIC)的第三代计算机。

第三代集成电路计算机的主要特点:采用中、小规模集成电路取代了晶体管,用半导体存储器淘汰了磁芯存储器;在软件上,把管理程序发展成为现在的操作系统,采用了微程序控制技术,高级语言更加流行,如 Basic、Pascal 等。

4. 第四代计算机

从计算机体系结构上看,第四代计算机只是前三代计算机的扩展和延伸,计算机的操作环境更加完善,在语音图像处理、多媒体技术、人工智能等方面取得了很大发展。

第四代计算机的主要特点:大规模集成电路(LSIC)及超大规模集成电路(VLSIC)取代了 MSIC、SSIC。

1.1.2 计算机系统的层次结构

计算机系统是由硬件系统与软件系统组成的,硬件系统与软件系统又各自包含许多子系统,因此,计算机系统的结构十分复杂。但通过仔细分析可以发现,计算机系统存在着层次结构。

从功能上看,现代计算机系统可分为五个层次级别,如图 1-1 所示。

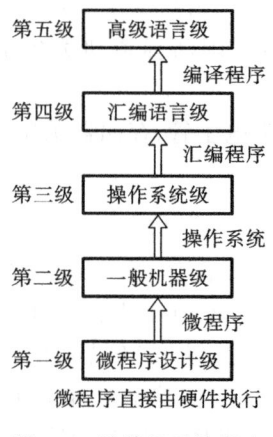

图 1-1 计算机系统层次
结构示意图

第一级是微程序设计级。这是一个实在的硬件级,它由机器硬件直接执行微指令。如果某个应用程序直接用微指令来编写,那么可在这一级上运行该应用程序。第二级是一般机器级,也称机器语言级,它由微程序解释机器指令系统,这一级也是硬件级。第三级是操作系统级,它由操作系统程序实现。这些操作系统由机器指令和广义指令组成,广义指令是操作系统定义和解释的软件指令,所以这一级又称混合级。第四级是汇编语言级。它给程序员提供一种符号形式的语言,以减少程序编写的复杂性。这一级由汇编程序支持和执行。如果应用程序采用汇编语言编写,则机器必须有这一级的功能才能运行;如果应用程序不采用汇编语言编写,则这一级可以不要。第五级是高级语言级。这一级由各种高级语言编译程序支持和执行,这是面向用户的,是为方便用户编写应用程序而设置的。

1.1.3 计算机组成和计算机体系结构

计算机组成和计算机体系结构这两个概念对于想要了解计算机系统的人来说是很重要的。虽然很难给出这两个术语的精确定义,但对它们所涉及的领域则存在着共识。一般认为,计算机体系结构是指那些对程序员可见的系统属性。换句话说,这些属性直接影响到程序的逻辑执行。例如,计算机体系结构的属性包括指令系统、表示各种数据类型(例如整型、字符型）的比特数、输入/输出机制以及内存寻址技术。计算机组成指的是实现计算机体系结构规范的操作单元及其相互连接。计算机组成的属性包括那些对程序员透明的硬件细节，如控制信号、存储器使用技术等。

　　下面通过一个例子来说明计算机体系结构和计算机组成的区别。例如，计算机是否有乘法指令是计算机体系结构的设计问题。这条指令是由特定的乘法单元实现还是通过重复使用系统的加法单元来实现，则是一个计算机组成问题。决定使用哪种计算机组成需要考虑使用乘法单元的频度，要考虑两种方案的相对速度，还要考虑特定乘法单元的成本和物理尺寸等因素。

1.2　计算机硬件的组成

1.2.1　冯·诺依曼计算机的特点

　　要知道什么是冯·诺依曼计算机，还得从世界上第一台通用电子数字计算机谈起。世界上第一台通用电子数字计算机的英文全名是 Electronic Numerical Integrator And Computer（电子数字积分计算机，ENIAC）。研制通用电子数字计算机的目的是满足美国战时（第二次世界大战）的需要。美国军队的弹道研究实验室（BRL）——一个负责开发新式武器的射程和弹道表的机构，在提供数据表的精确性和及时性上遇到了困难。他们发现，如果没有这些发射表，新式的武器和火炮对炮手来说并没有用处。BRL 雇用了 200 多人，且大多数是妇女，他们使用桌面计算器求解所需的火炮公式，为一件武器提供数据表将耗费几小时，甚至几天的时间。美国 Pensylvania 大学教授 John Mauchly 和他的研究生 Eckert 提出用电子管创造通用计算机的设想，用于满足 BRL 的应用需求。

　　1943 年，这个计划被军方采纳，ENIAC 项目开始启动。冯·诺伊曼是其中一个研究人员。ENIAC 完成于 1946 年，这是一台十进制机器而不是一台二进制机器，最终的机器体积庞大，重量约 30 吨，占地面积约 170 平方米，使用了约 18000 个电子管，它工作时消耗的功率达 140 kW，但它的速度比电子机械计算机的要快得多，每秒钟能执行加法 5000 次，如图 1-2 所示。ENIAC 的主要缺点：必须通过手工设置分布于各处的 6000 个开关和插头及众多的插座才能编程，这显然是一件十分枯燥和乏味的工作。

　　为了克服这一困难，冯·诺伊曼在普林斯顿高等研究院研制自己的 EDVAC（Electronic Discrete Variable Automatic Computer），即 IAS 机。他发现，程序可以采用数字形式与数据一起在计算机内存中表示，代替繁琐的开关和插头的编程方式。他使用 Atanasoff 几年前就已经使用过的二进制数，而 ENIAC 用 10 个电子管（1 个亮，9 个不亮）表示一位十进制数。由他第一次描述的这些基本设计，现在被命名为冯·诺伊曼机，其体系结构如图 1-3 所示，并在世界上第一台存储程序的计算机 EDSAC 中采用，直到今天，依然是几乎所有数字计算机的基础。

　　冯·诺伊曼机由 5 个基本部分组成：存储器、算术运算单元（ALU）、控制器以及输入/输出设备。其中，ALU 和控制器组成计算机的"大脑"，字长为 40 位，当然，其存储容量、指令数目等都比较少。冯·诺伊曼机可将事先编写好的程序（包含指令代码和数据代码）存入主存储器中,由 CPU 调用执行。这在现在看起来是普通的常识,但在当时却是一个伟大的贡献。

- 每秒执行加法5000次
- 重量约30吨
- 占地面积约170平方米
- 约18000只电管子
- 1500个继电器
- 耗电140 kW

图 1-2　ENIAC(电子数字积分计算机)

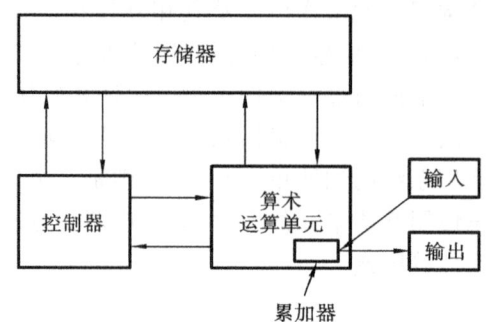

图 1-3　最初的冯·诺依曼机

1.2.2　计算机的主要部件

计算机的基本功能,主要包括数据加工、数据保存、数据传送和操作控制等。数据加工的任务是对数据进行算术运算和逻辑运算;数据保存的任务是在计算机进行数据处理时,将计算机中的信息(指令和数据)保存起来,必要时需要进行永久性保存,以便再次运算或对结果进行分析;数据传送则反映在必须有传输通道,将数据从一个地方传送到另一个地方,尤

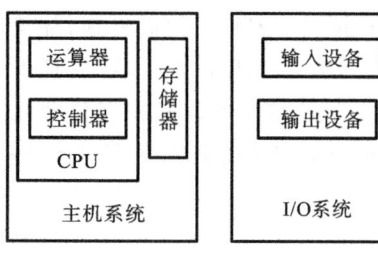

图 1-4　计算机部件组成示意图

其是数据必须能够在外界和计算机之间传送,能够将需要加工的数据发送给计算机,并获得计算机处理的结果。当然,所有这些工作都必须在严格的控制之下有条不紊地进行,才能够得到预期结果。

为了实现这些基本功能,计算机必须有相应的功能部件(硬件)承担相关工作。计算机的硬件通常由运算器、存储器、控制器、输入设备和输出设备等五大部件组成,如图 1-4 所示。

1.2.3　存储程序的工作方式

电子计算机采用"存储程序控制"原理。由于这一原理是在 1946 年由美籍匈牙利数学家冯·诺伊曼提出的,所以又称"冯·诺伊曼原理"。这一原理在计算机的发展过程中始终发挥着重要作用,确立了现代计算机的基本组成和工作方式,直到现在,各类计算机还是采用冯·诺伊曼原理。

冯·诺伊曼原理的核心是"存储程序控制"。

第一步:将程序和数据通过输入设备送入存储器。

第二步:运行后,计算机从存储器中取出程序指令送入控制器中去识别,并分析该指令要做什么。

第三步:控制器根据指令的含义发出相应的命令(如加法、减法),将存储单元中存放的操作数据取出送往运算器进行运算,再把运算结果送回存储器指定的单元中。

第四步:当运算任务执行完成后,就可以根据指令将结果通过输出设备输出。

"存储程序控制"原理的基本内容主要包括以下几方面。

（1）采用二进制代码表示数据和指令。

数据和指令在代码形式上没有区别，都是由 0 和 1 组成的二进制数据，但其含义不同。程序信息本身也可以作为被处理的对象（如编译）。

（2）采用存储程序方式。

将事先编制好的程序（包含指令和数据代码）存入主存储器中，计算机在程序运行时就能够自动地、连续地从存储器中依次取出指令，并加以执行，这是计算机高速自动运行的基础。

（3）由运算器、存储器、控制器、输入设备、输出设备五大基本部件组成计算机系统，并规定了这五大部件的基本功能。

冯·诺伊曼思想实际上是电子计算机设计的基本思想，奠定了现代电子计算机的基本结构，开创了程序设计的时代。

1.3　计算机系统的组织

1.3.1　硬件系统

计算机的硬件系统是指组成一台计算机的各种物理装置，是计算机中的电子线路和物理装置，它是由各种实实在在的器件组成的，是看得见、摸得着的实体，如用集成电路芯片、印刷电路板、接插件、电子元件和导线等装配而成的中央处理器（CPU）、存储器及外部设备等。计算机的硬件系统是计算机进行工作的物质基础。

计算机有巨型、大型、中型、小型和微型之分，每种规模的计算机又有很多机种和型号，它们在硬件配置上差别很大。但是，绝大多数都是根据冯·诺依曼计算机体系结构来设计的，故具有共同的基本配置，即具有五大部件：存储器、运算器、控制器、输入设备和输出设备。

运算器与控制器合称中央处理器（CPU）。CPU 和存储器通常组装在主板上，合称主机。输入设备和输出设备统称输入/输出设备，有时也称外部设备或外围设备，因为它们位于主机的外部或外围。

1. 存储器

存储器是计算机的存储部件，是信息存储的核心，存储器的主要功能是存放程序和数据。程序是计算机操作的依据，数据是计算机操作的对象。存储器分为主存储器（也称内存储器）和辅助存储器（也称外存储器）。CPU 能够直接访问的存储器是主存储器（简称主存），辅助存储器用于帮助主存储器记忆更多的信息，辅助存储器中的信息必须调入主存储器后，才能为 CPU 所使用。

2. 运算器

运算器是计算机的执行部件，是一个用于信息加工的部件，又称执行部件，用于对数据的加工处理。运算器通常由算术逻辑部件（ALU）和一系列寄存器组成。ALU 是具体完成算术与逻辑运算的部件,算术运算是指按照算术运算规则进行的运算,如加、减、乘、除及其复合运算。逻辑运算则为非算术运算,如与、或、非、异或、比较、移位等。寄存器用于存放运算操作数。累加器除存放运算操作数外,在连续运算中,还用于存放中间结果和最后结果。累加器由此而得名。寄存器与累加器的数据均从存储器取得,累加器的最后结果也存放在存储器中。

3. 输入设备

输入设备是将人们熟悉的信息形式变换成计算机能接收并识别的信息形式的设备。输入的信息有数字、字母、文字、图形、图像、声音等多种形式。其中被送入计算机的只有一种形式,即二进制数据。一般的输入设备只用于原始数据和程序的输入。常用的输入设备有键盘、鼠标、触摸屏、扫描仪、数码相机等。

4. 输出设备

输出设备是计算机运算结果的二进制信息转换成人类或其他设备能接收和识别的形式的设备。输出信息的形式有字符、文字、图形、图像、声音等。输出设备与输入设备一样.需要通过接口与主机相连。常用的输出设备有打印机、显示器、绘图仪等。外存储器也是计算机中重要的外部设备,它既可以作为输入设备,也可以作为输出设备。常见的外存储器有磁盘和光盘,它们与输入/输出设备一样,也要通过接口与主机相连。

5. 控制器

控制器是全机的指挥中心,它能使计算机各部件自动协调地工作。控制器工作的实质就是解释程序,它每次从存储器读取一条指令,经过分析译码,产生一串操作命令,发向各个部件,控制各部件动作,使整个机器连续地、有条不紊地运行。如果把计算机比作一个乐团,那么前面讲的存储器、运算器、输入设备、输出设备就相当于不同乐器的演奏员,而控制器则相当于乐团的指挥,它是整个计算机的指挥中心。

1.3.2 软件系统

计算机的软件是根据解决问题的方法、思想和过程编写的程序的有序集合。而所谓程序是指指令的有序集合。一台计算机中全部程序的集合,统称这台计算机的软件系统。软件按其功能分为应用软件和系统软件两大类。

应用软件是用户为解决某种应用问题而编制的程序,如科学计算程序、自动控制程序、工程设计程序、数据处理程序、情报检索程序等。随着计算机的广泛应用,应用软件的种类将越来越多、数量越来越庞大。系统软件用于实现计算机系统的管理、调度、监视和服务等功能,其目的是方便用户,提升计算机使用效率,扩充系统的功能。通常将系统软件分为以下 6 类。

1. 操作系统

操作系统是控制和管理计算机各种资源、自动调度用户作业程序、处理各种中断的软件。操作系统的作用是控制和管理系统资源的使用,是用户与计算机的接口。目前比较流行的操作系统有 DOS 操作系统(主要用于 PC 系列微机)、UNIX 操作系统(是多用户多任务通用的交互式操作系统,通用于各种计算机)及 Windows 操作系统(是单用户多任务图形界面操作系统）。

2. 语言处理程序

计算机能识别的语言与机器能直接执行的语言并不一致。计算机能识别的语言很多，如汇编语言、Basic 语言、Fortran 语言、Pascal 语言与 C 语言等。它们各自都规定了一套基本符号和语法规则，使用这些语言编制的程序叫源程序。使用"0"或"1"的机器代码按一定规则组成的语言，称为机器语言。使用机器语言编制的程序，称为目标程序。语言处理程序的任务就是将源程序翻译成目标程序。不同语言的源程序，对应不同的语言处理程序。

3. 标准程序库

为了方便用户编制程序，通常将一些常用的程序段按照标准的格式预先编制好，组成一个标准程序库，存入计算机系统中。需要时，由用户选择合适的程序段嵌入自己的程序中，这样既省事，又可靠。

4. 服务性程序

服务性程序（也称工具软件）扩大了机器的功能，一般包括诊断程序、调试程序等功能。常用的有磁盘管理、内存管理、电源管理以及反病毒软件等。

5. 数据库管理系统

随着计算机在信息处理、情报检索及各种管理系统方面的不断发展，使用计算机时需要处理大量的数据、建立和检索大量的表格。为了将这些数据和表格按照一定的规律组织起来，使处理更有效、检索更迅速、用户应用更方便，就出现了数据库。所谓数据库，就是能实现有组织地、动态地存储大量的相关数据，方便多用户访问的计算机软、硬件资源组成的系统。数据库和数据库管理软件一起，组成了数据库管理系统。

6. 计算机网络软件

计算机网络软件是为计算机网络配置的系统软件，它负责对网络资源进行组织和管理，实现相互之间的通信。计算机网络软件包括网络操作系统和数据通信处理程序等。前者用于协调网络中各机器的操作系统及实现网络资源的管理；后者用于实现网络内的通信及网络操作。

1.3.3　系统组成的多层次结构

计算机系统以硬件为基础，通过配置各种软件，形成一个有机组合的系统。我们常采用一种层次结构观点去分析或设计，也就是从不同的角度将计算机系统分为若干级（层次）。在构造一个完整的系统时，可以分层次地逐级实现，按这种层次结构化设计策略实现的系统，易于建造、调试、维护和扩充。常见的层次结构模型如下。

1. 硬软件组成的层次结构

图 1-5 所示的层次结构模型，表明在一个计算机系统中由哪些硬件和软件组成，以及它们之间的关系。自下而上反映计算机系统的生成过程，自上而下反映应用计算机求解问题的过程。

2. 从语言功能角度划分层次结构

如果将计算机功能描述为能执行某些程序设计语言编写的程序,那么用户看到的层次结构如图 1-6 所示。计算机硬件核心的物理功能是执行机器语言,称为机器语言物理机,从这一级看到的是一台实际的机器,而用户看到的是能执行某种语言程序的虚拟机,即通过配置某种语言处理程序后形成的一台计算机。

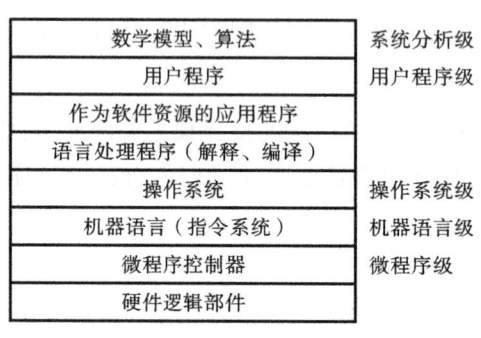

图 1-5　硬软件组成的结构层次示意图

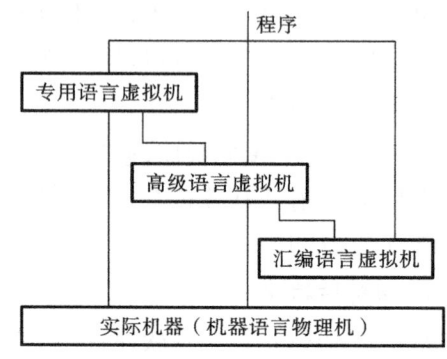

图 1-6　语言功能角度的层次结构

1.3.4　硬件、软件的功能划分与逻辑上的等价

现代计算机不能简单地认为是一种电子设备,而是一个十分复杂的由软件、硬件结合而成的整体。而且,在计算机系统中并没有一条明确的关于软件与硬件的分界线,没有一条硬性准则来明确指定什么必须由硬件来完成,什么必须由软件来完成。因为任何一个由软件所完成的操作也可以直接由硬件来实现,任何一条由硬件所执行的指令也能由软件来完成。这就是所谓的软件与硬件的逻辑等价。

例如,在早期的计算机和低档微型机中,由硬件实现的指令较少,像乘法操作,就由一个子程序(软件)去实现。但是,如果用硬件线路直接完成,其速度会很快。而由硬件线路直接完成的操作,也可以由控制器中微指令编制的微程序来实现,从而把某种功能从硬件转移到微程序上。另外,还可以把许多复杂的、常用的程序硬件化,制作成所谓的"固件"。固件是一个介于传统的软件和硬件之间的实体,功能上类似于软件,但形态上又是硬件。对于程序员来说,通常并不关心一条指令究竟是如何实现的。

微程序是计算机硬件和软件相结合的重要形式。第三代以后的计算机大多采用微程序控制方式,以保证计算机系统具有最大的兼容性和灵活性。使用微指令编写的微程序,从形式上看与使用机器指令编写的系统程序差不多。微程序深入机器的硬件内部,以实现机器指令操作为目的,控制着信息在计算机各部件之间的流动。微程序也基于存储程序的原理,把微程序存放在控制存储器中,所以也是借助软件方法实现计算机工作自动化的一种形式。

这充分说明软件和硬件是相辅相成的。一方面,硬件是软件的物质支柱,正是在硬件高度发展的基础上才有了软件的生存空间和活动场所;没有大容量的主存储器和辅存储器,大型软件将发挥不了作用;而没有软件的"裸机"也毫无用处,等于没有灵魂的人的躯壳。另一方面,软件和硬件相互融合、相互渗透、相互促进的趋势正越来越明显。不但硬件软化(微程

序即是一例)可以增强系统的功能和适应性,而且软件硬化能有效发挥硬件成本日益降低的
优势。随着大规模集成电路技术的发展和软件硬化的趋势,软硬件之间明确的划分已经显
得比较困难了。

1.4　计算机的特点与性能指标

1.4.1　数字计算机的特点

计算机的主要工作特点表现在以下几个方面。

1. 运算速度快

运算速度是计算机的一个重要性能指标。计算机的运算速度通常用每秒钟执行定点加
法的次数或平均每秒钟执行指令的条数来衡量。运算速度快是计算机的一个突出特点。计
算机的运算速度已由早期的每秒几千次发展到现在的最高可达每秒万亿次甚至更高。

2. 计算精度高

在科学研究和工程设计中,对计算的结果精度有很高的要求。一般的计算工具只能达
到几位有效数字(如过去常用的《四位数学用表》《八位数学用表》等),而计算机对数据的结
果精度可达十几位、几十位有效数字,根据需要甚至可达任意的精度。

3. 存储量大

计算机的存储器可以存储大量数据,这使得计算机具有"记忆"功能。目前计算机的存
储容量越来越大,已高达千兆数量级的容量。计算机具有"记忆"功能,这是计算机与传统计
算工具的一个重要区别。

4. 具有逻辑判断功能

计算机的运算器除了能够完成基本的算术运算外,还具有进行比较、判断等逻辑运算的
功能。这种能力是计算机处理逻辑推理问题的前提。

5. 自动化程度高,通用性强

由于计算机的工作方式是将程序和数据先存放在机内,工作时按程序规定的操作,一步
一步地自动完成,一般无须人工干预,因而自动化程度高。这一特点是一般计算工具所不具
备的。计算机通用性的特点表现在几乎能求解自然科学和社会科学中一切类型的问题,能
广泛应用于各个领域。

1.4.2　计算机的主要性能指标

评价计算机性能是一个复杂的问题,早期只限于字长、运算速度和存储容量三大指标。
目前要考虑的因素有如下几个方面。

1. 主频

主频很大程度上决定了计算机的运行速度,其单位是兆赫兹(MHz)。例如 Intel 8086/
8088 的频率为 4.77 MHz,而 Pentium Ⅳ 芯片可达 3 GHz 甚至以上。

2. 字长

字长决定了计算机的运算精度、指令字长度、存储单元长度等，可以是 8/16/32/64/128 位（bit）。

3. 运算速度

早期，衡量计算机运算速度的方法是每秒执行加法指令的次数，现在通常采用等效速度法。等效速度由各种指令平均执行时间以及对应的指令运行比例计算得出，即用加权平均法求得。它的单位是每秒百万指令（MIPS）。另外，还有利用所谓"标准程序"在不同的机器上运行所得到的实测速度。

4. 存储容量

以字为单位的计算机常以字数乘以字长来表明存储容量，以字节（1Byte＝8bit）为单位的计算机则常以字节数表示存储容量。习惯上常将 1024 简称为 1K（千），1024K 简称为 1M（兆），1024M 简称为 1G（吉），1024G 简称为 1T（太），1024T 简称为 1P（皮）。

5. 可靠性

系统是否运行稳定非常重要，常用平均无故障时间（MTBF）衡量，MTBF 值越大越可靠。平均无故障时间是指两次故障之间能正常工作时间的平均值，假设 λ 表示单位时间内失效的元件数与元件总数的比例即失效率，则 $MTBF＝1/\lambda$。例如，$\lambda＝0.02\%/h$，则 $MTBF＝1/\lambda＝5000\ h$。

6. 兼容性

兼容是一个广泛的概念，是指设备或程序可以用于多种系统的性能。兼容使得机器的资源得以继承和发展，有利于计算机的推广和普及。除此之外，评价计算机时还会看它的性价比、系统的可扩展性、系统对环境的要求、耗电量的大小等。

习　题　一

一、选择题

1. 电子计算机技术在半个世纪中虽有很大的进步，但至今其运行仍遵循着一位科学家提出的基本原理。他就是（　　）。

    A. 牛顿　　　　　　　B. 爱因斯坦　　　　C. 爱迪生　　　　　D. 冯·诺依曼

2. 操作系统最先出现在（　　）。

    A. 第一代计算机中　　　　　　　　B. 第二代计算机中

    C. 第三代计算机中　　　　　　　　D. 第四代计算机中

3. 对计算机的软件、硬件资源进行管理，是（　　）的功能。

    A. 操作系统　　　　　　　　　　　B. 数据库管理系统

    C. 语言处理程序　　　　　　　　　D. 用户程序

4. CPU 的组成中不包含（　　）。

    A. 存储器　　　　B. 寄存器　　　　C. 控制器　　　　D. 运算器

5. 主机中能对指令进行译码的部件是(　　)。

A. ALU　　　　　　B. 运算器　　　　　C. 控制器　　　　　D. 存储器

二、填空题

1. 第一代计算机的逻辑器件,采用的是＿＿＿＿＿＿＿＿;

　　第二代计算机的逻辑器件,采用的是＿＿＿＿＿＿＿＿;

　　第三代计算机的逻辑器件,采用的是＿＿＿＿＿＿＿＿;

　　第四代计算机的逻辑器件,采用的是＿＿＿＿＿＿＿＿。

2. 计算机系统由＿＿＿＿＿系统和＿＿＿＿＿系统构成。

3. 程序设计语言一般可分为三类,即＿＿＿＿、＿＿＿＿、＿＿＿＿。

4. 计算机硬件系统包括＿＿＿＿、＿＿＿＿、＿＿＿＿、输入设备和输出设备。

5. 计算机系统是一个由硬件、软件组成的多级层次结构。它通常由＿＿＿＿、＿＿＿＿、＿＿＿＿、汇编语言级、高级语言级组成。在每一级上都能进行＿＿＿＿。

三、简答题

冯·诺依曼计算机体系结构的基本思想是什么? 按此思想设计的计算机硬件系统应由哪些部件组成? 它们各起什么作用?

第 2 章 计算机中信息的表示

数据是计算机加工和处理的对象,数据的机器层次表示将直接影响计算机的结构和性能。本章主要介绍无符号数和有符号数的表示方法、数的定点与浮点表示方法、字符和汉字的编码方法、数据校验码等。

2.1 数值型数据的表示方法

2.1.1 进位计数制

数制又称进位计数制,即按进位制的方法进行计数。数制由两大要素组成:基数 R 与各数位的权 W。基数 R 决定数制中各数位上允许出现的数码个数,基数为 R 的数制即为进制数。权 W 则表明该数位上的数码所表示的单位数值的大小。因此,权 W 是与数位的位置有关的一个常数,不同的数位有不同的权。如果同一个数码位于不同的位置,其代表的数值也不同,故又称权为位权。

广义来说,一种进位计数制包含基数和位权两个基本要素。

基数:是指计数制中所用到的数字符号的个数。在基数为 R 的计数制中,包含 0、1、……、R-1 共 R 个数字符号,进位规律是“逢 R 进一”,称为 R 进位计数制,简称 R 进制。

位权:是指在一种进位计数制表示的数中,用来表明不同数位上数值大小的一个固定常数。不同数位有不同的位权,某个数位的数值等于这一位的数字符号乘上与该位对应的位权。R 进制数的位权是 R 的整数次幂。

例如,十进制数的位权是 10 的整数次幂,其个位的位权是 10^0,十位的位权是 10^1,等等。

一个 R 进制数 N 可以有以下两种表示方法。

(1) 并列表示法(又称位置计数法)

$$(N)_R = (K_{n-1}K_{n-2}\cdots K_1K_0. \ K_{-1}K_{-2}\cdots K_{-m})_R$$

(2) 多项式表示法(又称按权展开法)

$$
\begin{aligned}
(N)_R &= K_{n-1}\times R^{n-1} + K_{n-2}\times R^{n-2} + \cdots + K_1\times R^1 + K_0\times R^0 + K_{-1}\times R^{-1} + K_{-2}\times R^{-2} \\
&\quad + \cdots + K_{-m}\times R^{-m} \\
&= \sum_{i=-m}^{n-1} K_n R^i
\end{aligned}
$$

其中:R 表示基数;n 表示整数部分的位数;m 表示小数部分的位数;K_i 表示 R 进制中的一个数字符号,其取值范围为 $0 \leqslant K_i \leqslant R-1 (-m \leqslant i \leqslant n-1)$。

R 进制的特点可归纳为以下几个方面。

(1) 有 0、1、……、R-1 共 R 个数字符号。

（2）逢 R 进一。

（3）位权是 R 的整数次幂，第 i 位的权为 $R^i(-m\leqslant i\leqslant n-1)$。

我们熟悉的是十进制，它的基数为 10，允许使用的数字符号为 0，1，2，…，9。例如十进制数 1689.486 可写成：

$$1689.486=1\times 10^3+6\times 10^2+8\times 10^1+9\times 10^0+4\times 10^{-1}+8\times 10^{-2}+6\times 10^{-3}$$

在计算机中，常见的进制有二进制、八进制、十进制、十六进制，表 2-1 列出了二进制、八进制、十进制、十六进制数之间的对应关系。

表 2-1　二进制、八进制、十进制、十六进制数之间的对应关系

十进制	二进制	八进制	十六进制
0	0000	00	0
1	0001	01	1
2	0010	02	2
3	0011	03	3
4	0100	04	4
5	0101	05	5
6	0110	06	6
7	0111	07	7
8	1000	10	8
9	1001	11	9
10	1010	12	A
11	1011	13	B
12	1100	14	C
13	1101	15	D
14	1110	16	E
15	1111	17	F

计算机中主要使用二进制来表示数据，原因有以下几点。

（1）容易找到具有二值状态的物理器件来表示数据和实现存储功能，如脉冲的有无、电压的高低、纸带上是否有打孔等。

（2）二值性使二进制数的存储具有抗干扰能力力强、可靠性高等优点。

（3）二进制数的运算规则非常简单，运算过程中的输入状态和输出状态较少，便于使用电子器件和线路加以实现。

（4）二进制数的 0 和 1 与逻辑推理中的"真"和"假"相对应，为实现逻辑运算和逻辑判断提供了便利。

2.1.2 不同数制之间数的转换

由于我们习惯于使用十进制数,因此计算机中支持用户以十进制的形式输入数据,在计算机内部将其转化为二进制数进行存储和运算,最后又将处理结果以十进制的形式输出给用户。为了书写方便,通常将二进制数用八进制数和十六进制数来表示。

下面讨论不同数制之间的转换。数制转换是指将一个数从一种进位制转换成另一种进位制。从实际应用出发,要求掌握二进制数与十进制数、八进制数和十六进制数之间的相互转换。

1. 二进制数转换为十进制数

将二进制数表示成按权展开式,并按十进制运算法则进行计算,所得结果即为该数对应的十进制数。

多项式替代法。

【例 2.1】 求$(10110.101)_2 = (?)_{10}$。

解　$(10110.101)_2 = 1 \times 2^4 + 1 \times 2^2 + 1 \times 2^1 + 1 \times 2^{-1} + 1 \times 2^{-3}$
$$= 16 + 4 + 2 + 0.5 + 0.125$$
$$= (22.625)_{10}$$

任何进制的数转换成十进制数都可采用加权求和法得到。

2. 十进制数转换为二进制数

十进制数转换成二进制数时,应对整数和小数分别进行处理。

基数乘除法。

(1) 整数转换时可采用"除 2 取余"的方法:将十进制整数 N 除以 2,取余数计为 K_0;再将所得商除以 2,取余数记为 K_1……直至商为 0,取余数计为 K_{n-1} 为止。即可得到与 N 对应的 n 位二进制整数 $K_{n-1} \cdots K_1 K_0$。

【例 2.2】 求$(35)_{10} = (?)_2$。

解

```
2 | 35      余数
2 | 17  …… 1(K₀) ↑低位
2 | 8   …… 1(K₁)
2 | 4   …… 0(K₂)
2 | 2   …… 0(K₃)
2 | 1   …… 0(K₄)
    0   …… 1(K₅) 高位
```

即,　　　　　　　　　　$(35)_{10} = (100011)_2$

(2) 小数转换可采用"乘 2 取整"的方法:将十进制小数 N 乘以 2,取积的整数记为 K_{-1};再将积的小数乘以 2,取整数记为 K_{-2}……直至其小数为 0 或达到规定精度要求,取整数记作 K_{-m} 为止。即可得到与 N 对应的 m 位二进制小数 $0.K_{-1} K_{-2} \cdots K_{-m}$。

【例 2.3】 求$(0.6875)_{10} = (?)_2$。

解

$$
\begin{array}{r}
0.6875 \\
高位 \qquad \times \qquad 2 \\
\hline
1(K_{-1}) \quad \cdots\cdots \quad 1.3750 \\
\times \qquad 2 \\
\hline
0(K_{-2}) \quad \cdots\cdots \quad 0.7500 \\
\times \qquad 2 \\
\hline
1(K_{-3}) \quad \cdots\cdots \quad 1.5000 \\
\times \qquad 2 \\
\hline
低位 \quad 1(K_{-4}) \quad \cdots\cdots \quad 1.0000
\end{array}
$$

即，
$$(0.6875)_{10}=(0.1011)_2$$

注意：当十进制小数不能用有限位二进制小数精确表示时，可根据精度要求，求出相应的二进制位数。一般当要求二进制数取 m 位小数时，可求出 m＋1 位，然后对最低位作 0 舍 1 入处理。

【例 2.4】　求 $(0.323)_{10}=(?)_2$（精确到小数点后 4 位）。

解

$$
\begin{array}{r}
0.323 \\
高位 \qquad \times \qquad 2 \\
\hline
0(K_{-1}) \quad \cdots\cdots \quad 0.646 \\
\times \qquad 2 \\
\hline
1(K_{-2}) \qquad\qquad 1.292 \\
\times \qquad 2 \\
\hline
0(K_{-3}) \qquad\qquad 0.584 \\
\times \qquad 2 \\
\hline
1(K_{-4}) \qquad\qquad 1.168 \\
\times \qquad 2 \\
\hline
低位 \quad 0(K_{-5}) \qquad\qquad 0.336
\end{array}
$$

即，
$$(0.323)_{10}=(0.0101)_2$$

3. 二进制数与八进制数、十六进制数之间的转换

二进制数转换为八进制数、十六进制数时，以小数点为中心向左右两边延伸。八进制数按三位一组划分，十六进制数按四位一组划分。

【例 2.5】　求 $(110101.001)_2=(65.1)_8=(35.2)_{16}$。

解　　　　　$(0.011111101)_2=(0.375)_8=(0.7E8)_{16}$

八（或十六）进制数转换为二进制数时，将每一位八（或十六）进制数用三位（或四位）二进制数代替即可。

【例 2.6】　$(46.5)_8=(100110.101)_2$，

$\qquad\qquad (86.A)_{16}=(10000110.1010)_2$。

2.1.3　十进制数的编码

我们习惯于使用十进制来表示数据，但是计算机内部的信息又只能使用二进制存储。

那么,如何用二进制数来表示十进制数呢?可使用十进制数的二进制编码(BCD码),即用4位二进制代码对十进制数字符号进行编码,简称为二-十进制代码,或称BCD(Binary Coded Decimal)码。

BCD码既有二进制的形式,又有十进制的特点。常用的BCD码有8421码、5421码、2421码和余3码等。表2-2展示了各种常用BCD码的对应关系。

表2-2 常用BCD码的对应关系

十进制数	8421码	5421码	2421码	4311码	格雷码	余3码
0	0000	0000	0000	0000	0000	0011
1	0001	0001	0001	0001	0001	0100
2	0010	0010	0010	0011	0011	0101
3	0011	0011	0011	0100	0010	0110
4	0100	0100	0100	1000	0110	0111
5	0101	1000	1011	0111	1110	1000
6	0110	1001	1100	1011	1010	1001
7	0111	1010	1101	1100	1000	1010
8	1000	1011	1110	1110	1100	1011
9	1001	1100	1111	1111	0100	1100

上面介绍的常用的BCD码可以分为有权码和无权码。

有权码的每一位都有固定的权值,加权求和的值即为其所表示的十进制数。常见的有权码有8421码、5421码和2421码。

8421码是用4位二进制码表示一位十进制字符的一种有权码,4位二进制码从高位至低位的权依次为2^3、2^2、2^1、2^0,即为8、4、2、1,故称为8421码。

(1) 8421码中不允许出现1010～1111六种组合(因为没有十进制数字符号与其对应)。

(2) 十进制数字符号的8421码与相应的ASCII码的低四位相同,这一特点有利于简化输入/输出过程中BCD码与字符代码的转换。所以,8421码是一种人机联系时广泛使用的中间形式。

无权码的4位二进制码的每一位并没有固定的权,主要包含格雷码、余3码等。格雷码又称循环码,它的任何相邻的两个编码之间只有一位二进制位不同,其余的二进制对应位均相同,从而避免了代码形成或者变换过程中产生的错误。余3码是由8421码加上0011形成的一种无权码,由于它的每个字符编码比相应的8421码多3,故称为余3码。例如,十进制字符5的余3码等于5的8421码0101加上0011,即为1000。余3码是一种对9的自补代码。

2.2 数的符号表示

在日常生活中,常用"+"、"-"号加绝对值来表示数值的大小,以这种形式表示的数值在计算机技术中称为"真值"。由于"+"或"-"号在计算机中是无法识别的,因此需要把数的符号数字化。这种在计算机中使用编码表示数的形式称为机器数,常见的机器数有原码、补码、反码和移码等。本节主要讨论机器数的各种编码方法。

2.2.1　原码表示法

原码表示法是有符号数的最简单的表示法。

原码的数学定义如下:

$$X = X_n . X_{n-1} X_{n-2} \cdots X_0 \quad \text{(小数)}$$

$$[X]_原 = \begin{cases} X, & 0 \leqslant X < 1 \\ 1 - X = 1 + |X|, & -1 < X \leqslant 0 \end{cases}$$

$$X = X_n X_{n-1} X_{n-2} \cdots X_0 \quad \text{(整数)}$$

$$[X]_原 = \begin{cases} X, & 0 \leqslant X < 2^n \\ 2^n - X = 2^n + |X|, & -2^n < X \leqslant 0 \end{cases}$$

1. 原码的表示方法

在这种表示法中,机器数的最高位表示符号,0 表示正数,1 表示负数,其余部分为数的绝对值。例如:

$$X = +0.1011 \qquad [X]_原 = 0.1011$$
$$X = -0.1011 \qquad [X]_原 = 1.1011$$
$$X = +1011 \qquad [X]_原 = 01011$$
$$X = -1011 \qquad [X]_原 = 11011$$
$$X = +0.X_n \cdots X_1 \qquad [X]_原 = 0.X_n \cdots X_1$$
$$X = -0.X_n \cdots X_1 \qquad [X]_原 = 1.X_n \cdots X_1$$
$$X = +X_n \cdots X_1 \qquad [X]_原 = 0,X_n \cdots X_1$$
$$X = -X_n \cdots X_1 \qquad [X]_原 = 1,X_n \cdots X_1$$

值得注意的是,以上原码表示法中的",”和“.”是在书写时区分正数和负数而特意加入的标示符,在机器中并没有(也不需要)特殊的器件表示。

2. 原码的特点

原码表示直观,与真值的转换方便,进行乘除运算也比较容易。但是当用原码进制进行加减运算时,既要考虑数的符号,又要考虑幅值。另一个缺点就是原码 0 有两种表现形式,即:

$$\text{小数} \quad [+0]_原 = +0.00 \cdots 0 \qquad [-0]_原 = 1.00 \cdots 0$$
$$\text{整数} \quad [+0]_原 = 000 \cdots 0 \qquad [-0]_原 = 100 \cdots 0$$

2.2.2　补码表示法

为了克服原码表示法的不足,提出了补码表示法。补码表示法是计算机中应用最广泛的一种机器数表示方法,它能将减法用加法来实现。机器数的最高位表示符号,0 表示正数,1 表示负数,数值部分则有别于原码表示法。

要了解补码,首先要理解模的概念。模是一个计量器的容量或一个计量单位,记作 M。

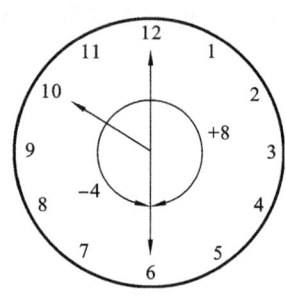

图 2-1　时钟以 12 为模

以时钟为例来说明模的概念,如现有时钟正指向 10 点整,但是当前正确时间是 6 点整,为了校准时钟有两种调整方法,可以顺时针方向拨过 8 个小时($+8$),也可以逆时针方向拨过 4 个小时(-4),其效果是相同的,如图 2-1 所示。

也就是说,$-4 \equiv +8 \bmod(12)$。此时就可以得到 $10-4 \equiv 10 +8 \bmod(12)$,从而将减法转换成加法。数学上用"同余"的概念来描述上述关系,即设两整数 a、b 用同一个正整数 M(M 称为模)去除而余数相等,则称 A、B 对 M 同余。

由此可以得出结论,一个负数可以用一个与它互为补数的正数来代替。

1. 补码的数学定义

对于 $X = X_n . X_{n-1} X_{n-2} \cdots X_0$(小数),有

$$[X]_{\nmid} = \begin{cases} X, & 0 \leqslant X < 1 \\ 2 + X, & -1 < X \leqslant 0 \end{cases}$$

对于 $X = X_n X_{n-1} X_{n-2} \cdots X_0$(整数),有

$$[X]_{\nmid} = \begin{cases} X, & 0 \leqslant X < 2^n \\ 2^{n+1} + X, & -2^n < X \leqslant 0 \end{cases}$$

2. 补码的表示方法

补码的符号位表示方法与原码的相同,其数值部分的表示与数的正负有关,对于正数,数值部分与真值形式相同;对于负数,将真值的数值部分按位取反,且在最低位上加 1。例如:

$$X = +0.1011 \quad [X]_{\nmid} = 0.1011$$
$$X = -0.1011 \quad [X]_{\nmid} = 1.0101$$
$$X = +1011 \quad [X]_{\nmid} = 01011$$
$$X = -1011 \quad [X]_{\nmid} = 10101$$

3. 补码的特点

补码具有以下特点。

(1)一个负整数(或原码)与其补数(或补码)相加,和为模。

(2)对一个整数的补码再求补码,等于该整数自身。

(3)补码的正零与负零的表示方法相同。数 0 的补码表示是唯一的,例如:

$$[+0]_{\nmid} = [+0]_{\text{反}} = [+0]_{\text{原}} = 00000000$$
$$[-0]_{\nmid} = 11111111 + 1 = 00000000$$

2.2.3　反码表示法

反码表示法与补码表示法有许多类似之处,对于正数,数值部分与真值形式相同;对于负数,将真值的数值部分按位取反。

1. 反码的数学定义

对于 $X = X_n . X_{n-1} X_{n-2} \cdots X_0$（小数），有

$$[X]_{反} = \begin{cases} X, & 0 \leqslant X < 1 \\ (2 - 2^{-n}) + X, & -1 < X \leqslant 0 \end{cases}$$

对于 $X = X_n X_{n-1} X_{n-2} \cdots X_0$（整数），有

$$[X]_{反} = \begin{cases} X, & 0 \leqslant X < 2^n \\ (2^{n+1} - 1) + X, & -2^n < X \leqslant 0 \end{cases}$$

2. 反码的表示方法

反码的符号位表示方法与原码的相同,其数值部分的表示与数的正负有关,对于正数,数值部分与真值形式相同;对于负数,将真值的数值部分按位取反。例如:

$$X = +0.1011 \qquad [X]_{反} = 0.1011$$
$$X = -0.1011 \qquad [X]_{反} = 1.0100$$
$$X = +1011 \qquad [X]_{反} = 01011$$
$$X = -1011 \qquad [X]_{反} = 10100$$

其中反码表示中,真值 0 也有两种不同的表现形式,如下:

小数　$[+0]_{反} = +0.00 \cdots 0$　　$[-0]_{反} = 1.11 \cdots 1$

整数　$[+0]_{反} = 000 \cdots 0$　　$[-0]_{反} = 111 \cdots 1$

2.2.4　移码表示法

当真值用补码表示时,由于符号位和数值部分一起编码,与习惯上的表示法不同,因此很难从补码的形式上直接判断其真值的大小,例如:

十进制数 x = 21,对应的二进制数为 +10101,则 $[X]_{补} = 0,10101$

十进制数 x = -21,对应的二进制数为 -10101,则 $[X]_{补} = 1,01011$

十进制数 x = 31,对应的二进制数为 +11111,则 $[X]_{补} = 0,11111$

十进制数 x = -31,对应的二进制数为 -11111,则 $[X]_{补} = 1,00001$

上述补码表示中的“,”在计算机内部是不存在的,因此,从代码形式看,符号位也是一位二进制数。按这 6 位二进制代码比较大小的话,会得出 $101011 > 010101$、$100001 > 011111$,恰好相反。

如果对每个真值加上一个 2^n（n 为整数的位数）,情况就发生了变化。例如:

$X = 10101$ 加上 2^5 可得 $10101 + 100000 = 110101$

$X = -10101$ 加上 2^5 可得 $-10101 + 100000 = 001011$

$X = 11111$ 加上 2^5 可得 $11111 + 100000 = 111111$

$X = -11111$ 加上 2^5 可得 $-11111 + 100000 = 000001$

比较它们的结果可见,$110101 > 001011$、$111111 > 000001$。这样一来,从 6 位代码本身就可看出真值的实际大小。

由此可得移码的定义:

$$[X]_{移} = 2^n + x \quad (2^n > x \geqslant -2^n)$$

式中,x 为真值,n 为整数位数。

其实移码就是在真值上加一个常数 2^n。在数轴上移码表示的范围恰好对应真值在数轴上的范围向轴的正方向移动 2^n 个单元,如图 2-2 所示。

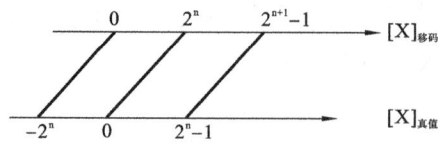

图 2-2　移码在数轴上的表示

例如:

$$X = 10100 \qquad [X]_{移} = 2^5 + 10100 = 1,10100$$
$$X = -10100 \qquad [X]_{移} = 2^5 - 10100 = 0,01100$$

编码中用“,”将符号位和数值部分隔开。

同理,0 的移码也是唯一的。

$$[+0]_{移} = 2^5 + 0 = 1,00000 \qquad [-0]_{移} = 2^5 + 0 = 1,00000$$

此外,由移码的定义可知,当 n=5 时,其最小真值为 $x = -2^5 = -100000$,则 $[-100000]_{移}$ $= 2^5 + x = 100000 - 100000 = 0,00000$,即最小真值的移码为全 0,刚好符合习惯。利用移码的这一特点,当浮点数的阶码用移码表示时,就能很方便地判断阶码的大小。

同一真值的移码和补码仅差一个符号位,将补码符号位由“0”变为“1”,或者由“1”变成“0”,即可得到该真值的移码。

2.3　机器数的定点表示与浮点表示

在计算机中,小数点不是用专门的器件来表示的,而是按照约定的方式标出,有两种方法表示小数点的存在,即定点表示法和浮点表示法。

2.3.1　定点表示法

小数点固定在某一位置的数称为定点数,它有如图 2-3 所示的两种格式。

图 2-3　定点数的两种格式

当小数点位于数符和第一数值位之间时,机器内的数为纯小数;当小数点位于数值位之后时,机器内的数为纯整数。

采用定点技术法的机器统称为定点机。数值部分的位数 n 决定了定点机中数的表示范围。若机器数采用原码,小数定点机中数的表示范围是 $-(1-2^{-n}) \sim (1-2^{-n})$,整数定点机中数的表示范围是 $-(2^{-n}-1) \sim (2^{-n}-1)$。

在定点机中,由于小数点的位置固定不变,所以,当处理的数不是纯小数或纯整数时,必须乘上一个比例因子,否则会产生"溢出"。

2.3.2　浮点表示法

实际上,在计算机处理的数中不一定是纯小数和纯整数(例如圆周率 $\pi = 3.1416$),而且有些数据的取值范围相差很大(例如电子的质量为 9×10^{-28} g,太阳的总重量为 2×10^{33} g)这些数据都不能直接用定点小数或定点整数来表示,所以引入浮点表示法表示。

浮点数,即小数点的位置不固定且是可以浮动的数。例如:
$$258.147 = 2.58147 \times 10^2 = 2581.47 \times 10^{-1} = 0.258147 \times 10^3$$

可以看到,这里小数点的位置是变化的,但因为分别乘上了不同的 10 的方幂,故值不变。

通常情况下,浮点数表示成
$$N = S \times r^j$$
其中,S 为尾数(可正可负),j 为阶码(可正可负),r 是基数。在计算机中,常取值 2、4、8、16 等。

以基数 $r = 2$ 为例,数 N 可写成下列不同的形式:
$$N = 11.0101$$
$$= 0.110101 \times 2^{10}$$
$$= 1.10101 \times 2^1$$
$$= 1101.01 \times 2^{-10}$$
$$= 0.00110101 \times 2^{100}$$
$$= \cdots\cdots$$

为了提高数据的精度以及便于浮点数的比较,在计算机中规定浮点数的尾数用纯小数形式表示,故上例中 0.110101×2^{10} 和 $0.00110101 \times 2^{100}$ 这样的形式常在计算机中采用。此外,将尾数最高位为 1 的浮点数称为规格化数,即 0.110101×2^{10} 为浮点数的规格化形式。浮点数表示成规格化形式以后,其表示的精度最高。

1. 浮点数的表示形式

浮点数在机器中的形式如图 2-4 所示。

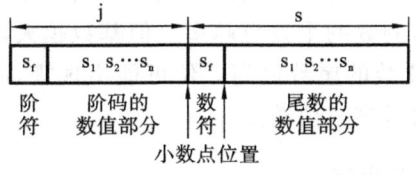

图 2-4　浮点数在机器中的形式

浮点数由阶码 j 和尾数 S 两部分组成,其中阶码是整数,阶符和阶码的位数 m 合起来反映浮点数的表示范围及小数点的实际位置;尾数是小数,其 n 位反映了浮点数的精度;尾数的符号 S_f 代表浮点数的正负。

2. 浮点数的表示范围

以通式 $N=S\times r^{j}$ 为例,设浮点数阶码的数值位取 m 位,尾数的数值位取 n 位,当浮点数为非规格化数时,它在数轴上的表示范围如图 2-5 所示。

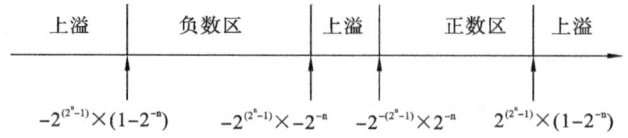

图 2-5　浮点数在数轴上的表示范围

由图 2-5 可见,其最大正数为 $2^{(2^{n}-1)}\times(1-2^{-n})$,最小正数为 $2^{-(2^{n}-1)}\times2^{-n}$;最大负数为 $-2^{(2^{n}-1)}\times2^{-n}$,最小负数为 $-2^{(2^{n}-1)}\times(1-2^{-n})$。当浮点数阶码大于最大阶码时,称为上溢,此时机器停止运算,进行中断溢出处理;当浮点数阶码小于最小阶码时,称为下溢,此时溢出的数绝对值很小,通常将尾数各位强置为零,按机器零处理,此时机器可以继续运行。

一旦浮点数的位数确定后,如何分配阶码和位数的位数,直接影响浮点数的表示范围和精度。

3. 浮点数的规格化

为了提高浮点数的精度,其尾数必须为规格化数。如果不是规格化数,就要通过修改阶码并同时左右移尾数的办法,使其变成规格化数。将非规格化数转换成规格化数的过程称为规格化。对于基数不同的浮点数,因其规格化数的形式不同,所以规格化过程也不同。

当基数为 2 时,尾数最高位为 1 的数为规格化数。规格化时,尾数左移一位,阶码减 1(这种规格化称为向左规格化,简称左规);尾数右移一位,阶码加 1(这种规格化称为向右规格化,简称右规)

当基数为 4 时,尾数的最高两位不全为零的数为规格化数。规格化时,尾数左移两位,阶码减 1;尾数右移两位,阶码加 1。

当基数为 8 时,尾数的最高三位不全为零的数为规格化数。规格化时,尾数左移三位,阶码减 1;尾数右移三位,阶码加 1。

同理,不难得到基数为 16 时的规格化过程。

浮点机中,一旦基数确定,就不能再改变,而且基数是隐含的,故不同基数的浮点数表示的形式完全相同。基数不同,对数的表示范围和精度等都有影响。一般来说,基数越大,表示的浮点数范围越大,所表示的数的个数也越多。但基数越大,浮点数的精度反而下降。如 $r=16$ 的浮点数,因其规格化数的尾数最高三位可能出现零,故与其尾数位数相同的 $r=2$ 的浮点数相比,后者可能比前者多三位精度。

2.3.3　定点数和浮点数的比较

定点数和浮点数可从如下几个方面进行比较。

(1)当浮点机和定点机中数的位数相同时,浮点数的表示范围比定点数的大得多。

(2)当浮点数为规格化数时,其相对精度远比定点数的高。

(3)浮点数运算要分阶码部分和尾数部分,而且运算结果都要求规格化,故浮点运算的步骤比定点运算的步骤多,运算速度比定点运算的慢,运算线路比定点运算的复杂。

（4）在溢出的判断方法上,浮点数是对规格化数的阶码进行判断,而定点数是对数值本身进行判断。例如,小数定点机中的数,其绝对值必须小于 1,否则"溢出",此时要求机器停止运算,进行处理。为了防止溢出,上机前必须选择比例因子,这个工作比较麻烦,给编程带来了不便。而浮点数的表示范围远比定点数的大,仅当"上溢"时机器才停止运算,故一般不考虑比例因子的选择。

总之,浮点数在数的表示范围、数的精度、溢出处理和程序编程方面(不取比例因子)均优于定点数的。但在运算规则、运算速度及硬件成本方面又不如定点数的。因此,究竟选用定点数还是浮点数,应根据具体应用综合考虑。一般来说,通用的大型计算机大多采用浮点数,或同时采用定点数、浮点数;小型、微型及某些专用机、控制机则大多采用定点数。当需要作浮点运算时,可通过软件实现,也可外加浮点扩展硬件(如协处理器)来实现。

2.3.4　IEEE 754 标准

现代计算机中,浮点数一般采用 IEEE 制定的国际标准,这种标准形式如图 2-6 所示。

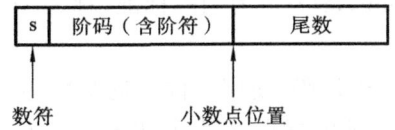

图 2-6　浮点数采用 IEEE 制定的国际标准

按 IEEE 标准,常用的浮点数有三种,如表 2-3 所示。

表 2-3　浮点数的类型

类型	符号位 S	阶码	位数	总位数
短实数	1	8	23	32
长实数	1	11	52	64
临时实数	1	15	64	80

表 2-3 中,S 为数符,表示浮点数的正负,但与其有效位(尾数)是分开的。阶码用移码表示,阶码的真值都被加上一个常数(偏移量),如短实数、长实数和临时实数的偏移量用十六进制数分别表示为 7FH、3FFH 和 3FFFH。尾数部分通常都用规格化表示,即非"0"的有效位最高位总是"1"。但是在 IEEE 标准中,有效位的形式如下:

$$1 \cdot FF\cdots\cdots FFF$$

其中,"·"表示假定的二进制小数点。在实际硬件中并无电路与之对应。在实际的表示中,对于短实数和长实数,整数位的 1 常省略,称为隐藏位;对于临时实数,不采用隐藏位方案。

【例 2.7】　求十进制数 178.125 的实数表示格式。

解　　　　　　　　　$(178.125)_{10} = (10110010.001)_2$

若采用定点数表示法,则可以表示为:10110010.001

若采用浮点数表示法,则可以表示为:$1.0110010001 \times 2^{111}$

若采用 IEEE 短实数表示法,则可以表示为:

短实数表示法	符号	偏移的阶码	有效值
	0	00000111＋01111111＝10000110	01100100010000000000000

2.4 非数值数据的表示

2.4.1 ASCII 码

ASCII(American Standard Code for Information Interchange，美国信息交换标准代码)是基于拉丁字母的一套计算机编码系统，主要用于显示现代英语和其他西欧语言。它是现今最通用的单字节编码系统。美国信息交换标准代码是由美国国家标准学会(American National Standard Institute，ANSI)制定的标准的单字节字符编码方案，用于基于文本的数据。起始于 20 世纪 50 年代后期，于 1967 年定案。它最初是美国国家标准，供不同的计算机在相互通信时用作共同遵守的西文字符编码标准，它已被国际标准化组织(International Organization for Standardization，ISO)定为国际标准，称为 ISO 646 标准，适用于所有拉丁文字字母。

标准 ASCII 码也叫基础 ASCII 码，使用 7 位二进制数(剩下的 1 位二进制为 0)来表示所有的大写和小写字母，数字 0 到 9、标点符号，以及在美式英语中使用的特殊控制字符，如表 2-4 所示。

表 2-4 标准 ASCII 代码表

$b_4 b_3 b_2 b_1$ ＼ $b_7 b_6 b_5$	000	001	010	011	100	101	110	111
0000	NUL	DLE	SP	0	@	P	`	p
0001	SOH	DC1	!	1	A	Q	a	q
0010	STX	DC2	"	2	B	R	b	r
0011	ETX	DC3	♯	3	C	S	c	s
0100	EOT	DC4	$	4	D	T	d	t
0101	ENO	NAK	%	5	E	U	e	u
0110	ACK	SYN	&	6	F	V	f	v
0111	BEL	ETB	'	7	G	W	g	w
1000	BS	CAN	(	8	H	X	h	x
1001	HT	EM	)	9	I	Y	i	y
1010	LF	SUB	*	:	J	Z	j	z
1011	VT	ESC	+	;	K	[	k	{
1100	FF	FS	,	<	L	\	l	|
1101	CR	GS	—	=	M	}	m	]
1110	SO	RS	>	>	N	↑	n	~
1111	SI	US	/	?	O	←	o	DEL

2.4.2　汉字编码简介

1. 汉字国标码和区位码

在计算机中,一个汉字通常用两个字节的编码表示,我国制定了"中华人民共和国国家标准信息交换汉字编码字符集(基本集 GB2312—1980)",简称国标码,是计算机进行汉字信息处理和汉字信息交换的标准编码。该编码共收录汉字和图形符号 7445 个,其中一级常用汉字 3755 个(按汉语拼音字母顺序排列),二级常用汉字 3008 个(按部首顺序排列),图形符号 682 个。

GB2312—1980 中规定,全部国标汉字及符号组成一个 94×94 的矩阵。在此矩阵中,每一行称为一个"区",每一列称为一个"位"。于是构成一个有 94 个区(01～94 区),每个区有 94 个位(01～94 位)的汉字字符集。区码与位码组合在一起就形成了"区位码",唯一确定某一汉字或符号。

区位码的分布规则如下。

(1) 01～09 区:图形符号区。

(2) 10～15 区:自定义符号区。

(3) 16～55 区:一级汉字区,按汉字拼音排序,同音字按笔画顺序。

(4) 56～87 区:二级汉字区,按偏旁部首、笔画排序。

(5) 88～94 区:自定义汉字区。

2. 汉字输入码

汉字输入码就是用于使用西文键盘输入汉字的编码。每个汉字对应一组由键盘符号组成的编码,不同的汉字输入法其输入码不同。汉字输入码也称外码。常见的汉字输入编码方案可分为如下四类。

(1) 数码:用数字组成的等长编码,典型代表有区位码、电报码。

(2) 音码:根据汉字的读音组成的编码,典型代表有全拼码和双拼码。

(3) 形码:根据汉字的形状、结构特征组成的编码,典型代表有五笔字型、表形码。

(4) 音形码:将汉字读音与其结构特征综合考虑的编码,典型代表有自然码、首尾拼音码。

3. 汉字内码

无论用户使用哪种输入法,汉字输入到计算机后都转换成汉字内码进行存储,以方便机内的汉字处理。汉字内码是采用双字节的变形国标码,每个字节的低 7 位与国标码相同,每个字节的最高位为 1,以与 ASCII 码字符编码区别。

4. 汉字字形码

汉字字形码(汉字输出码)是将点阵组成的汉字模型数字化而形成一串二进制数,其主要用于输出汉字。输出汉字时,将汉字字形码再还原为由点阵构成的汉字,所以汉字字形码又称汉字输出码。

汉字是一种象形文字,每一个汉字可以看成是一个特定的图形,这种图形可以用点阵、轮廓向量、骨架向量等多种方法表示,而最基本的是用点阵表示。如果用 16×16 点阵来表示一个汉字,则一个汉字占 16 行,每一行有 16 个点,其中每一个点用一个二进制位表示,值"0"表示暗,值"1"表示亮。由于计算机存储器的每个字节有 8 个二进制位,因此,16 个点要用两个字节来存放,16×16 点阵的一个汉字字形需要用 32 个字节来存放,这 32 个字节中的信息就构成一个 16×16 点阵汉字的字模。

习　题　二

1. 在计算机中,浮点数如何表示?

2. 浮点数表示法的范围由什么决定? 精度由什么决定?

3. 为什么要对浮点数进行规格化? 如何进行规格化操作?

4. 计算机中采用补码的作用是什么?

5. 计算机中采用移码的作用是什么?

6. 什么是字符数据? 在计算机中如何处理字符型数据?

7. 请完成下列数制之间的相互转换。

$$(347.625)_{10} = (\quad)_2 = (\quad)_8 = (\quad)_{16}$$

$$(95C.E)_{16} = (\quad)_2 = (\quad)_8 = (\quad)_{10}$$

$$(11010.101)_2 = (\quad)_8 = (\quad)_{16} = (\quad)_{10}$$

8. 完成下列表格中各种数的原码、反码、补码和移码,机器字长为 8 位。

真值 X	$[X]_原$	$[X]_补$	$[X]_反$	$[X]_移$
-127				
-1				
-0				
$+0$				
$+1$				
$+127$				

9. 什么是 BCD 码? 常用的 BCD 码有哪些? 它与二进制之间有什么区别?

10. 将下列数转换成相应的 BCD 码并完成下表。

	8421 码	余 3 码	5421 码	格雷码
$(658)_{10}$				
$(453)_8$				
$(7E)_{16}$				
$(1101011)_2$				

11. 以 IEEE 754 标准的数据格式表示下面的数：

（1）-5；

（2）-1.5；

（3）$+\dfrac{1}{16}$；

（4）$+178.125$。

第3章 运算方法和运算器

计算机的基本功能是对数据信息进行加工处理。计算机内部对数据信息的加工可归结为两种基本运算:算术运算和逻辑运算。本章将讨论计算机中各种数据信息的加工方法,重点讨论四则运算的方法及其硬件实现。

由于计算机具有强大的数值运算和信息处理能力,能够帮助人们完成各种复杂的工作,因此其应用范围极其广泛。但作为计算机的核心部件——运算器,它具有的只是简单的算术运算、逻辑运算、移位以及计数等功能。因此,计算机对数据信息进行加工的基本思想就是将各种复杂的运算处理分解为最基本的算术运算和逻辑运算。

3.1 定点补码加减运算

加减运算是计算机中最基本的运算,定点数的加减运算可以用原码、补码、BCD 码等进行。由于补码运算可以把减法转换为加法,规则简单且易实现,大大简化了加减运算的算法,所以现代计算机中均采用补码进行加减运算。下面就定点数的补码加减运算进行讨论。

3.1.1 补码加法

负数用补码表示后,可以和正数一样处理。这样,运算器中只需要一个加法器就可,没有必要为了负数的加法运算再配一个减法器。

补码加法的公式为

$$[x]_{补} + [y]_{补} = [x+y]_{补}$$

【例 3.1】 已知 $x=0.1001, y=0.0101$,求 $x+y$。

解 由于 $[x]_{补} = 0.1001, [y]_{补} = 0.0101$

$$
\begin{array}{ll}
[x]_{补} & 0.1001 \\
+[y]_{补} & 0.0101 \\
\hline
[x+y]_{补} & 0.1110 \\
\end{array}
$$

所以, $x+y = +0.1110$

【例 3.2】 $x=+0.1011, y=-0.0101$,求 $x+y$。

解 由于 $[x]_{补} = 0.1011, [y]_{补} = 1.1011$

$$
\begin{array}{ll}
[x]_{补} & 0.1011 \\
+[y]_{补} & 1.1011 \\
\hline
[x+y]_{补} & 10.0110 \\
\end{array}
$$

所以，$\qquad\qquad\qquad\qquad\qquad$ x＋y＝0.0110

由以上两例可看到,补码加法的特点如下。

(1) 符号位要作为数的一部分一起参加运算。

(2) 要在模 2 的意义下相加,即超过 2 的进位要丢掉。

3.1.2 补码减法

数字用补码表示时,减法运算的公式为

$$[x-y]_{补}=[x]_{补}-[y]_{补}=[x]_{补}+[-y]_{补}$$

【例 3.3】 已知$[x]_{补}=1.1010,[y]_{补}=1.0110,$求$[x-y]_{补}$。

解　因为$[x-y]_{补}=[x]_{补}+[-y]_{补},[-y]_{补}=0.1010$

所以,$\qquad\qquad$ $[x-y]_{补}=1.1010+0.1010=10.0100=0.0100$

补码加减运算的规则可归纳如下。

(1) 参加运算的操作数均为补码表示的形式。

(2) 加减运算可统一为加法运算进行,符号位作为数的一部分参加运算,符号位的进位去掉。

(3) 运算结果为补码形式。

3.1.3 溢出概念与检测方法

在定点小数机器中,数的表示范围为$|x|<1$。在运算过程中若出现大于 1 的现象,称为"溢出"。在定点机中,正常情况下溢出是不允许的。

【例 3.4】 已知 x＝+0.1011,y＝+0.1001,求 x＋y。

解　由于$[x]_{补}=0.1011,[y]_{补}=0.1001$

$$
\begin{array}{ll}
[x]_{补} & 0.1011 \\
+[y]_{补} & 0.1001 \\
\hline
[x+y]_{补} & 1.0100
\end{array}
$$

所以,$\qquad\qquad\qquad\qquad\qquad$ x＋y＝-0.1100

两个正数相加的结果成为负数,这显然是错误的。

【例 3.5】 已知 x＝-0.1101,y＝-0.1011,求 x＋y。

解　因为$[x]_{补}=1.0011,[y]_{补}=1.0101$

$$
\begin{array}{ll}
[x]_{补} & 1.0011 \\
+\ [y]_{补} & 1.0101 \\
\hline
[x+y]_{补} & 0.1000
\end{array}
$$

两个负数相加的结果成为正数,这同样是错误的。之所以发生错误,是因为运算结果产生了溢出。两个正数相加,结果大于机器所能表示的最大正数,称为上溢。而两个负数相加,结果小于机器所能表示的最小负数,称为下溢。

为了判断"溢出"是否发生,可采用两种检测方法。第一种溢出检测方法是采用双符号位法,也称"变形补码"或"模 4 补码",从而可使模 2 补码所能表示的数的范围扩大一倍。

为了得到两数变形补码之和等于两数之和的变形补码,同样必须具备以下特点。

(1) 将两个符号位当成数码参加运算。

(2) 两数进行以 4 位模的加法,即最高符号位上产生的进位要丢掉。

采用变形补码后,如果两个数相加后,当其结果的符号位出现"01"或"10"两种组合时,表示发生溢出。这是因为两个绝对值小于 1 的数相加,其结果不会大于或等于 2,所以最高符号位永远表示结果的正确符号。

【例 3.6】 $x=+0.1100$,$y=+0.1000$,求 $x+y$。

解 因为 $[x]_{补}=00.1100$,$[y]_{补}=00.1000$

$$
\begin{array}{r}
[x]_{补} \quad 00.1100 \\
+[y]_{补} \quad 00.1000 \\
\hline
[x+y]_{补} \quad 01.0100
\end{array}
$$

两个符号位出现"01",表示已溢出,即结果大于 $+1$。

【例 3.7】 $x=-0.1100$,$y=-0.1000$,求 $x+y$。

解 因为 $[x]_{补}=11.0100$,$[y]_{补}=11.1000$

$$
\begin{array}{r}
[x]_{补} \quad 11.0100 \\
+[y]_{补} \quad 11.1000 \\
\hline
[x+y]_{补} \quad 10.1100
\end{array}
$$

两个符号位出现"10",表示已溢出,即结果小于 -1。

由上例题可以得出如下结论。

(1) 当以模 4 补码运算,运算结果的两符号位相异时,表示溢出;运算结果的两符号位相同时,表示未溢出。因此,溢出逻辑表达式为 $V=S_{f1}\oplus S_{f2}$,其中 S_{f1} 和 S_{f2} 分别为最高符号位和第二符号位。此逻辑表达式可用异或门实现。

(2) 模 4 补码相加的结果,不论溢出与否,最高符号位始终指示正确的符号。

第二种溢出检测方法是采用单符号位法。当最高有效位产生进位而符号位无进位时,产生上溢;当最高有效位无进位而符号位有进位时,产生下溢。因此,溢出逻辑表达式为 $V=C_f\oplus C_0$,其中 C_f 为符号位产生的进位,C_0 为最高有效位产生的进位。此逻辑表达式也可用异或门实现。

在定点机中,当运算结果发生溢出时,机器通过逻辑电路自动检查出溢出,并进行中断处理。

3.1.4　补码加减运算控制流程

补码定点加减法硬件配置如图 3-1 所示。加(减)法运算前,被加(减)数的补码在寄存器 A 中,加(减)数的补码在 X 中。补码加减运算的控制流程如图 3-2 所示,如果运算是加法,则直接完成(A) ＋ (X)→A(mod 2 或 mod 2n＋1)的运算;如果是减法,则需对减数求补,再与 A 寄存器的内容相加,结果回送到 A;最后完成溢出判断。

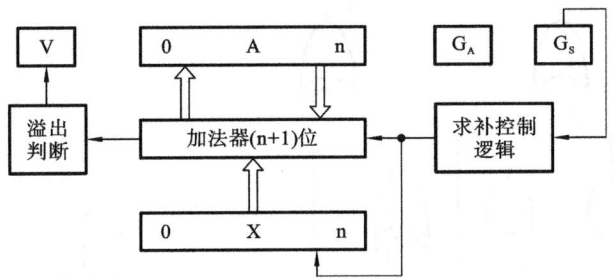

图 3-1　补码定点加减法硬件配置

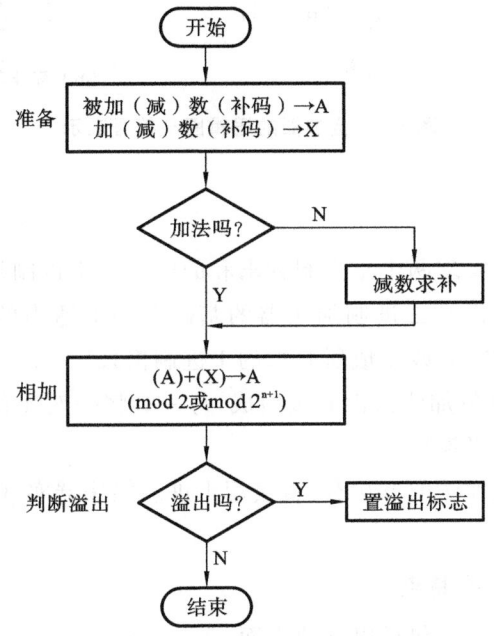

图 3-2　补码加减运算控制流程图

3.2　加法器

3.2.1　全加器

两个二进制数字 A_i、B_i 和一个进位输入 C_i 相加,产生一个全加和 F_i,以及一个全加进位 C_{i+1}。

(1) 全加和 F_i 和全加进位 C_{i+1} 的逻辑表达式为

$$F_i = A_i \oplus B_i \oplus C_i$$

$$C_{i+1} = \overline{\overline{A_i B_i} \cdot \overline{(A_i \oplus B_i)C_i}}$$

（2）全加器的逻辑图和符号表示如图 3-3 所示。

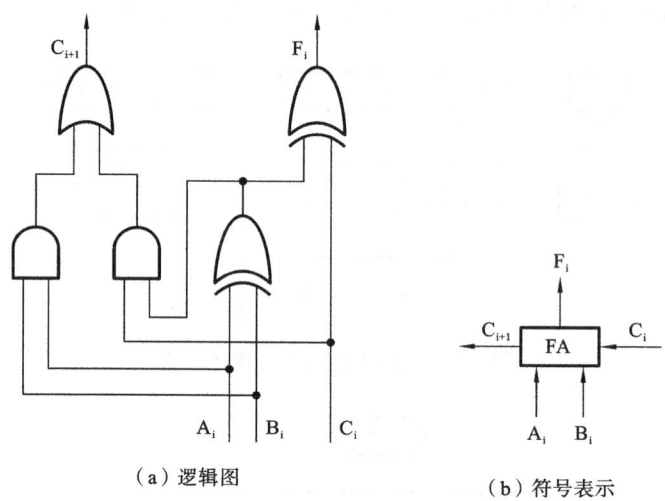

（a）逻辑图　　　　　（b）符号表示

图 3-3　全加器的逻辑图与符号表示

3.2.2　十进制加法器

十进制加法器是用于实现两个十进制数求和的电路。十进制加法器可通过 BCD 码（二一十进制码）来设计，它可以在二进制加法器的基础上加上适当的"校正"逻辑来实现。该"校正"逻辑可将二进制的"和"改变成所要求的十进制格式。

n 位 BCD 码行波式进位加法器由 n 级组成，每一级将一对 4 位的 BCD 码数字相加，并通过 4 位进位线与其相邻级连接。

计算机中实现十进制加法的方法有：直接用十进制加法器实现；用二进制加法指令和十进制修正指令实现。

1. 十进制加法器的主要特点

十进制加法器的特点主要包括以下两方面。

（1）采用 BCD 码。

（2）十进制位内按二进制加法规则运算，十进制位之间按逢十进一规则运算。

2. 十进制加法器的组成

每位十进制加法器由 4 位二进制加法器、和数修正及进位形成线路组成。

3. BCD(8421)码加法器

（1）和数的修正。

若和数 $\geqslant (1010)_2$，应有进位，和数加 $(110)_2$ 修正；若和数 $\leqslant (1001)_2$，无进位，则和数不必修正。

（2）进位的形成。

$C_{i+1} = C'_{i+1} + F'_{i3} F'_{i2} + F'_{i3} F'_{i1}$，利用 $C_{i+1} = 1$ 修正和数。

3.3　定点乘法运算

在计算机中,乘法运算是十分重要的运算,计算机实现乘除法运算的方法有三种,即编写程序实现、在加法器和寄存器中增添控制电路实现、使用阵列乘除法器实现。

3.3.1　原码定点乘法

在定点计算机中,两个原码表示的数相乘的运算规则是:乘积的符号位由两数的符号位按异或运算得到,而乘积的数值部分则是两个正数相乘之积。

1. 原码一位乘法

被乘数:$[X]_原 = X_S. X_1 X_2 \cdots X_n$

乘数:$[Y]_原 = Y_S. Y_1 Y_2 \cdots Y_n$

乘积:$[Z]_原 = (X_S \oplus Y_S). (0. X_1 X_2 \cdots X_n) \times (0. Y_1 Y_2 \cdots Y_n)$

【例 3.8】　设被乘数 $x = 0.1101$,乘数 $y = 0.1011$,用笔算过程求 $x \times y$ 的积。

解　由于乘数 $y = 0.1011 = 0. y_1 y_2 y_3 y_4$

$$
\begin{array}{rl}
0.1101 & \text{被乘数} \\
\times 0.1011 & \text{乘数} \\
\hline
1101 & x \times y_4 \times 2^{-4} \\
1101 & x \times y_3 \times 2^{-3} \\
0000 & x \times y_2 \times 2^{-2} \\
1101 & x \times y_1 \times 2^{-1} \\
\hline
0.10001111 &
\end{array}
$$

因此,$x \times y = 0.10001111$。根据上面笔算的过程,很容易发现笔算的方法在计算机中直接进行存在的问题:n 位乘以 n 位则有 2n 位字长的乘积,需 2n 位加法器;一次只能完成两个数相加。

根据原码笔算的过程进行总结,发现:① 乘法运算可用移位和加法来实现。如果进行乘法的两个数均是 4 位数,则总共需要进行 4 次加法运算和 4 次移位。② 由乘数的末位值确定被乘数是否与原部分积相加,然后右移一位,形成新的部分积;同时,乘数也右移一位,由次低位作新的末位,空出最高位放部分积的最低位。③ 每次做加法时,被乘数仅与原部分积的高位相加,其低位被移至乘数所空出的高位位置。

计算机很容易实现这种运算规则。用一个寄存器存放被乘数,一个寄存器存放乘积的高位,另一个寄存器存放乘数及乘积的低位,再配上加法器及其他相应电路,就可组成乘法器。

因此,可得到原码一位乘法操作步骤:

(1) 初始化:$[X]_原 \to R_2$,$[Y]_原 \to R_1$,$0 \to R_0$,$0 \to$ 计数器 i。

（2）运算：当次乘数位 $Y_n=1$ 时，则 $(R_0)+(R_2)\rightarrow R_0$。当次乘数位 $Y_n=0$ 时，则 $(R_0)+0\rightarrow R_0$。

（3）使 R_0 和 R_1 级联右移一位，$(i)+1\rightarrow i$。

（4）若 i 不等于 n，则按②、③步骤循环；若 i 等于 n，则结束运算。

（5）置乘积符号位 $Z_s=X_s\oplus Y_s$，乘积为 2n+1 位（包括一位符号位）。

【例 3.9】 已知 x=－0.1110，y=－0.1101，求 $[x\times y]_原$。

解 由 x=－0.1110 得 $[x]_原=1.1110$，$x_0=1$，$x^*=0.1110$（绝对值）

同时，由 y=－0.1101 得 $[y]_原=1.1101$，$y_0=1$，$y^*=0.1101$（绝对值）

按照原码一位乘法的运算步骤，$[x\times y]_原$的数值部分计算过程如表 3-1 所示。

表 3-1 $[x\times y]_原$的数值部分计算过程

部分积	乘数	说明
0.0000 ＋0.1110	1 1 0 1̲	开始部分积 $z_0=0$ 乘数为 1，加 x^*
0.1110 0.0111 ＋0.0000	0 1 1 0̲	→1 位得 z_1，乘数同时→1 位 乘数为 0，加上 0
0.0111 0.0011 ＋0.1110	0 1 0 1 1̲	→1 位得 z_2，乘数同时→1 位 乘数为 1，加上 x^*
1.0001 0.0011 ＋0.1110	1 0 1 1 0 1̲	→1 位得 z_3，乘数同时→1 位 乘数为 1，加上 x^*
1.0110 0.1011	1 1 0 0 1 1 0	→1 位得 z_4，乘数已全部移出

由计算可得 $x^*\times y^*=0.10110110$，乘积的符号位为 $x_0\oplus y_0=1\oplus 1=0$。

因此，$[x\times y]_原=0.10110110$。

2. 原码二位乘法

原码两位乘法与原码一位乘法一样，符号位的运算和数值部分是分开进行的，但原码两位乘法是用两位乘数的状态来决定新的部分积的形成，因此可提高运算速度。

从乘数的最低位开始，每次用乘数的两位与被乘数相乘。

在二进制乘法中，二位乘数有四种可能的组合，每种组合对应以下操作：

00 —— $P_{i+1}=2^{-2}(P_i+0)$

01 —— $P_{i+1}=2^{-2}(P_i+x)$

10 —— $P_{i+1}=2^{-2}(P_i+2x)$

11 —— $P_{i+1}=2^{-2}(P_i+3x)$

因为 $2^{-2}(P_i+3x)=2^{-2}[(P_i-x)+4x]=2^{-2}(P_i-x)+x$，所以＋3x 变为本次运算的一x，＋4x 变为右移后的＋x。运算规则如表 3-2 所示。

表 3-2　原码两位乘法运算规则

判别位 $y_{n-1}y_n$	标志位 C_j	操　作
0　0	0	P_i+0,右移两位,$0 \to C_j$
0　0	1	P_i+x,右移两位,$0 \to C_j$
0　1	0	P_i+x,右移两位,$0 \to C_j$
0　1	1	P_i+2x,右移两位,$0 \to C_j$
1　0	0	P_i+2x,右移两位,$0 \to C_j$
1　0	1	$P_i+[-x]_补$,右移两位,$1 \to C_j$
1　1	0	$P_i+[-x]_补$,右移两位,$1 \to C_j$
1　1	1	P_i+0,右移两位,$1 \to C_j$

为了统一用两位乘数和一位 C_j 共同配合管理全部操作,与原码一位乘法不同的是,需在乘数(当乘数位数为偶数时)的最高位前增加两个 0。这样,当乘数最高两个有效位出现"11"时,需将 C_j 置"1",再与所添补的两个 0 结合呈 001 状态,以完成加 x^* 的操作,此时不必移位。

【例 3.10】　已知 $x=0.111111$,$y=-0.111001$,用原码两位乘法求 $[x \times y]_原$。

解　由 $x=0.111111$ 得 $[-x]_补=1.000001$,$2x^*=1.111110$;

由 $y=-0.111001$ 得 $y^*=0.111001$(绝对值)

按照原码两位乘法的运算步骤,$[x \times y]_原$ 的数值部分计算过程如表 3-3 所示。

表 3-3　$[x \times y]_原$ 的数值部分计算过程

部　分　积	乘数 y^*	C_j	说　明
000.000000 +000.111111	0011100<u>1</u>	<u>0</u>	开始,部分积为 0,$C_j=0$ 根据 $y_{n-1}y_nC_j=010$,加 x^*,保持 $C_j=0$
000.111111 000.001111 +001.111110	110011<u>10</u>	<u>0</u>	$\to 2$ 位,得新的部分积,乘数同时 $\to 2$ 位 根据"100"加 $2x^*$,保持 $C_j=0$
010.001101 000.100011 +111.000001	11 0111<u>00</u>11	<u>0</u>	$\to 2$ 位,得新的部分积,乘数同时 $\to 2$ 位 根据"110"减 x^*(即加 $[-x^*]_补$),保持 C_j 置"1"
111.100100 111.111111 +000.111111	01<u>11</u> 000<u>11100</u>	<u>1</u>	$\to 2$ 位,得新的部分积,乘数同时 $\to 2$ 位 根据"001"减 x^*,C_j 置"0"
000.111000	000111		形成最终结果

乘积的符号位为 $x_0 \oplus y_0=0 \oplus 1=1$,因此,$[x \times y]_原=1.111000000111$。

3.3.2　补码定点乘法

补码乘法因为符号位参与运算,所以可以完成补码数的"直接"乘法,而不需要求补级。

这种直接的方法排除了较慢的对 2 求补操作,因而大大加速了乘法过程。

对于计算补码数的数值来说,一种较好的表示方法是使补码的位置数为一个带负权的符号和带正权的系数。

1. 补码一位乘法

若已知$[x]_\text{补} = x_0. x_1 x_2 \cdots x_n$,$[y]_\text{补} = y_0. y_1 y_2 \cdots y_n$。

布斯乘法算法的过程和步骤如下。

(1) 两补码数相乘,被乘数和乘数的符号(x_0 和 y_0)都参加运算。

(2) 在乘数的最低位后增加一附加位 y_{n+1}。令 $y_{n+1} = 0$,从 $y_n y_{n+1}$ 开始,由相邻两位乘数的状态决定相应的操作,布斯乘法算法操作如表 3-4 所示,如此循环 n 次可得到$[P_n]_\text{补}$。

表 3-4 布斯乘法算法操作表

判断位 $y_n y_{n+1}$	$y_{i+1} - y_i$	操 作
0 0	0	$[P_{i+1}]_\text{补} = [2^{-1} P_i]_\text{补}$ 部分积右移一位
1 1	1	$[P_{i+1}]_\text{补} = [2^{-1} P_i]_\text{补}$ 部分积加$[x]_\text{补}$,再右移一位
0 1	−1	$[P_{i+1}]_\text{补} = [2^{-1}(P_i+x)]_\text{补}$ 部分积加$[-x]_\text{补}$,再右移一位
1 0	0	$[P_{i+1}]_\text{补} = [2^{-1}(P_i-x)]_\text{补}$ 部分积右移一位

(3) 在第 n+1 步比较 $y_0 y_1$ 的状态,只运算,不右移。最后$[P_{n+1}]_\text{补} = [x \times y]_\text{补}$。

【例 3.11】 已知$[x]_\text{补} = 1.0101$,$[y]_\text{补} = 1.0011$,求$[x \times y]_\text{补}$。

解 按照原码两位乘法的运算步骤,$[x \times y]_\text{补}$ 的计算过程如表 3-5 所示。

表 3-5 $[x \times y]_\text{补}$ 的计算过程

积 分 积	乘数 y_n	附加位 y_{n+1}	说 明
0 0 . 0 0 0 0 + 0 0 . 1 0 1 1	1 0 0 1 <u>1</u>	<u>0</u>	$y_n y_{n+1} = 10$,部分积加$[-x]_\text{补}$
0 0 . 1 0 1 1 0 0 . 0 1 0 1 0 0 . 0 0 1 1 + 1 1 . 0 1 0 1	1 1 0 0 1 1 1 1 0 <u>0</u>	<u>1</u> 1	→1 位,得$[z_1]_\text{补}$ $y_n y_{n+1} = 11$,部分积→1 位,得$[z_2]_\text{补}$ $y_n y_{n+1} = 01$,部分积加$[x]_\text{补}$
1 1 . 0 1 1 1 1 1 . 1 0 1 1 1 1 . 1 1 0 1 + 0 0 . 1 0 1 1	1 1 1 1 1 1 <u>0</u> 1 1 1 1 <u>1</u>	<u>0</u> 0	→1 位,得$[z_3]_\text{补}$ $y_n y_{n+1} = 00$,部分积→1 位,得$[z_4]_\text{补}$ $y_n y_{n+1} = 10$,部分积加$[-x]_\text{补}$
0 0 . 1 0 0 0	1 1 1 1		最后一步不移位,得$[x \times y]_\text{补}$

因此,$[x \times Y]_\text{补} = 0.1000111$。

由于比较法的补码乘法运算规则不受乘数符号的约束,因此,控制线路比较简明,在计算机中普遍采用。补码比较法(布斯算法)硬件配置框图如图 3-4 所示。

2. 补码两位乘法

补码两位乘法的运算规则是根据补码一位乘法的运算规则把比较 y_n、y_{n+1} 的状态应执

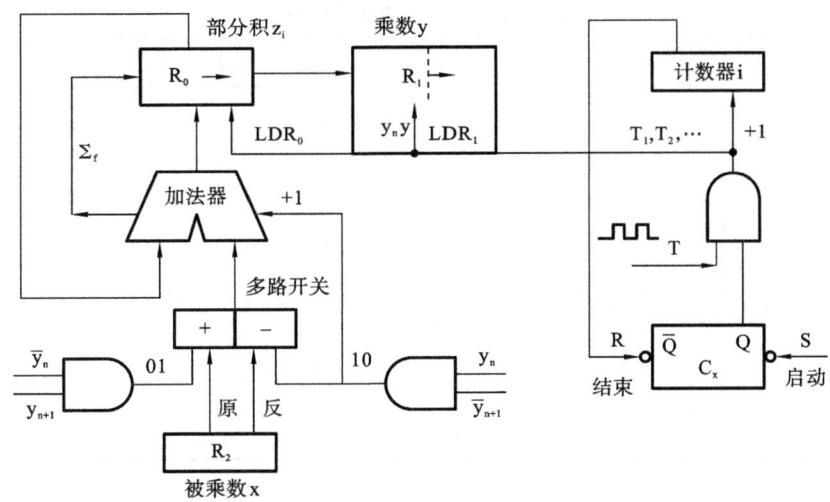

图 3-4　补码比较法（布斯算法）硬件配置框图

行的操作和比较 y_{n-1}、y_n 的状态应执行的操作合并成一步而得出的。用布斯乘法推导出补码两位乘法的运算规则如下：

$$[P_{i+1}]_{补}=2^{-1}\{[P_i]_{补}+(y_{n-i+1}-y_{n-i})[x]_{补}\}$$

$$[P_{i+2}]_{补}=2^{-1}\{[P_{i+1}]_{补}+(y_{n-i}-y_{n-i-1})[x]_{补}\}$$

将 $[P_{i+1}]_{补}$ 等式右边代入 $[P_{i+2}]_{补}$ 等式右边中的 $[P_{i+1}]_{补}$，并且化简可得：

$$[P_{i+2}]_{补}=2^{-2}\{[P_i]_{补}+(y_{n-i+1}+y_{n-i}-2y_{n-i-1})[x]_{补}\}$$

补码两位乘法是通过比较相邻三位乘数的状态来决定相应的操作，操作如表 3-6 所示。

表 3-6　相邻三位乘数与 $[P_{i+2}]_{补}$ 的关系

$y_{n-i-1}\ y_{n-i}\ y_{n-i+1}$	组合值	求 $[P_{i+2}]_{补}$ 的操作
0 0 0	0	$2^{-2}\{[P_i]_{补}+0\}$
0 0 1	1	$2^{-2}\{[P_i]_{补}+[x]_{补}\}$
0 1 0	1	$2^{-2}\{[P_i]_{补}+[x]_{补}\}$
0 1 1	2	$2^{-2}\{[P_i]_{补}+2[x]_{补}\}$
1 0 0	-2	$2^{-2}\{[P_i]_{补}+2[-x]_{补}\}$
1 0 1	-1	$2^{-2}\{[P_i]_{补}+[-x]_{补}\}$
1 1 0	-1	$2^{-2}\{[P_i]_{补}+[-x]_{补}\}$
1 1 1	0	$2^{-2}\{[P_i]_{补}+0\}$

【例 3.12】　已知 $[x]_{补}=0.0101$，$[y]_{补}=1.0101$，求 $[x\times y]_{补}$。

解　乘数使用 2 位符号位，在数末增加 1 位附加位，初态为 0，因此，$[y]_{补}=11.01010$。取 3 位符号位时，x 的补码和 $-x$ 的补码分别为 $[x]_{补}=000.0101$，$[-x]_{补}=111.1011$。按照补码两位乘法的运算步骤，$[x\times y]_{补}$ 的计算过程如表 3-7 所示。

表 3-7 $[x\times y]_{补}$ 的计算过程

部 分 积	乘 数	说 明
000.0000 ＋000.0101	1101010	判断位为010,加$[x]_{补}$
000.0101 000.0001 ＋000.0101	0111010	→2 位 判断位为010,加$[x]_{补}$
000.0110 000.0001 ＋111.1011	01 1001110	→2 位 判断位为110,加$[-x]_{补}$
111.1100	1001	最后一步不移位,得$[x\times y]_{补}$

因此,$[x\times y]_{补}=1.11001001$。

对比补码一位乘法和补码两位乘法,采用双符号位更便于硬件实现,当乘数数值位为偶数时,乘数取 2 位符号位,共需作 n/2 次移位,最多作 n/2＋1 次加法,最后一步不移位;当乘数数值位为奇数时,可补 0 变为偶数位,以简化逻辑操作。也可对乘数取 1 位符号位,此时共进行 n/2＋1 次加法运算和 n/2＋1 次移位(最后一步移 1 位)。当然,对于整数补码乘法,其过程与小数补码乘法完全相同,运算时,在书写上将符号位和数值位中间的"."改为",",即可。

3.3.3 阵列乘法器

设有两个不带符号的四位二进制整数 A 和 B,其中 $A=a_3a_2a_1a_0$,$B=b_3b_2b_1b_0$,求 A×B,笔算过程如图 3-5 所示。

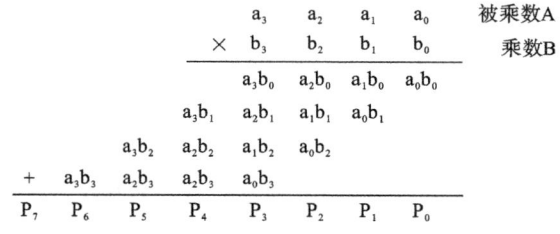

图 3-5 两个四位二进制整数乘法笔算过程

由此可见,阵列乘法器可用"乘加单元"电路实现。

1. 阵列乘法器的逻辑框图

4×4 位无符号数阵列乘法器的逻辑框图如图 3-6 所示。

2. n×n 位阵列乘法器的构成

(1) 被加数位积产生部件:n×n 个"与门"。

(2) 被加数求和部件:n×(n－1)个加法器。

将 $a_ib_j(i,j=0\sim(n-1))$位权 2i＋j 相等的位积相加。

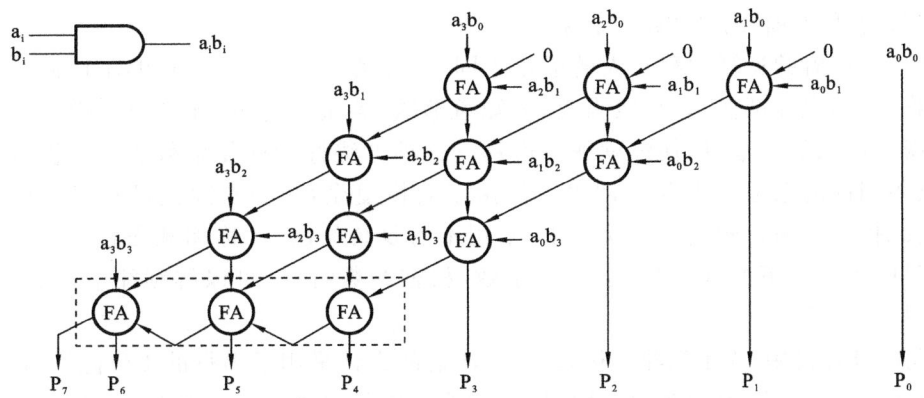

图 3-6　4×4 位无符号数阵列乘法器的逻辑框图

3.4　定点除法运算

3.4.1　原码除法

两个原码表示的数相除时，商的符号由两数的符号按位相加求得，商的数值部分由两数的数值部分相除求得。

设有 n 位定点小数（定点整数也同样适用）：被除数为 x，其原码为 $[x]_原 = x_{f.}\ x_{n-1} \cdots x_1 x_0$；除数为 y，其原码为 $[y]_原 = y_{f.}\ y_{n-1} \cdots y_1 y_0$。则有商 $q = x/y$，其原码为 $[q]_原 = (x_f \oplus y_f) + (0.\ x_{n-1} \cdots x_1 x_0 / 0.\ y_{n-1} \cdots y_1 y_0)$。

商的符号运算 $q_f = x_f \oplus y_f$ 与原码乘法的一样，用模 2 求和得到。商的数值部分的运算，实质上是两个正数求商的运算。根据我们熟知的十进制除法运算方法，很容易得到二进制数的除法运算方法。所不同的只是在二进制中，商的每一位不是"1"就是"0"，其运算法则更简单一些。

【例 3.13】　设被除数 x＝0.10111101，y＝－0.1101，用笔算过程求 x÷y 的商。

解　x÷y＝－0.1110，余数 r＝0.00000111。

上面的笔算过程可叙述如下。

（1）判断 x 是否小于 y？由于 x＜y，故商的整数位为"0"，x 的低位补 0，得余数 r_0。

（2）比较 r_0 和 $2^{-1}y$，因为 $r_0 > 2^{-1}y$，够减，所以小数点后第一位商为"1"，作减法为 $r_0 - 2^{-1}y$，得余数 r_1。

（3）比较 r_1 和 $2^{-2}y$，因为 $r_1 > 2^{-2}y$，够减，所以小数点后第二位商为"1"，作减法为 $r_1 - 2^{-2}y$，得余数 r_2。

（4）比较 r_2 和 $2^{-3}y$，因为 $r_2 < 2^{-3}y$，不够减，所以小数点后第三位商为"0"，不作减法，得余数 $r_3(= r_2)$。

（5）比较 r_3 和 $2^{-4}y$，因为 $r_3 > 2^{-4}y$，够减，所以小数点后第四位商为"1"，作减法为 $r_3 - 2^{-4}y$，得余数 r_4，共求四位商，至此除法完毕。

在计算机中，小数点是固定的，不能简单地采用手算的办法。为了便于机器操作，使"除数右移"和"右移上商"的操作统一起来。

事实上,机器的运算过程和人的毕竟不同,人会心算,一看就知道够不够减。但机器不会心算,必须先作减法,若余数为正,才知道够减;若余数为负,才知道不够减。不够减时必须恢复原来的余数,以便继续往下运算。这种方法称为恢复余数法。要恢复原来的余数,只要当前的余数加上除数即可。但由于要恢复余数,导致除法进行过程的步数不固定,因此控制起来比较复杂。实际中,常用不恢复余数法,又称加减交替法。其特点是运算过程中若出现不够减,则不必恢复余数,根据余数符号,可以继续往下运算,因此步数固定,控制简单。

早期的计算机中,为了简化结构,硬件除法器的设计采用了串行的 1 位除法方案,即多次执行"减法－移位"操作来实现,并使用计数器来控制移位次数。由于串行除法器速度太慢,目前已被淘汰。

1. 原码恢复余数除法

原码恢复余数除法的原理如下。

(1) 商符单独处理,即 $q_s = x_s y_s$;

(2) $|x| - |y| = r_0 \begin{cases} \geq 0 & \text{溢出,另进行处理} \\ < 0 & \text{个位上 0, +|y| 恢复被除数} \end{cases}$

(3) 用减法比较 $2r_i$ 和 $|y|$ 的大小:若 $2r_i - |y| > 0$,则商上 1,余数 r_{i+1} 左移一位再减 $|y|$;若 $2r_i - |y| < 0$,则商上 0,加 $|y|$ 恢复余数,左移一位再减 $|y|$;如此循环,直至得到所需的商的位数为止。

原码恢复余数除法的缺点:除法过程中,步数(节拍)不固定,控制起来比较麻烦;加法、减法的次数多(平均次数为 $3n/2$,n 为乘数位数),速度慢。

【例 3.14】 已知 $x = 0.10111101$,$y = -0.1101$,求 $x \div y$ 的商及余数。

解 $[x]_原 = 0.10111101$,$[y]_原 = 1.1101$,$[-|y|]_补 = 1.0011$。

原码恢复余数除法的运算过程如表 3-8 所示。

商的符号位为 $x_0 \oplus y_0 = 0 \oplus 1 = 1$。

因此,$[q]_原 = 1.1110$,余数 $r_4 = 0.0111 \times 2^{-100}$,即 $x \div y = -0.1110$,余数为 0.00000111。

在原码恢复余数除法中,每当余数为负时,都需恢复余数,这样延长了机器除法的时间,操作很不规则,对线路结构不利。加减交替法可克服这些缺点。

2. 加减交替法

加减交替法又称不恢复余数法,可以认为它是恢复余数法的一种改进算法。

通过原码恢复余数除法可知:当余数 $R_i > 0$ 时,可上商"1",再对 R_i 左移一位后减除数,即 $2R_i - y^*$;当余数 $R_i < 0$ 时,可上商"0",然后先做 $R_i + y^*$,即完成恢复余数的运算,再做 $2(R_i + y^*) - y^*$,即 $2R_i + y^*$。

那么,原码恢复余数法可归纳如下:

(1) 当 $R_i > 0$ 时,可上商"1",做 $2R_i - y^*$ 运算。

(2) 当 $R_i < 0$ 时,可上商"0",做 $2R_i + y^*$ 运算。

表 3-8 原码恢复余数除法的运算过程

	被除数或余数	商q	说　明
	0 0.1 0 1 1	1　1　0　1	
$+[-\|y\|]_{\text{补}}$	1 1.0 0 1 1		作|x|-|y|
	1 1.1 1 1 0	1　1　0　1　0	余数小于0，商上0
$+[\|y\|]_{\text{补}}$	0 0.1 1 0 1		恢复余数（被除数）
	0 0.1 0 1 1		
	0 1.0 1 1 1	1　0　1　0	商0移入q，余数左移一位
$+[-\|y\|]_{\text{补}}$	1 1.0 0 1 1		减|y|
	0 0.1 0 1 0	1	余数大于0，商上1
	0 1.0 1 0 1	0　1　0　1	商1移入q，余数左移一位
$+[-\|y\|]_{\text{补}}$	1 1.0 0 1 1		减|y|
	0 0.1 0 0 0	0　1　0　1　1	余数大于0，商上1
	0 1.0 0 0 0	1　0　1　1	商1移入q，余数左移一位
$+[-\|y\|]_{\text{补}}$	1 1.0 0 1 1		减|y|
	0 0.0 0 1 1	1　0　1　1　1	余数大于0，商上1
	0 0.0 1 1 1	0　1　1　1	商1移入q，余数左移一位
	1 1.0 0 1 1		减|y|
	1 1.1 0 1 0		余数小于0，商上0
	0 0.1 1 0 1	0　1　1　1　0	商0移入q
	0 0.0 1 1 1		加|y|恢复余数

这样处理后不需要再对余数做恢复的操作，只要通过判断完成＋y*或－y*即可，因此，将其称为加减交替法或不恢复余数法。

【例 3.15】 已知 x＝－0.1011，y＝0.1101，求 x÷y 的商及余数。

解　$[x]_{原}=1.1011$，$[\|x\|]_{补}=0.1011$；$[y]_{原}=0.1101$，$[-\|y\|]_{补}=1.0011$。

不恢复余数法的运算过程如表 3-9 所示。

表 3-9 不恢复余数法的运算过程

被除数（余数）	商	说　明
0.1 0 1 1	0.0 0 0 0	＋$[-y^*]_{补}$（减除数）
＋1.0 0 1 1		
1.1 1 1 0	0	余数为负，上商"0"
1.1 1 0 0	0	←1 位
＋0.1 1 0 1		＋$[y^*]_{补}$（加除数）
0.1 0 0 1	0 1	余数为正，上商"1"
1.0 0 1 0	0 1	←1 位
＋1.0 0 1 1		＋$[-y^*]_{补}$（减除数）
0.0 1 0 1	0 1 1	余数为正，上商"1"
0.1 0 1 0	0 1 1	←1 位
＋1.0 0 1 1		＋$[-y^*]_{补}$（减除数）

续表

被除数（余数）	商	说　　明
1.1101	0110	余数为负,上商"0"
1.1010	0110	←1位
＋0.1101		＋[y*]补(加除数)
0.0111	01101	余数为正,上商"1"

商的符号位为 $x_0 \oplus y_0 = 0 \oplus 1 = 1$。

因此,$x \div y = -0.1101$,余数为 0.0111。

分析可见,n 位小数的除法共上商 n+1 次(第一次商用来判断是否溢出),左移(逻辑左移)n 次,可用移位次数判断除法是否结束。若比例因子选择恰当,除法结果不溢出,则第一次商肯定是 0。如果省去这位商,只需上商 n 次即可,此时除法运算一开始应将被除数左移一位再减去除数,然后根据余数上商。

3. 原码加减交替法所需的硬件配置

实现原码加减交替法运算的基本硬件配置框图如图 3-7 所示。

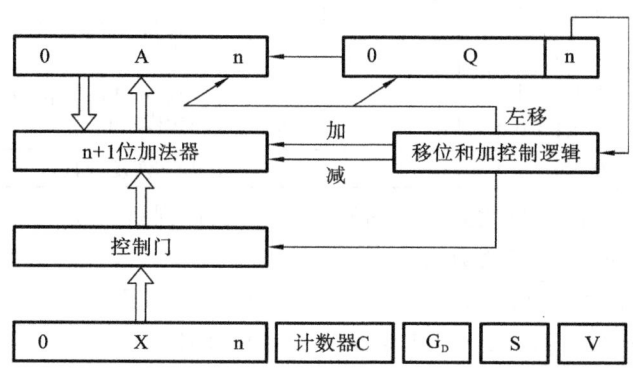

图 3-7　原码加减交替法运算的基本硬件配置框图

3.4.2　补码定点除法

与补码乘法类似,也可以用补码完成除法操作。补码定点除法也包括恢复余数法和补码加减交替除法,后者用得较多,下面介绍补码加减交替除法。

补码加减交替除法的算法步骤如下。

(1)被除数 $[x]_补$ 与除数 $[y]_补$ 同号,做 $[x]_补 + [-y]_补$ 的运算,若余数 $[r_1]_补$ 与 $[y]_补$ 同号,则溢出,否则商上 0(商符);被除数 $[x]_补$ 与除数 $[y]_补$ 异号,做 $[x]_补 + [y]_补$ 的运算,若 $[r_1]_补$ 与 $[y]_补$ 异号,则溢出,否则商上 1(商符)。

(2)若余数 $[r_i]_补$ 与 $[y]_补$ 同号,商上 1,$[r_i]_补$ 左移一位再减 $[y]_补$;若 $[r_i]_补$ 与 $[y]_补$ 异号,商上 0,$[r_i]_补$ 左移一位再加 $[y]_补$。

(3)重复步骤(2),连同符号位在内共做(n+1)步,若末位采用恒置 1 法,则只需做 n 步。

补码加减交替除法的特点是,操作数的符号位都作为数的一部分参加运算,商的符号及数位用统一的上商规则进行。

补码加减交替除法的特点如下。

(1) 操作数的符号位均作为数的一部分参加运算。

(2) 商的符号及数位用统一的上商规则进行。

【例 3.16】　已知$[x]_补 = 0.1011$,$[y]_补 = 1.0011$,用补码加减交替除法求$[x \div y]_补$。

解　$[-y]_补 = 0.1101$,机器的运算过程如表 3-10 所示。

表 3-10　机器的运算过程

被除数/余数	商	说　明
0 0.1 0 1 1	0　0　0　0	x和y异号,商为负
+[y]$_补$　1 1.0 0 1 1		+[y]$_补$
1 1.1 1 1 0	0　0　0　0　1	余数r_1与[y]$_补$同号,商上1
←　1 1.1 1 0 0	0　0　0　1	r_1和q同时左移一位
+[-y]$_补$　0 0.1 1 0 1		+[-y]$_补$
0 0.1 0 0 1	0　0　0　1　0	r_2与[y]$_补$异号,商上0
←　0 1.0 0 1 0	0　0　1　0	r_2和q同时左移一位
+[y]$_补$　1 1.0 0 1 1		+[y]$_补$
0 0.0 1 0 1	0　0　1　0　0	r_3与[y]$_补$异号,商上0
←　0 0.1 0 1 0	0　1　0　0	r_3和q同时左移一位
+[y]$_补$　1 1.0 0 1 1		+[y]$_补$
1 1.1 1 0 1	0　1　0　0　1	r_4与[y]$_补$异号,商上1
←　1 1.1 0 1 0	1　0　0　1	r_4和q同时左移一位
	1　0　0　1　1	商的末位恒置1

所以,$[x \div y]_补 = 1.0011$,$x \div y = -0.1101$。

补码加减交替法的控制流程如图 3-8 所示。

除法开始前,Q 寄存器被清零,准备接收商,被除数的补码在 A 中,除数的补码在 X 中,计数器 C 中存放除数的位数 n。除法开始后,首先根据两操作数的符号确定是做加法还是减法,加(或减)操作后,即上第一次商(商符),然后 A 和 Q 同时左移一位,再根据商值的状态决定加或减除数,这样重复 n 次后,在上一次末位商 1(恒置 1 法),即得运算结果。

同时需要说明,流程图 3-6 中未画出补码除法溢出判断的内容;多做一次加(或减)法,其实在末位恒置 1 前,只需移位而不必做加(或减)法。

与原码除法一样,图中均未指出对 0 进行检测。实际上,在除法运算前,应先检测被除数和除数是否为 0。若被除数为 0,结果即为 0;若除数为 0,结果为无穷大。这两种情况都无须继续做除法运算。

以上介绍了计算机定点四则运算方法,根据这些运算规则,可以设计乘法器和除法器。有些机器的乘法、除法可用编程来实现。分析上述运算方法对理解机器内部的操作过程和编制乘法、除法运算的标准程序都是很有用的。

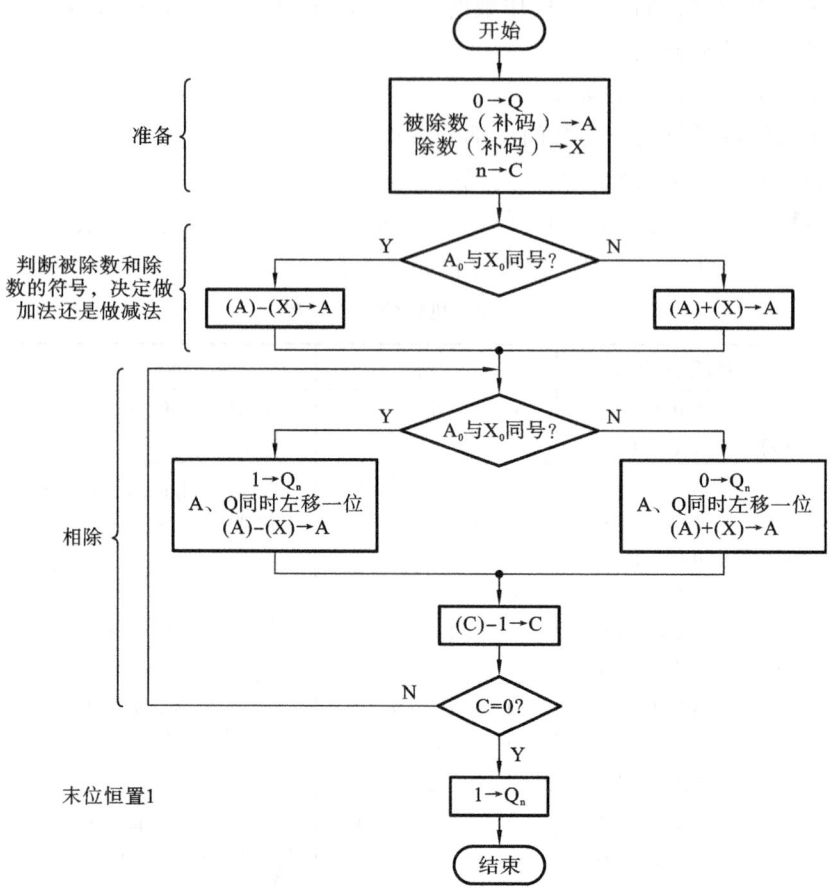

图 3-8　补码加减交替法的控制流程

3.5　定点运算器的组成与结构

3.5.1　逻辑运算

1. 逻辑数

通常用"1"表示逻辑真,用"0"表示逻辑假的非数值数据。

2. 计算机的基本逻辑运算

(1) 逻辑非($\bar{x}$)运算。按位求反,即求反运算使 1 变 0,0 变 1。若数 $x = x_0 x_1 x_2 \cdots x_n$,则 $\bar{x} = \bar{x}_0 \bar{x}_1 \bar{x}_2 \cdots \bar{x}_n$。

(2) 逻辑加($\vee$ 或 $+$)运算。对两个数进行逻辑加,就是按位求它们的"或"。若 $x = x_0 x_1 x_2 \cdots x_n, y = y_0 y_1 y_2 \cdots y_n, x \vee y = Z = Z_0 Z_1 Z_2 \cdots Z_n$,则 $Z_i = x_i \vee y_i (i = 0,1,2,\cdots,n)$。

(3) 逻辑乘($\wedge$ 或 $\cdot$)运算。对两个数进行逻辑乘,就是按位求它们的"与"。若 $x = x_0 x_1 x_2 \cdots x_n, y = y_0 y_1 y_2 \cdots y_n, x \wedge y = Z = Z_0 Z_1 Z_2 \cdots Z_n$,则 $Z_i = x_i \wedge y_i (i = 0,1,2,\cdots,n)$。

（4）逻辑异（⊕）运算。对两个数进行逻辑异，就是按位求它们的模 2 加。若 $x = x_0 x_1 x_2 \cdots x_n, y = y_0 y_1 y_2 \cdots y_n, x \oplus y = Z = Z_0 Z_1 Z_2 \cdots Z_n$，则 $Z_i = x_i \oplus y_i (i = 0, 1, 2, \cdots, n)$。

【例 3.17】　设两个数 $x = 1011, y = 0101$，求 $\bar{x}, x \vee y, x \wedge y, x \oplus y$。

解　$\bar{x} = 0100, x \vee y = 1111, x \wedge y = 0001, x \oplus y = 1110$。

3. 逻辑运算的特点

逻辑运算具有以下特点。

（1）按位进行，各位的结果互不牵连，因此不会出现借位、进位、溢出等问题。

（2）运算简单。

（3）每一位都可看成一个逻辑变量，因此，没有符号位、数值位、阶码和尾数的区分。

3.5.2　多功能算术逻辑部件（74181）

快速进位链随着操作数位数的增加，电路中进位的速度对运算时间的影响也越来越大，为了提高运算速度，将通过对进位过程的分析设计快速进位链。

1. 并行加法器

并行加法器由若干个全加器组成，如图 3-9 所示。$n + 1$ 个全加器级联就组成了一个 $n + 1$ 位的并行加法器。

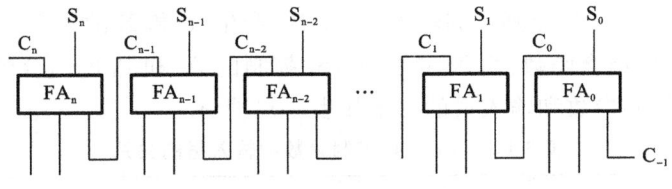

图 3-9　并行进位加法器

由于每位全加器的进位输出是高一位全加器的进位输入，因此，当全加器有进位时，这种一级一级传递进位的过程将会大大影响运算速度。

由全加器的逻辑表达式可知，和为

$$S_i = \overline{A_i} \overline{B_i} C_{i-1} + \overline{A_i} B_i \overline{C_{i-1}} + A_i \overline{B_i} \overline{C_{i-1}} + A_i B_i C_{i-1}$$

进位为

$$C_i = \overline{A_i} B_i C_{i-1} + A_i \overline{B_i} C_{i-1} + A_i B_i \overline{C_{i-1}} + A_i B_i C_{i-1} = A_i B_i + (A_i \oplus B_i) C_{i-1}$$

由上面的公式可知，进位 C_i 由 $A_i B_i$ 以及两部分组成，$A_i B_i$ 的值由输入信息决定，但是中需要来自地位的进位。

根据进位的组成可以将逐级传递进位的结构转换为以进位链的方式实现快速进位。目前进位链通常采用串行进位链和并行进位链两种。串行进位链是指并行加法器中的进位信号采用串行传递，图 3-10 所示的就是一个典型的串行进位的并行加法器。

多功能算术逻辑部件是一个由一位全加器（FA）构成的行波进位加法器，它可以实现补码数的加法运算和减法运算。但是这种加法/减法器存在两个问题：一是由于串行进位，它的运算时间很长。假如加法器由 n 位全加器构成，每一位的进位延迟时间为 20 ns，那么最坏情况下，进位信号从最低位传递到最高位而最后输出稳定，至少需要 n * 20 ns，这在高速计算中显然是不利的。二是就行波进位加法器本身来说，它只能完成加法和减法两种操作

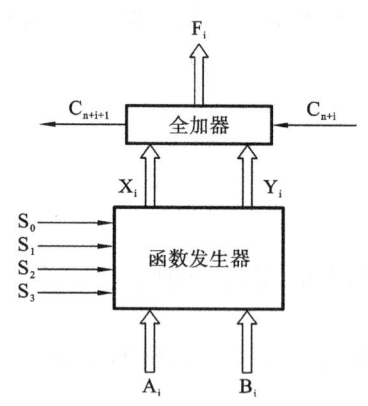

图 3-10 ALU 的逻辑结构框图

而不能完成逻辑操作。多功能算术逻辑运算单元（ALU）不仅具有多种算术运算和逻辑运算的功能，而且具有先行进位逻辑，从而能实现高速运算。

设计多功能算术逻辑部件的基本思想：由控制参数 $S_3S_2S_1S_0$ 将操作数 A_i、B_i 组成函数 X_i、Y_i，然后再将 X_i、Y_i 和下一位进位数通过全加器进行全加。由于 $S_3S_2S_1S_0$ 有不同的组合，可以得到不同的组合函数，所以能够实现多种算术运算和逻辑运算。

算术逻辑运算单元的逻辑式如下：

$$F_i = X_i \oplus Y_i \oplus C_{n+i}$$
$$C_{n+i+1} = X_iY_i + Y_iC_{n+i} + X_iC_{n+i}$$

上面两式中，进位下标用 $n+i$ 代替原来全加器中的 i，i 代表集成在一片电路上的 ALU 的二进制位数。对于 4 位一片的 ALU，$i=0,1,2,3$。n 代表由若干片 ALU 组成更大字长的运算器时每片电路的进位输入，例如当 4 片组成 16 位字长的运算器时，$n=0,4,8,12$。

2. 逻辑表达式

控制参数 S_0、S_1、S_2、S_3 分别控制输入 A_i 和 B_i，产生 Y 和 X 的函数。其中 Y_i 是受 S_0、S_1 控制的 A_i 和 B_i 的组合函数，而 X_i 是受 S_2、S_3 控制的 A_i 和 B_i 的组合函数。

（1）X_i、Y_i 与控制参数和输入量的关系如表 3-11 所示。

表 3-11 X_i、Y_i 与控制参数和输入量的关系

S_0 S_1	Y_i	S_2 S_3	X_i
0 0	A_i	0 0	1
0 1	A_iB_i	0 1	$A_i + B_i$
1 0	$A_i\overline{B_i}$	1 0	$\overline{A_i + B_i}$
1 1	0	1 1	A_i

（2）全加器的公式如下：

$$C_{n+i+1} = X_iY_i + (X_i + Y_i)C_{n+i} = Y_i + X_iC_{n+i}$$
$$F_i = X_i \oplus Y_i \oplus C_{n+i}$$

可见，X_i 既是一个操作数，又是一个进位传递函数；Y_i 既是一个操作数，又是一个进位产生函数。

（3）进位表达式如下：

$$C_{n+1} = Y_0 + X_0C_n$$
$$C_{n+2} = Y_1 + X_1C_{n+1} = Y_1 + X_1Y_0 + X_1X_0C_n$$
$$C_{n+3} = Y_2 + X_2C_{n+2} = Y_2 + X_2Y_1 + X_2X_1Y_0 + X_2X_1X_0C_n$$
$$C_{n+4} = Y_3 + X_3C_{n+3} = Y_3 + X_3Y_2 + X_3X_2Y_1 + X_3X_2X_1Y_0 + X_3X_2X_1X_0C_n$$

令 $G = Y_3 + X_3Y_2 + X_3X_2Y_1 + X_3X_2X_1Y_0$，$G$ 为小组进位产生函数（进位发生输出）；令 P

$=X_3X_2X_1X_0$，P 为小组进位传递函数（进位传送输出），则 $C_{n+4}=G+PC_n$。

3.5.3　运算器数据通路

由于计算机内部的主要工作过程是信息传送和加工的过程，因此在机器内部各部件之间的数据传送非常频繁。为了减少内部的传送线并便于控制，通常将一些寄存器之间数据传送的通路加以归并，组成总线结构，使不同来源的信息在此传输线上分时传送。

根据总线所在位置，总线分为内部总线和外部总线两类。内部总线是指 CPU 内各部件的连线，而外部总线是指系统总线，即 CPU 与存储器、I/O 系统之间的连线。本节只讨论内部总线。

按总线的逻辑结构来说，总线可分为单向传送总线和双向传送总线。所谓单向总线，就是信息只能向一个方向传送。所谓双向总线，就是信息可以分两个方向传送，既可以发送数据，也可以接收数据。

3.5.4　定点运算器的基本结构及组成

运算器包括 ALU、阵列乘除器、寄存器、多路开关、三态缓冲器和数据总线等逻辑部件。

运算器的设计，主要围绕 ALU、寄存器与数据总线之间如何传送操作数和运算结果进行的。在决定方案时，需要考虑数据传送的方便性和操作速度，在微型计算机和单片机中还要考虑在硅片上制作总线的工艺。计算机的运算器大体有三种结构形式，分别是单总线结构的运算器、双总线结构的运算器和三总线结构的运算器。

1. 单总线结构的运算器

单总线结构的运算器由于所有部件都连接在同一总线上，所以数据可以在任何两个寄存器之间，或者在任何一个寄存器和 ALU 之间传送。如果有阵列乘法器或阵列除法器，那么它们所处的位置应与 ALU 相当。对这种结构的运算器来说，在同一时间内，只能有一个操作数放在单总线上。为了把两个操作数输入到 ALU 中，需要分两次来做，而且还需要 A、B 两个缓冲寄存器。这种结构的主要缺点是操作速度较慢。在这种结构中虽然输入数据和操作结果需要三次串行的选通操作，但它并不会对每种指令都增加很长执行时间。只有在对全是 CPU 寄存器中的两个操作数进行操作时，单总线结构的运算器才会有一定的时间损失。但是，由于它只控制一条总线，故控制电路比较简单。

2. 双总线结构的运算器

在这种结构中，两个操作数同时加入 ALU 进行运算，只需一次操作控制，而且马上就可以得到运算结果。两条总线各自把其数据送至 ALU 的输入端。特殊寄存器分为两组，它们分别与一条总线交换数据。这样，通用寄存器中的数据就可以进入任一组特殊寄存器中去，从而使数据传送更加灵活。ALU 的输出不能直接加到总线上去，这是因为当产生操作结果的输出时，两条总线都被输入数占据，因而必须在 ALU 输出端设置缓冲寄存器。为此，操作的控制要分两步完成：第一步，在 ALU 的两个输入端输入操作数，产生结果并送入缓冲寄存器；第二步，把结果送入目的寄存器。

3. 三总线结构的运算器

在三总线结构中，ALU 的两个输入端分别由两条总线供给，而 ALU 的输出则与第三条总线相连。这样,算术逻辑操作就可以在一步的控制之内完成。由于 ALU 本身有时间延迟,所以打入输出结果的选通脉冲必须考虑到包括这个延迟。

3.6　浮点运算方法和浮点运算器

3.6.1　浮点加减运算

设有两个浮点数 x 和 y,它们分别为 $x=2^{E_x} \cdot M_x$, $y=2^{E_y} \cdot M_y$。其中,E_x 和 E_y 分别为数 x 和 y 的阶码,M_x 和 M_y 为数 x 和 y 的尾数。

两个浮点数进行加法和减法的运算规则如下:

$$x \pm y = (M_x \pm M_y \times 2^{E_y - E_x}) \times 2^{E_x} \quad (E_x \geqslant E_y)$$

或
$$\qquad\qquad = (M_x \times 2^{E_x - E_y} \pm M_y) \times 2^{E_y} \quad (E_x < E_y)$$

完成浮点加减运算的操作过程大体分为以下四步。

1. 操作数的检查

浮点加减运算过程比定点运算过程复杂。如果判知两个操作数 x 或 y 中有一个数为 0,那么可得知运算结果,而没有必要再进行后续的一系列操作以节省运算时间。0 操作数检查步骤则用来完成这一功能。

2. 比较阶码大小并完成对阶

两个浮点数进行加减,首先要看两数的阶码是否相同,即小数点位置是否对齐。若两个浮点数的阶码相同,表示小数点位置是对齐的,就可以进行尾数的加减运算。反之,若两个浮点数的阶码不同,表示小数点位置没有对齐,此时必须使两个浮点数的阶码相同,这个过程叫对阶。

要对阶,首先应求出两个浮点数的阶码 E_x 和 E_y 之差,即 $\Delta E = E_x - E_y$。若 $\Delta E = 0$,则表示两个浮点数的阶码相等,即 $E_x = E_y$;若 $\Delta E > 0$,则表示 $E_x < E_y$;若 $\Delta E < 0$,则表示 $E_x > E_y$。

当 $E_x \neq E_y$ 时,要通过尾数的移动来改变 E_x 或 E_y,使之相等。原则上,既可以通过 M_x 移位来改变 E_x 而实现 $E_x = E_y$,也可以通过 M_y 移位来改变 E_y 而实现 $E_x = E_y$。但是,由于浮点表示的数大多是规格化的,所以尾数左移会引起最高有效位的丢失,从而造成很大误差。尾数右移虽会引起最低有效位的丢失,但造成的误差较小。因此,对阶操作规定,可使尾数右移,尾数右移后再相应增加阶码,其数值保持不变。显然,增加后的阶码与另一个阶码相等,增加的阶码一定是小阶。

因此,在对阶时,总是使小阶向大阶看齐,即小阶的尾数向右移位(相当于小数点左移)。每右移一位,其阶码加 1,直到两数的阶码相等为止,右移的位数等于阶差 ΔE。

3. 尾数进行加或减运算

对阶结束后,即可进行尾数的求和运算。不论是加法运算还是减法运算,都按加法进行操作,其方法与定点加减运算的完全一样。

4. 结果规格化并进行舍入处理

进行浮点加减运算时,也可以得到尾数求和的结果为 01.X…X 或 10.X…X,即两符号位不等,这在定点加减运算中称为溢出,是不允许的。但在浮点运算中,这不算溢出,它表明尾数求和结果的绝对值大于 1,可以通过将运算结果右移来实现规格化,这称为向右规格化。右规的规则是:尾数右移 1 位,阶码加 1。例如:计算结果为$[x+y]_补$=00,10;01.0010,此时在尾数部分出现 01.X⋯X,需要进行右规,右移一次后,$[x+y]_补$=00,11;00.1001,符合浮点数据规范要求。

当尾数出现 00.0XX⋯X 或 11.1X⋯X 时,需要对结果进行左规格化。左规格化的规则是:尾数左移 1 位,阶码减 1。例如:计算结果为$[x+y]_补$=00,11;11.1001,此时尾数部分的符号位与尾数的第一数值位相同,需要左规格化。左移一次后,$[x+y]_补$=00,10;110010,符合浮点数据规范要求。

在对阶或向右规格化时,尾数要向右移位,这样,被右移的尾数的低位部分会被丢掉,从而造成一定误差,因此要进行舍入处理。简单的舍入方法有两种:一种是"0 舍 1 入"法,即如果右移时被丢掉数位的最高位为 0,则舍去;若为 1,则将尾数的末位加"1"。另一种是"恒置 1"法,即只要数位被移掉,就在尾数的末尾恒置"1"。

【例 3.18】　设 $x=2^{-101}×(-0.101000)$,$y=2^{-100}×(+0.111011)$,并假设阶符取 2 位,阶码的数值部分取 3 位,数符取 2 位,尾数的数值部分取 6 位,求 x-y。

解　由 $x=2^{-101}×(-0.101000)$,$y=2^{-100}×(+0.111011)$,得

$$[x]_补=11,011;11.011000,\quad [y]_补=11,100;00.111011$$

(1) 对阶:$[\Delta_j]_补=[j_x]_补-[j_y]_补$=11,011+00,100=11,111

即 $\Delta_j=-1$,则 x 的尾数向右移一位,阶码相应加 1,则

$$[x]_补=11,100;11.101100$$

(2) 求和:$[S_x]_补-[S_y]_补=[S_x]_补+[-S_y]_补$=11.101100+11.000101=10.110001

即$[x-y]_补$=11,100;10.110001,尾数符号位出现"10",需右规。

(3) 规格化:右规后得$[x-y]_补$=11,101;11.011000

(4) 舍入处理:采用"0 舍 1 入"法,其尾数右规格化时末位为 1,将 1 加到最末一位。

因此,$[x-y]_补$=11,101;11.011001。

3.6.2　浮点乘除运算

设有两个浮点数 x 和 y,它们分别为 $x=2^{E_x}·M_x$,$y=2^{E_y}·M_y$,其中 E_x 和 E_y 分别为数 x 和 y 的阶码,M_x 和 M_y 为数 x 和 y 的尾数。

两个浮点数进行乘法和除法的运算规则如下。

浮点乘法:$x×y=2^{(E_x+E_y)}×(M_x×M_y)$

积的尾数是相乘两数的尾数之积,乘积的阶码是相乘两数的阶码之和。当然,这里也有规格化与舍入等步骤。

浮点除法: $x÷y=2^{(E_x-E_y)}×(M_x÷M_y)$ 　 $(M_y≠0)$

商的尾数是相除两数的尾数之商,商的阶码是相除两数的阶码之差。同样,这里也有规格化与舍入等步骤。

浮点数的乘除运算大体分为四步:第一步,操作数检查;第二步,阶码加减操作;第三步,尾数乘除操作;第四步,结果规格化及舍入处理。

【例 3.19】 已知 $x=2^{-101} \times (0.0110011)$，$y=2^{011} \times (-0.1110010)$，求 $x \times y$。

解 由 $x=2^{-101} \times (-0.101000)$，$y=2^{011} \times (-0.1110010)$，得

$$[x]_{补}=11,011;00.0110011, \quad [y]_{补}=00,011;11.0001110$$

（1）阶码运算：$[j_x]=00,011$，$[j_y]_{补}=00,011$

$$[j_x+j_y]_{移}=[j_x]_{移}+[j_y]_{补}=00,011+00,011=00,110 \text{ 对应真值} -2。$$

（2）尾数相乘（采用布斯算法）：其过程如表 3-12 所示。

表 3-12 尾数相乘的过程

部分积	乘数	y_{n+1}	说　　明
0 0. 0 0 0 0 0 0 0			
0 0. 0 0 0 0 0 0 0	1. 0 0 0 1 1 1 0	0	→1 位
+ 1 1. 1 0 0 1 1 0 1	0. 1 0 0 0 1 1 1	0	$+[-S_x]_{补}$
1 1. 1 0 0 1 1 0 1			
1 1. 1 1 0 0 1 1 0	0	1	→1 位
1 1. 1 1 1 0 0 1 1	1 0 1 0 0 0 1 1	1	→1 位
1 1. 1 1 1 1 0 0 1	0 1 0 1 0 0 0 1	1	→1 位
+ 0 0. 0 1 1 0 0 1 1	1 0 1 0 1 0 0 0		$+[S_x]_{补}$
0 0. 0 1 0 1 1 0 0	1 0 1 0		
0 0. 0 0 1 0 1 1 0	0 1 0 1 0 1 0 0	0	→1 位
0 0. 0 0 0 1 0 1 1	0 0 1 0 1 0 1 0	0	→1 位
+ 1 1. 1 0 0 1 1 0 1	1 0 0 1 0 1 0 1	0	→1 位
		0	$+[-S_x]_{补}$
1 1. 1 0 1 0 0 1 0	1 0 0 1 0 1 0		

（3）规格化。

尾数相乘，其结果为 $[S_x \times S_y]_{补}=11.10100101001010$，需左规，即

$[x \times y]_{补}=11,110;11.1010010100101010$；

左规后，$[x \times y]_{补}=11,101;11.0100101001010100$；

（4）舍入处理：尾数为负，按负数补码的舍入规则，取 1 倍字长，丢失的 7 位为 0010100，应"舍"，故最终结果 $[x \times y]_{补}=11,101;11.0100101$。

因此，$x \times y=2^{-011} \times (-0.1011011)$。

由于浮点运算分阶码和尾数两部分，因此浮点运算器的硬件配置比定点运算器的复杂。通过分析浮点四则运算发现，对于阶码只有加、减运算，对于尾数则有加、减、乘、除四种运算。可见浮点运算器主要由两个定点运算部件组成。一个是阶码运算部件，用来完成阶码加、减，以及控制对阶时小阶的尾数右移次数和规格化时对阶码的调整；另一个是尾数运算部件，用来完成尾数的四则运算以及判断尾数是否已规格化。此外，还需判断运算结果是否有溢出的电路等。

现代计算机可把浮点运算部件制作成独立的选件，或称协处理器。用户可根据需要选择，不用选件的机器，也可采用编程的方式来完成浮点运算，但这将会影响机器的运算速度。

例如,Intel 80287 是浮点协处理器,它可与 Intel 80286 或 50386 微处理器配合处理浮点数的算术运算和多种函数计算。

3.6.3 浮点运算流水线

1. 流水线原理

计算机的流水处理过程同工厂中的流水装配线类似。为了实现流水,首先必须把输入的任务分割为一系列的子任务,使各子任务能在流水线的各个阶段并发执行。将任务连续不断地输入流水线,从而实现子任务的并行。因此,流水处理大幅改善了计算机的系统性能,是在计算机上实现时间并行性的一种非常经济的方法。

在流水线中,原则上要求各个阶段的处理时间都相同。若某一阶段的处理时间长,势必造成其他阶段的空转等待。因此,对于子任务的划分,是决定流水线性能的一个关键因素,它取决于操作部分的效率、所期望的处理速度,以及成本价格等。

假定作业 T 被分成 k 个子任务,可表达为 $T=\{T_1,T_2,\cdots,T_k\}$,各个子任务之间有一定的优先关系:若 $i<j$,则必须在 T_i 完成以后,T_j 才能开始工作。具有这种线性优先关系的流水线称为线性流水线。处理一个子任务的过程为过程段(S_i)。线性流水线由一系列串联的过程段组成,各个过程之间设有高速的缓冲寄存器(L),以暂时保存上一过程子任务处理的结果。在一个统一的时钟(C)控制下,数据从一个过程段流向相邻的过程段。

设过程段 S_i 所需的时间为 T_i,缓冲寄存器的延时为 τ_1,线性流水线的时钟周期定义为 $T=\max\{T_i\}+T_1=T_m+T_1$,故流水线处理的频率为 $f=1/T$。

在流水线处理中,当任务饱满时,任务源源不断地输入流水线,不论有多少级过程段,每隔一个时钟周期都能输出一个任务。从理论上说,一个具有 k 级过程段的流水线处理 n 个任务需要的时钟周期数为 $T_k=k+(n-1)$,其中 k 个时钟周期用于处理第一个任务。k 个周期后,流水线被装满,剩余的 $n-1$ 个任务只需 $n-1$ 个周期就完成了。如果用非流水线的硬件来处理这 n 个任务,时间上只能串行进行,则所需时钟周期数为 $T_L=n\cdot k$。

2. 流水线浮点加法器

前面已经介绍了浮点数加减法由操作数检查及求阶差、对阶操作、尾数操作、结果规格化及舍入处理共四步完成,因此,流水线浮点加法器可由四个过程段组成,如图 3-11 所示。

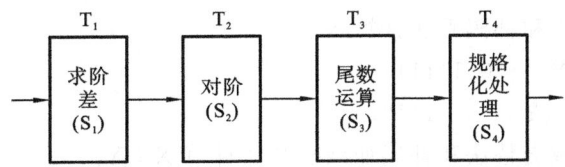

图 3-11 浮点加减运算执行次序

一个具有 k 级过程段的流水线处理 n 个任务执行,其流水线加工方式的时控图如图 3-12所示。使用非流水线的硬件来处理 n 个任务所需的时钟周期数为 $T_L=n\times k$,使用流水线处理所需的时钟周期数为 $T_k=k+(n-1)$。由此可见,当任务饱满时,其优势才能充分发挥出来。

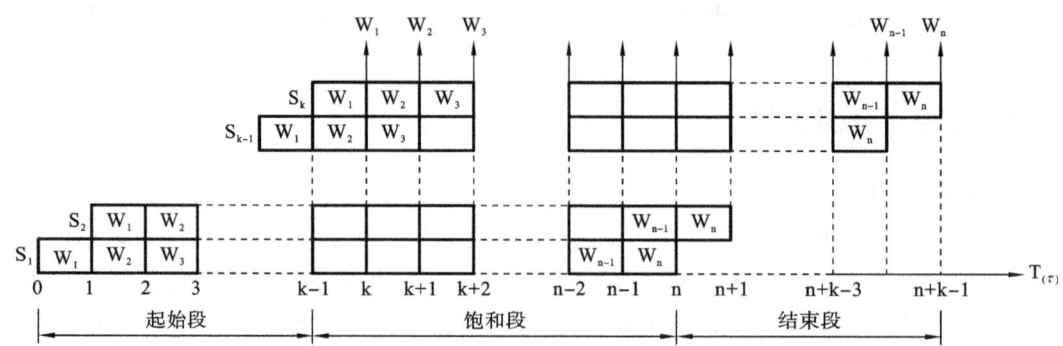

图 3-12 流水线加工方式的时控图

习　题　三

1. 某加法器采用组内并行、组间并行的进位链，4 位一组，写出进位信号 C6 的逻辑表达式。

2. 设计一个 9 位先行进位加法器，每 3 位为一组，采用两级先行进位线路。

3. 已知 X 和 Y，试用它们的变形补码计算 X＋Y 和 X－Y，并指出结果是否溢出。

（1）$X=0.11011, Y=0.11111$；

（2）$X=0.11011, Y=-0.11111$；

（3）$X=-0.10110, Y=-0.00001$；

（4）$X=0.10111, Y=0.11011$；

（5）$X=0.11010, Y=-0.10011$。

4. 设下列数据长 8 位，包括 1 位符号位，采用补码表示，分别写出每个数据右移或左移 2 位之后的结果。

（1）0.1100100；

（2）1.0011001；

（3）1.1100110；

（4）1.0000111。

5. 分别用原码乘法和补码乘法计算 $X \times Y$。

（1）$X=0.11011, Y=-0.11111$；

（2）$X=-0.11010, Y=-0.1110$。

6. 分别用原码加减交替法和补码加减交替法计算 $X \div Y$。

（1）$X=0.10101, Y=0.11011$；

（2）$X=-0.10101, Y=0.11011$；

（3）$X=0.10001, Y=-0.10110$；

（4）$X=-0.10110, Y=-0.11011$。

第4章 存储器系统

存储器是计算机的存储部件,用于存放程序和数据。存储器是计算机信息存储的核心,是计算机必不可少的部件之一,计算机就是按存放在存储器中的程序自动连续地进行工作的。因此,如何设计容量大、速度快、价格低的存储器,一直是计算机发展的一个重要问题。本章主要讨论存储器的基本结构和读/写原理。

4.1 存储器概述

4.1.1 存储器的分类

随着计算机及其器件的发展,存储器也有了很大的发展。存储器的种类日益繁多,因此其分类方法也有多种。

1. 按与 CPU 的连接和功能分类

1) 主存储器

CPU 能够直接访问的存储器为主存储器,用于存放当前运行的程序和数据。由于它设在主机内部,所以又称内存储器,简称内存或主存。

2) 辅助存储器

辅助存储器是为了解决主存容量不足问题而设置的存储器,用于存放当前不参加运行的程序和数据。当需要运行存放在辅助存储器中的程序时,要将所需内容成批地调入内存供 CPU 使用,CPU 不能直接访问辅助存储器,因为辅助存储器是外部设备的一种,所以又称外存储器,简称外存或辅存。

3) 高速缓冲存储器

高速缓冲存储器是一种介于主存与 CPU 之间,用于解决 CPU 与主存间速度匹配问题的高速小容量的存储器。它用于存放 CPU 立即要运行或刚使用过的程序和数据。

2. 按存取方式分类

1) 随机存取存储器(RAM)

存储器任何单元的内容均可按其地址随机地读取或写入,而且存取时间与单元的物理位置无关。一般主存储器主要由 RAM(random access memory)组成。

2) 只读存储器(ROM)

存储器任何单元的内容只能随机地读信息,而不能写入新信息,称为只读存储器(read only memory,ROM)。只读存储器可以作为主存储器的一部分,用于存放不变的程序和数据。只读存储器可以用作其他固定存储器,例如存放微程序的控制存储器、存放字符点阵图案的字符发生器等。

3）顺序存取存储器（SAM）

存储器所存信息的排列、寻址和读/写操作均是按顺序进行的，并且存取时间与信息在存储器中的物理位置有关。这种存储器称为顺序存取存储器（sequential access memory，SAM）。

在这种存储器中，如磁带存储器，信息通常是以文件或数据块的形式按顺序存放的。信息在载体上没有唯一对应的地址，完全按顺序存放或读取。

4）直接存取存储器（DAM）

这种存储器既不像 RAM 那样能随机地访问任何存储单元，也不像 SAM 那样完全按顺序存取，而是介于 RAM 与 SAM 之间的一种存储器。目前广泛使用的磁盘就属于直接存取存储器（direct access memory，DAM）。当要存取所需信息时，它要进行两个逻辑动作：第一步为寻道，使磁头指向被选磁道；第二步为在被选磁道上顺序存取。

3. 按存储介质分类

凡具有两种稳定物理状态，可用来记忆二进制代码的物质或物理器件均称为存储介质。按存储介质分类，存储器有下面几种。

1）磁芯存储器

采用具有矩形磁滞回线的铁氧体磁性材料制成环形磁芯，利用它的两个不同剩磁状态存放二进制代码 0 和 1，早期计算机的主存通常采用磁芯存储器。

2）半导体存储器

采用由半导体器件组成的存储器，根据工艺不同，可分为双极型和 MOS 型。

3）磁表面存储器

利用涂在基体表面上的一层磁性材料存放二进制代码，例如磁盘、磁带等。

4）光存储器

利用光学原理制成的存储器，它是通过能量高度集中的激光束照在基体表面引起物理的或化学的变化来记忆二进制信息。

此外，还有其他一些分类方法，如按信息的可保存性可分为易失性存储器和非易失性存储器等，在此不再详述。

4.1.2 主存储器的组成和基本操作

图 4-1 所示的为主存储器的基本组成框图。其中存储阵列是存储器的核心部分，它是存储二进制信息的主体，也称存储体。存储体是由大量存储单元构成的，为了区分各个存储单元，将它们进行统一编号，这个编号称为地址，因为是用二进制进行编码的，所以又称地址码。地址码与存储单元是一一对应的，每个存储单元都有自己唯一的地址，因此要对某一存储单元进行存取操作，必须首先给出被访问的存储单元的地址。

主存中可寻址的最小单位称为编址单位。某些计算机是按字进行编址的，最小可寻址信息单元是一个机器字，连续的存储器地址对应于连续的机器字。目前多数计算机是按字节编址的，最小可寻址单位是一个字节。一个 32 位字长的按字节寻址的计算机，一个存储器字包含四个可单独寻址的字节单元，由地址的低两位来区分。

地址寄存器用于存放所要访问的存储单元的地址。要对某一单元进行存取操作,首先应通过地址总线将被访问单元地址存放到地址寄存器中。

地址译码与驱动电路的作用是把地址寄存器中的地址进行译码,通过对应的地址选择线到存储阵列中找到所要访问的存储单元并驱动其完成指定的存取操作。

读/写电路与数据寄存器的作用是根据 CPU 的读/写命令,把数据寄存器中的内容写入被访问的存储单元,或者从被访问单元中读出信息送入数据寄存器中,以供 CPU 或 I/O 系统使用。所以,数据寄存器是存储器与计算机其他功能部件联系的桥梁。从存储器中读出的信息经数据寄存器通过数据总线传送给 CPU 与 I/O 系统;向存储器中写入信息,也必须先将要写入的信息经数据总线送入数据寄存器,再经读/写电路写入被访问的存储单元。

时序控制电路用于接收来自 CPU 的读/写控制信号,产生存储器操作所需的各种时序控制信号,控制存储器完成指定的操作。如果存储器采用异步控制方式,当一个存取操作完成时,该控制电路还应给出存储器操作完成(MFC)信号。

主存储器用于存放 CPU 正在运行的程序和数据,它与 CPU 的关系最为密切。主存与 CPU 间的连接是由总线支持的,连接形式如图 4-2 所示。

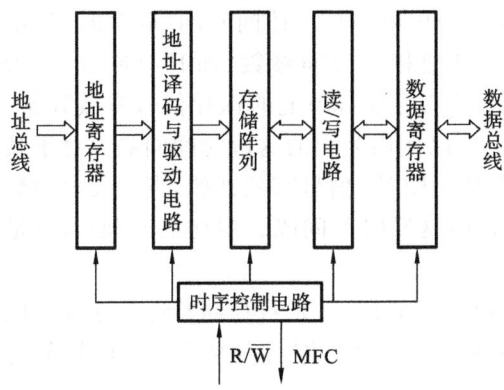

图 4-1　主存储器的基本组成框图

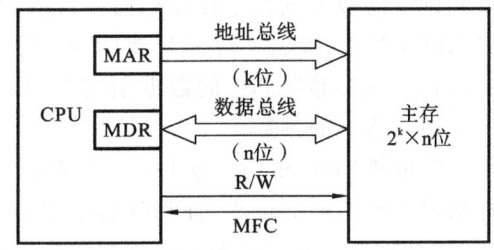

图 4-2　主存与 CPU 的连接

存储器的基本操作是读(取)和写,当 CPU 要从存储器中读取一个信息字时,CPU 首先把被访问单元的地址送入存储器地址寄存器(MAR),经地址总线送给主存,同时发出"读"命令、存储器接到"读"命令。根据地址从被选单元读信息,并经数据总线送入存储器数据寄存器(MDR)。为了存入一个字到主存,CPU 将要存入的存储单元地址经 MAR 送入主存,并把要存入的信息字送入 MDR,此时发出"写"命令,在此命令的控制下,经数据总线把 MOR 中的内容写入主存。

CPU 与主存之间的数据传送,可采用同步控制方式,也可采用异步控制方式。目前大多数计算机采用同步控制方式,数据传送在固定的时间间隔内完成,此时间间隔构成存储器的一个存储周期。异步传送方式允许选用具有不同存取速度的存储器作为主存。

4.1.3　存储的主要技术指标

衡量一个半导体存储器的主要技术指标有以下几个。

1. 存储容量

存储容量是指半导体存储芯片所能够存储的二进制信息的位数。其单位为 K 位(kilo-bits)、M 位(megabits)等。需注意的是,要将其与计算机系统的存储容量区分开,当讨论存储芯片的容量时,采用的单位是位;当讨论计算机存储器的容量时,其单位是字节。因此,当存储芯片资料中提及 4M 存储芯片时,是指 4M 位的存储容量;若宣传资料中提到计算机存储器有 4M 时,则是指 4M 字节的存储器容量。

2. 速度

由于存储芯片的工作速度慢于 CPU 的工作速度,所以存储芯片的工作速度直接影响着 CPU 执行指令的速度。因此,速度是存储芯片的一项重要技术指标。存储芯片的速度通常用取数时间和存取周期表示。

访问时间(memory access time)又称取数时间,它是指从启动一次存储器存取操作到完成该操作所经历的时间。对存储器的某一个单元进行一次读操作,例如 CPU 取指令或取数据,访问时间就是指从把要访问的存储单元的地址加载到存储器芯片的地址引脚上开始,直到读取的数据或指令在存储器芯片的数据引脚上可以使用为止,两者之间的时间间隔即为访问时间(取数时间在存储器芯片的数据手册(data sheet)中)。访问时间(取数时间)记为 t_{AA}。在存储器芯片的数据手册中常可见到一些其他相关时间参数,如时间参数,记为 t_{CA},它是指从加载到存储器芯片的选片(chip select,CS)信号引脚上的选片信号有效开始,直到读取的数据或指令在存储器芯片的数据引脚上可以使用为止的这段时间间隔。对于某些 ROM 芯片,特别是对于 EEPROM 而言,t_{OE} 是指从 OE(读)信号有效开始,直到读取的数据或指令在存储器芯片的数据引脚上可以使用为止的这段时间间隔。但访问时间(t_{AA})是一个最为常见的参数。

存取周期(memory cycle time)又称存储周期或读/写周期,它是对存储器进行连续两次存取操作所需要的最小时间间隔,由于有些存储器在一次存取操作后需要有一定的恢复时间,所以通常存取周期大于或等于取数时间。

3. 存储器总线带宽

存储器总线宽度除以存取周期就是存储器带宽或存储器频宽,它是指存储器在单位时间内所存取的二进制信息的位数,也称数据传输率。

4. 价格

半导体存储器的价格常用每位价格来衡量。设存储器容量为 S 位,总价格为 C,则每位价格可表示为 $c=C/S$。

半导体存储器的总价格正比于存储容量,反比于存取时间。容量、速度、价格三个指标是相互矛盾、相互制约的。高速存储器往往价格高,因而容量也不可能很大。除了上述几个指标外,影响半导体存储器性能的还有功耗、可靠性等因素。

4.1.4 存储器系统的层次结构

不管主存储器的容量有多大,它总是无法满足人们的期望,其主要原因是,随着技术的发展,人们开始希望在存储器中存放越来越多的信息,存储器存储容量的扩大永远无法赶上需要它存放的信息。

存储大量数据的传统办法是采用如图 4-3 所示的存储器层次结构。最上层是 CPU 中的寄存器,其存取速度可以满足 CPU 的要求。下面一层是高速缓冲存储器,目前的存储容量在 32 KB 到几 MB 之间。再往下是主存,容量从微型计算机的 16 KB 到巨型系统的几十 GB 都有。然后是硬盘存储器,这是当前用于永久存放数据的主要存储介质。最后还有用于后备存储的磁带和光盘存储器。

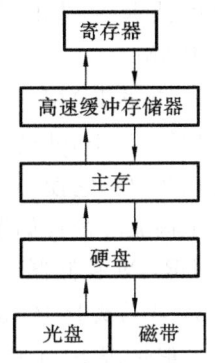

图 4-3　存储器层次结构图

按层次结构自上而下,有三个关键参数逐渐增大。第一个参数是访问时间逐渐增长。寄存器的访问时间是几 ns,高速缓冲存储器的访问时间是寄存器访问时间的几倍,主存的访问时间是几十 ns。访问时间的突然增大,往后硬盘的访问时间最少要 10 ms 以上。如果加上介质取出和插入驱动器的时间,磁带和光盘的访问时间就得以秒来计量了。

第二个参数是存储容量逐渐增大。寄存器的容量为 128 个字节比较合适,高速缓冲存储器的容量可以是几 MB,主存的容量在几十 MB 到数千 MB 之间,硬盘的容量应该在几 GB 到几十 GB 之间。磁带和光盘一般脱机存放,其容量只受限于用户的预算。

第三个参数是用相同的钱能购买到的存储容量,即存储每位的价格逐渐减小。尽管存储器的实际价格变化很快,但主存的价格应该是每兆字节几美元,硬盘的价格是每兆字节几美分,磁带的价格是每吉(G)字节几美元或更低一些。

4.2　半导体存储器

在现代计算机中,半导体存储器已广泛用于实现主存储器。由于主存储器直接对 CPU 提供服务,对主存的要求是能够迅速响应 CPU 的读/写请求,因此半导体存储器是实现主存的首选器件。通常半导体存储器可分为随机存取存储器(random access memory,RAM)和只读存储器(read only memory,ROM)。它们各自又有许多不同的类型。

4.2.1　半导体存储器的分类

1. 随机存取存储器

由于大多数随机存取存储器在断电后会丢失其中存储的内容,故这类随机存取存储器又被称为易失性存储器。由于随机存取存储器可读可写,所以它们又被称为可读/写存储器。随机存取存储器分为三类:静态 RAM、动态 RAM 和非易失性 RAM。

1) 静态 RAM

静态 RAM(static RAM,SRAM)中的每一个存储单位都由一个触发器构成,因此可以存储一个二进制位,只要不断电,就可以保持其中存储的二进制数据不丢失。使用触发器作为存储单位的问题是,每个存储单位至少需要 6 个 MOS 管来构造一个触发器,以便存储一位二进制信息,所以 SRAM 存储芯片的存储密度较低,即每块芯片的存储容量不会太大。

近年来,人们发明了用 4 个 MOS 管构成一个存储单位的 SRAM 技术,利用该技术再加上 CMOS 技术,制造出了大容量的 SRAM。尽管如此,SRAM 的容量仍然远远低于同类型的动态 RAM。

2）动态 RAM

1970 年,Intel 公司推出了世界上第一块动态 RAM(dynamic RAM,DRAM)芯片,其容量为耗 24 位,它使用一个 MOS 管和一个电容来存储一位二进制信息。用电容来存储信息减少了构成一个存储单位所需要的晶体管的数目:但由于电容本身不可避免地会产生漏电,因此 DRAM 存储器芯片需要频繁地刷新操作,但 DRAM 的存储密度大大提高了。

3）非易失性 RAM

一般情况下,不论是 DRAM 还是 SRAM 都是易失性的,即断电后存储的信息会丢失掉。而有一类 RAM 是非易失性的,称为非易失性 RAM(non volatile RAM,NV-RAM)。与其他 RAM 一样,NV-RAM 允许 CPU 对其进行随机读/写,同时又像 ROM 一样,断电后内容不会丢失。NV-RAM 结合了 RAM 和 ROM 的优点,即 RAM 可随机读/写,ROM 内容不会丢失。为了在断电后保存其中的内容,NV-RAM 芯片使用了下面的技术。

（1）使用由 CMOS 构成的功耗极低的 SRAM 存储单元。

（2）内部使用锂电池作为后备电源。

（3）使用一个智能控制电路。这个电路的主要作用是一直监控着芯片 VCC 引脚,即监视芯片外部的电能供给是否存在,若 VCC 引脚提供的电能过低,使其无法正常保持芯片中所存储的内容,控制电路则自动切换到内部电源,启用锂电池对芯片供电。这样,内部的锂电池就可保障在外部电源断开的情况下给芯片供电,从而保证芯片的内容不丢失。

必须强调一点,上面讨论的三部分都包含在一个芯片的内部,因此 NV-RAM 的价格是非常高的。但是若不考虑价格因素,NV-RAM 在断电后可保持其内容达十年之久,十年后用户仍可像使用 SRAM 一样对其进行读/写。

2. 只读存储器

只读存储器的特点是,在系统断电后,只读存储器中所存储的内容不会丢失。因此,只读存储器是非易失性存储器。只读存储器的类型多样,如可编程 ROM、紫外光可擦除可编程 ROM、电可擦除可编程 ROM、闪烁可擦除可编程 ROM 和掩膜 ROM。下面对它们分别进行简要说明。

1）可编程 ROM

可编程 ROM(programmable ROM,PROM)是一种提供给用户,把用户要写入的信息"烧"入其中的 ROM。PROM 为一次可编程 ROM(one time programmable ROM,OTP-ROM)。对 PROM 写入信息需要用一个叫 ROM 编程器的特殊设备来实现这个过程。

2）用紫外光实现可擦除的 PROM

用紫外光实现可擦除的 PROM(erasable programmable ROM,EPROM)的目的是要使已写入 PROM 中的信息能被修改。这使得 EPROM 与 PROM 有本质的不同。EPROM 芯片可被编程、擦除几千次。EPROM 存在的唯一问题是擦除其中的内容大概需要耗时 20 分钟左右。所有的 EPROM 芯片都有一个窗口用于接收照射它的紫外线,通过紫外线照射,擦除其内容,EPROM 又被称为紫外线可擦除可编程 ROM(UV-EPROM)。

EPROM 的主要缺点是不能在系统电路板上对其直接编程,因此发明了用电来擦除的可编程 ROM,简称为 EEPROM。

3)用电实现可擦除的 PROM

与 EPROM 相比,用电实现可擦除的 PROM(electrically erasable programmable ROM,EEPROM)有许多优势。其一,它是用电来擦除原有信息,因此可实现瞬间擦除,不像 UV-EPROM 需要 20 分钟左右的擦除时间。其二,使用者还可以有选择性地擦除某个具体字节单元内的内容,而不像 UV-EPROM 那样,擦除的是整个芯片的所有内容。EEPROM 的主要优点是使用者可直接在电路板上对其进行擦除和编程,而不需要额外的擦除和编程设备。要充分利用 EEPROM 的特点,系统设计者必须在电路板上设置对 EEPROM 进行擦除和编程的电路:对 EEPROM 的擦除一般要使用 12.5 V 的电压(即在 V_{PP} 引脚上要加有 12.5 V 的电压)。但现在也有 V_{PP} 为 5.7 V 的 EEPROM 产品,只是价格要贵一些。

4)闪烁可擦除可编程 ROM

闪烁可擦除可编程 ROM(flash memory EPROM)简称闪存。从 20 世纪 90 年代早期开始,闪存就成为大受欢迎的用户可编程存储芯片。由于闪存是用电擦除的,它又被称为闪烁电擦除可编程 ROM。

由于可以对插在主板上的闪存直接编程,所以闪存逐渐替代了原来 PC 中的 BIOS ROM。有的设计者甚至认为闪存将会成为替代目前像硬盘这样的大规模存储介质,如果这个预言实现的话,这将大大改善计算机的性能,因为闪存是半导体存储器,其存取时间在 100 ns 之内,而磁盘的存取时间一般为几十毫秒。

要使闪存替代硬盘,有两个问题必须解决:其一是成本因素,即同等容量的“U 盘”价格要与同等容量的硬盘价格相差不大;其二是闪存可擦写的次数必须像硬盘一样,在理论上是无限的(这是由硬盘的工作原理所决定的)。目前,闪存和 EEPROM 的可擦写次数为一万次左右,UV-EPROM 不会超过一千次。

5)掩膜 ROM

掩膜 ROM 中的内容是由半导体存储芯片制造厂家在制造该芯片时直接写入 ROM 中的,即掩膜 ROM 不是用户可编程 ROM。掩膜 ROM 的主要优点是其价格比其他类型的 ROM 的价格便宜,但是,一旦掩膜 ROM 中的某个代码或数据有错误,整批掩膜 ROM 就得扔掉。

4.2.2　随机存取存储器的结构及工作原理

上面已经介绍了半导体随机存取存储器可分为静态 RAM(SRAM)、动态 RAM(DRAM)和非易失性 RAM(NV-RAM),本节主要介绍半导体存储器的结构及工作原理。

1. 半导体存储器芯片的结构及实例

一个存储单元电路存储一位二进制信息。把大量存储单元电路按一定的形式排列起来,即构成存储体。存储体一般都排列成阵列形式,所以又称存储阵列。把存储体及其外围电路(包括地址译码与驱动电路、读/写放大电路及时序控制电路等)集成在一块硅片上,称为存储器组件。存储器组件经过各种形式的封装后,通过引脚引出地址线、数据线、控制线及电源与地线等,就制成半导体存储器芯片。半导体存储器芯片的内部组织一般有两种结构:字片式结构和位片式结构。

1) 字片式结构的半导体存储器芯片

图 4-4 是 64B×8 位字片式结构的存储器芯片的内部组织图。图中的每个小方块表示一个存储单元电路,这里略去了每个单元电路的内部结构及电源部分,图中仅画出了与每个存储单元电路相连的一根字线和两根位线。存储阵列的每一行组成一个存储单元,也是一个编址单位,存放一个 8 位的二进制字。一行中所有存储单元电路的字线连在一起,接到地址译码器对应的输出端。存储器芯片接收到的 6 位存储单元的地址经地址译码器译码后,译码器的某路输出信号经非门(图中未画出)反向后,在某条字线 W_i 上加载高电平,即选中存储单元阵列中的某一行(一个存储单元),与该行中的每个存储单元电路的输出端相连的读/写控制电路同时进行读/写操作,从而实现对一个存储单元中的所有位同时进行读/写操作。这种对接收到的存储单元地址仅进行一个方向译码的方式,称为单译码方式或一维译码方式。在这种结构的存储器芯片中,所有存储单元中相同的位组成一列,一列中所有存储单元电路的两根位线分别连在一起,并使用同一个读/写放大电路。读/写放大电路与双向数据线相连接。图中所示的芯片有两根控制线,即读/写控制信号线(R/$\overline{W}$)、片选控制信号线($\overline{CS}$)为低电平时,选中芯片工作;而当 $\overline{CS}$ 为高电平时,芯片不被选中。每当存储器芯片接收到某个存储单元的地址并译码后,此时若为低电平,R/$\overline{W}$ 为高电平,就要对选中芯片中的某个存储单元进行读出操作;同样,当 $\overline{CS}$ 为低电平而 R/$\overline{W}$ 也为低电平时,就要对选中芯片中的某个存储单元进行写入操作。

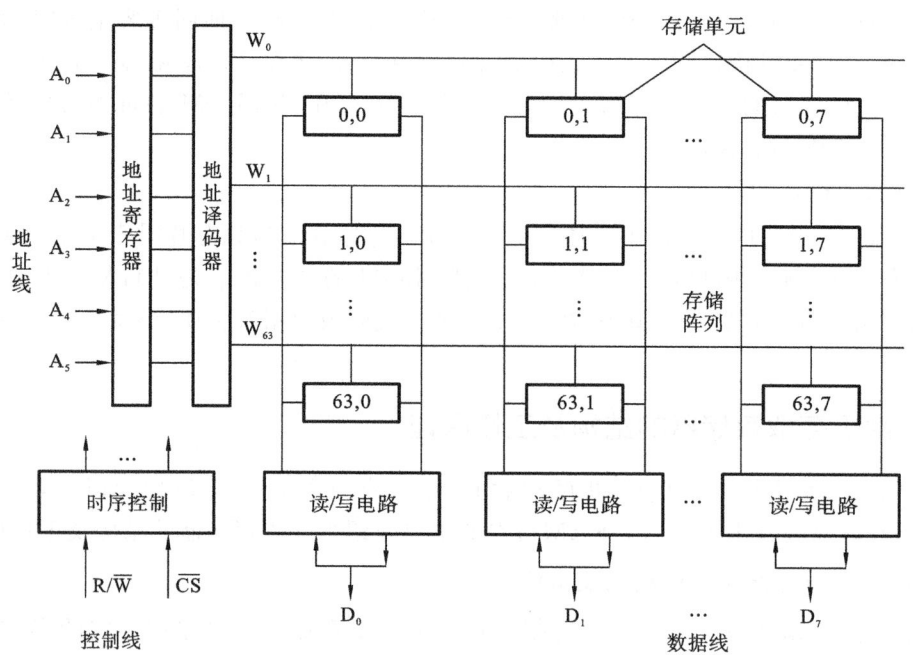

图 4-4　64B×8 位字片式结构的 RAM 芯片

在上述字片式结构存储器芯片中,由于采用单译码方式,有多少个存储单元,就有多少个译码驱动电路,因此,所需译码驱动电路较多。为了减少译码驱动电路的数量,大多数存储器芯片都采用双译码(也称二维译码)方式,即采用位片式结构。

2) 位片式结构的半导体存储器芯片

图 4-5 所示的为 4KB×1 位的位片式结构存储器芯片的内部组织图。它共有 4096 个存储单元电路,排列成 64×64 的阵列。对 4096 个存储单元进行寻址,需要 12 位地址,在此将其分为 6 位行地址和 6 位列地址。对于一个给定的访问某个存储单元电路的地址,分别经过行、列地址译码器的译码后,选定一根行地址选择线和一根列地址选择线。行地址选择线选中的某一行中的某个存储单元电路可以同时进行读/写操作。列地址选择线用于选择控制 64 个多路转接开关中的一个,即表示选中一列,每个多路转接开关由两个 MOS 管组成,分别控制两条位线。选中的那一个多路转接开关的两个 MOS 管呈"开"状态,使这一列的位线与读/写电路接通,其余 63 个没被选中的多路转接开关的两个 MOS 管则呈"关"状态,使其余 63 列的位线与读/写电路断开。

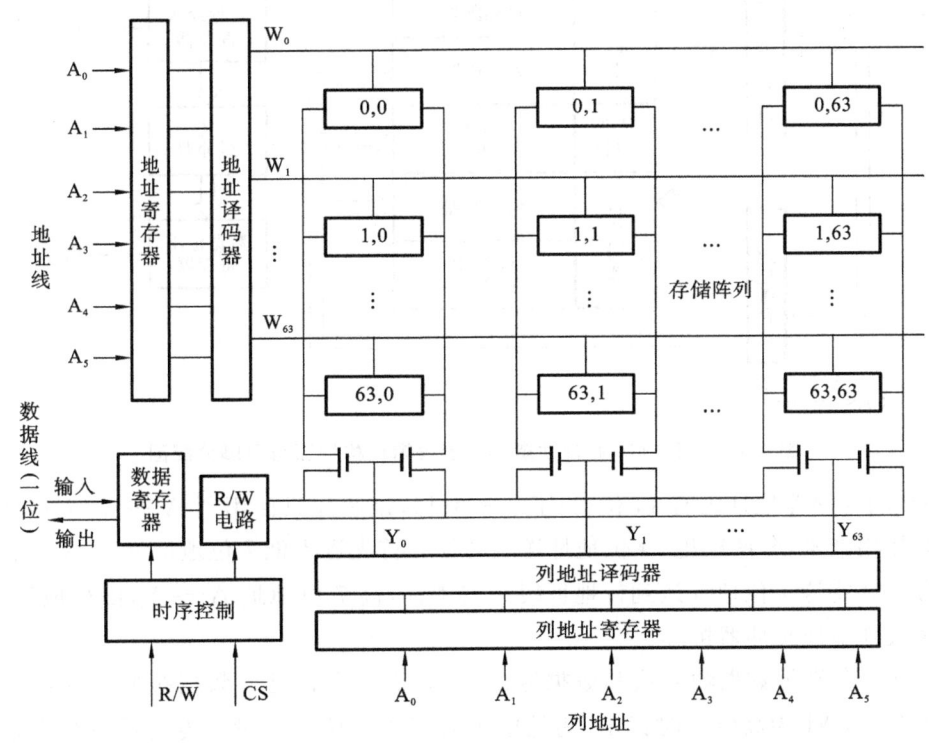

图 4-5　4KB×1 位双译码方式的 RAM 芯片结构

当选中该芯片工作时,首先给定要访问的存储单元的地址,并给出有效的片选信号 $\overline{\text{CS}}$ 和读/写信号 $\overline{\text{R/W}}$,通过对行、列地址的译码,找到被选中的行和被选中的列两者交叉处的唯一一个存储单元电路,读出或写入一位二进制信息。

从图 4-5 可以看出,这种双译码方式,对于 96 个字只需 128 个译码驱动电路(针对行有 64 个,针对列也有 64 个)。若采用单译码方式,4096 个字将需 4096 个译码驱动电路。

3）TMS4116 芯片

TMS4116 是由单管动态 MOS 存储单元电路构成的随机存取存储器芯片,其容量为 16KB×1 位,图 4-6 是 TMS4116 芯片动态存储器逻辑结构框图和引脚分配图。

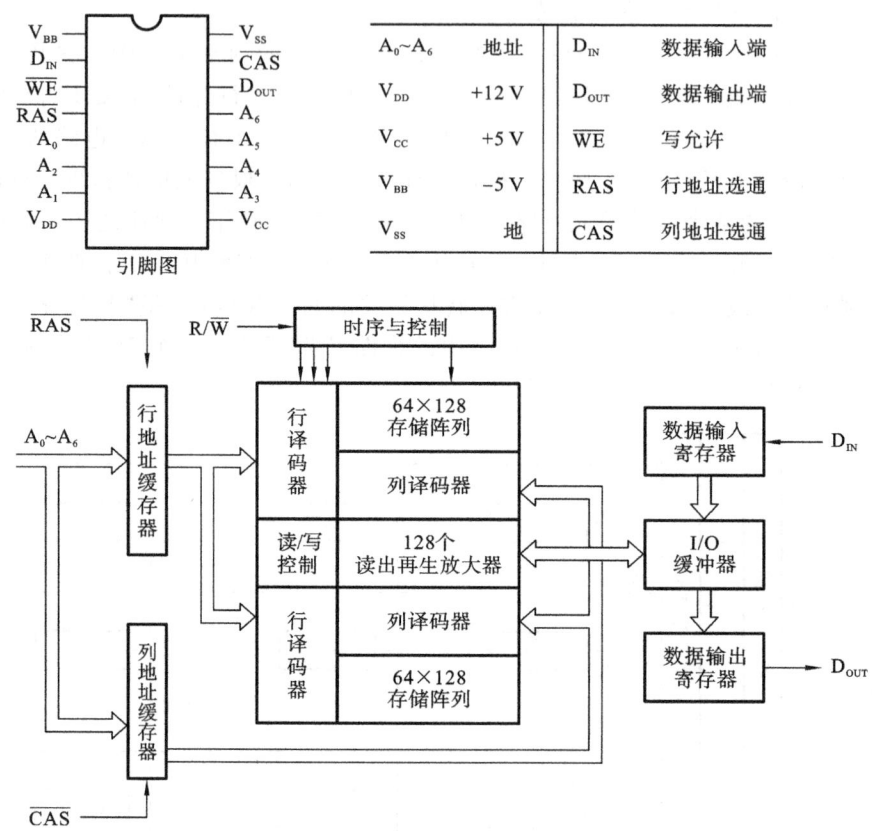

$A_0 \sim A_6$	地址	D_{IN}	数据输入端
V_{DD}	+12 V	D_{OUT}	数据输出端
V_{CC}	+5 V	$\overline{WE}$	写允许
V_{BB}	-5 V	$\overline{RAS}$	行地址选通
V_{SS}	地	$\overline{CAS}$	列地址选通

图 4-6 TMS4116 芯片动态存储器逻辑结构框图与引脚分配图

16KB 的存储器地址码有 14 位,为了节省引脚,该芯片只使用了 $A_0 \sim A_7$ 七根地址线,采用分时复用技术,分两次把 14 位地址送入芯片。首先送入低 7 位地址 $A_0 \sim A_6$,由行地址选通信号 $\overline{RAS}$ 将这 7 位地址送到行地址缓冲器锁存,高 7 位地址 $A_8 \sim A_{14}$ 由列地址选通信号 $\overline{CAS}$ 送入列地址缓冲器锁存。

D_{IN}、D_{OUT} 分别为数据输入线和数据输出线,它们各有自己的数据缓冲寄存器。$\overline{WE}$ 为写允许控制线,$\overline{WE}$ 为高电平时读出、为低电平时写入。该芯片没有专门设置片选信号,一般用 $\overline{RAS}$ 信号兼作片选控制信号,只有当 $\overline{RAS}$ 信号有效(低电平)时,芯片才工作。

图 4-7 是 TMS4116 芯片动态存储器的存储阵列结构图。16KB×1 位共 163384 个单管 MOS 存储单元电路,排列成 128×128 的阵列,并将其分为两组,每组为 64 行×128 列。

每根行选择线控制 128 个存储电路的字线。每根列选择线接到列控制门的栅极,控制读出再生放大器与 I/O 缓冲器的接通,控制数据的读出或写入。每根列选择线控制一个读出再生放大器组28 列共有 128 个读出再生放大器,一列中的 128 个存储电路分为两组,每 64 个存储电路为一组,两组存储电路的位线分别接入读出再生放大器的两端。

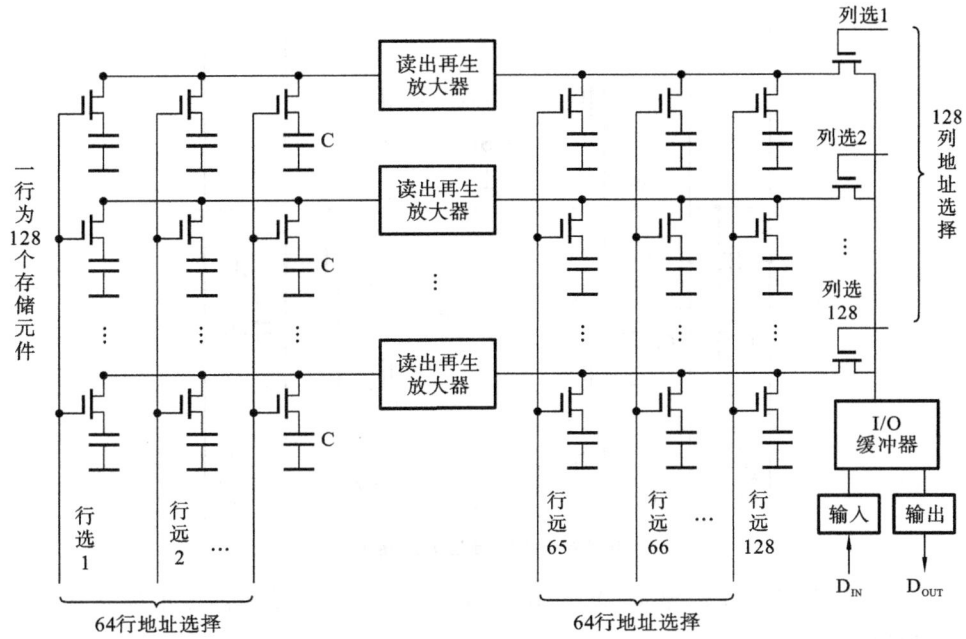

图 4-7　TMS4116 芯片动态存储器的存储阵列结构图

读出时,行地址经行地译译码选中某根行线,使之有效,接通此行上的 128 个存储电路中的 MOS 管使电容所存信息分别送到 128 个读出再生放大器。由于是破坏性读出,经放大后的信息又送回到原电路进行重写,使信息再生。当列地址经列地址译码选中某根列线,使之有效,接通相应的列控制门,将该列上读出放大器输出的信息送入 I/O 缓冲器,经数据输出寄存器输出到数据总线上。

写入时,首先将要写入的信息由数据输入寄存器经 I/O 缓冲器送入被选列的读出再生放大器中,然后再写入行列同时被选中的存储单元。

由上可知,当某个存储单元被选中进行读/写操作时,该单元所在行的其余 127 个存储电路也将自动进行一次读出再生操作,这实质是完成一次刷新操作。由于这种存储器的刷新是按行进行的,所以每次只加行地址、不加列地址即可实现被选行上的所有存储电路的刷新。

读出再生放大路如图 4-8 所示。图中 T_1、T_2、T_3、T_4 组成放大器,位于放大器两侧的行选择线仅画出了行选 64 和行选 65,T_6、T_7 与 C_5 是两个预选单元,由 XW1 与 XW2 控制。在读/写之前,先使两个预选单元中的电容 C_5 预充电到 0 与 1 电平的中间值(预充电路图中未画出),并使 $\Phi_1=0$,$\Phi_2=1$,使 T_3、T_4 截止,T_5 导通,使读出放大器两端 W_1、W_2 处于相同电位。

读取时,先使 $\Phi_2=0$,T_5 截止,放大器处于不稳定平衡状态。再使 $\Phi_1=1$,T_3、T_4 导通,T_1、T_2、T_3、T_4 构成双稳态触发器,其稳定状态取决于 W_1、W_2 两点电位。设选中的行选择线处于读出放大器右侧(如行 65),同时使处于读出放大器另一侧的预选单元选择线有效。这样,在放大器两侧的位线 W_1 和 W_2 上将有不同电位:预选单元一侧具有 0 与 1 电平的中间值,被选行一侧则具有所存信息的电平值 0 或 1。若选中存储电路原存 1,则 W_2 电位高于 W_1 的电位,使 T_1 导通,T_2 截止,因而端输出高电平,经 I/O 缓冲器输出为 1,并且 W_2 的高电平让被选存储电路的电容充电,实现信息再生。若被选存储电路原存 0,则 W_2 电位低于 W_1

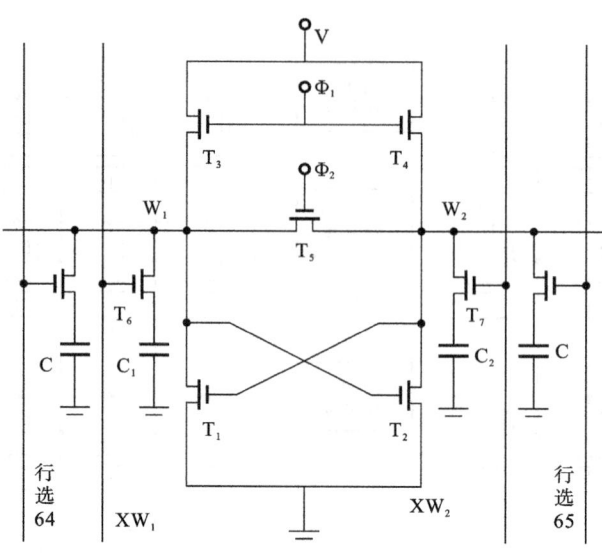

图 4-8 读出再生放大电路

上的电位,从而使 T_1 截止,T_2 导通,W_2 端输出低电平,经 I/O 缓冲器输出为 0,并回送到原电路,使信息再生。

写入时,在 T_3、T_4 开始导通的同时,将待写信息加到 W_2 上。若写 1,则 W_2 加高电平,将被选电路的存储电容充电为有电荷,实现写 1。若写 0,则 W_2 为低电平,使被选电路的存储电容放电为无电荷,实现写 0。表 4-1 给出了一些典型的 RAM 芯片及其技术指标。

表 4-1 典型的 RAM 芯片实例

RAM 类型	产品型号	速度/ns	容量	结构	引脚数
SRAM	6116—1	100	16KB	2KB×8	24
	6116LP—70	70	16KB	2KB×8	24
	6264—10	100	64KB	8KB×8	28
	6225LP—10	100	256KB	32KB×8	28
DRAM	4116—20	200	16KB	16KB×8	16
	4116—15	150	16KB	16KB×8	16
	4116—12	120	16KB	16KB×8	16
	4116—12	120	64KB	16KB×8	18
	4116—15	150	64KB	16KB×8	18
	4164—15	150	64KB	64KB×8	16
	41464—8	80	256KB	64KB×8	18
	41256—15	150	256KB	256KB×8	16
	41256—6	60	256KB	256KB×8	16
	414256—10	100	1MB	256KB×8	20
	511000P—8	80	1MB	1MB×8	18
	514100—7	70	4MB	4MB×8	20

RAM 类型	产品型号	速度/ns	容量	结构	引脚数
NV-SRAM	DS1220	100	16KB	2KB×8	24
	DS225	150	64KB	8KB×8	28
	DS1230	70	256KB	32KB×8	28

4) 动态存储器的刷新方式

动态 MOS 存储器之所以要刷新,是因为电容电荷的泄放会引起信息的丢失,因此,每隔多长时间进行一次刷新操作,主要由电容电荷泄放的速度决定。设存储电容为 C,其两端电压为 u,电荷 Q＝Cu,则泄漏电流为

$$I=\frac{\Delta Q}{\Delta t}=C\frac{\Delta u}{\Delta t}$$

因而泄漏时间为

$$\Delta t=C\frac{\Delta u}{I}$$

若 C＝0.2 pF,允许电压变化 Δu＝1 V,泄漏电流 I＝0.1 nA,所以,

$$\Delta t=0.2\times10^{-12}\times\frac{1}{0.1\times10^{-9}}=2\text{ ms}$$

由此得出,一般动态 MOS 存储器每隔 2 ms 必须刷新一次,称为刷新最大周期。随着半导体芯片技术的进步,刷新周期可达到 2 ms、4 ms、8 ms,甚至更长。

动态存储器的刷新方式通常有以下几种。

(1) 集中式刷新方式。

这种刷新方式是按照存储器芯片容量的大小集中安排刷新操作的时间段,在此时间段内对芯片内所有的存储单元电路执行刷新操作。在刷新操作期间禁止 CPU 对存储器进行正常的访问,称它为 CPU 的"死区"。例如,某动态存储器芯片的容量为 16KB×1 位,存储矩阵为 128×128。一次刷新操作可同时刷新 8 个存储单元电路,因此对芯片内的所有存储单元电路全部刷新一遍需要 128 个存取周期。刷新操作要求在 2 ms 内留出 128 个存取周期专门用于刷新,假设该存储器的存取周期为 5 ns,则在 2 ms 内有 64 μs 专门用于刷新操作,其余 1936 μs 用于正常的存储器操作,如图 4-9(a)所示。

(2) 分散式刷新方式。

在这种刷新方式中定义系统对存储器的存取周期是存储器本身的存取周期的两倍。把系统的存取周期平均分为两个操作阶段,前一个阶段用于对存储器的正常访问,后一个阶段用于新操作,每次刷新一行,如图 4-9(b)所示。显然这种刷新方式没有"死区",但由于没有充分利用所允许的最大的刷新时间间隔,以致刷新过于频繁,人为降低了存储器的速度。就上面的例子而言,仅每隔 128 μs 就对所有的存储单元电路实施了一遍刷新操作。

(3) 异步式刷新方式。

异步式刷新方式是上述两种方式的折中。仍以上面的例子为例,只要每隔 2 ms/128＝15.625 μs 时间间隔刷新一次(128 个存储单元电路)即可。取存取周期的整数倍,则每隔

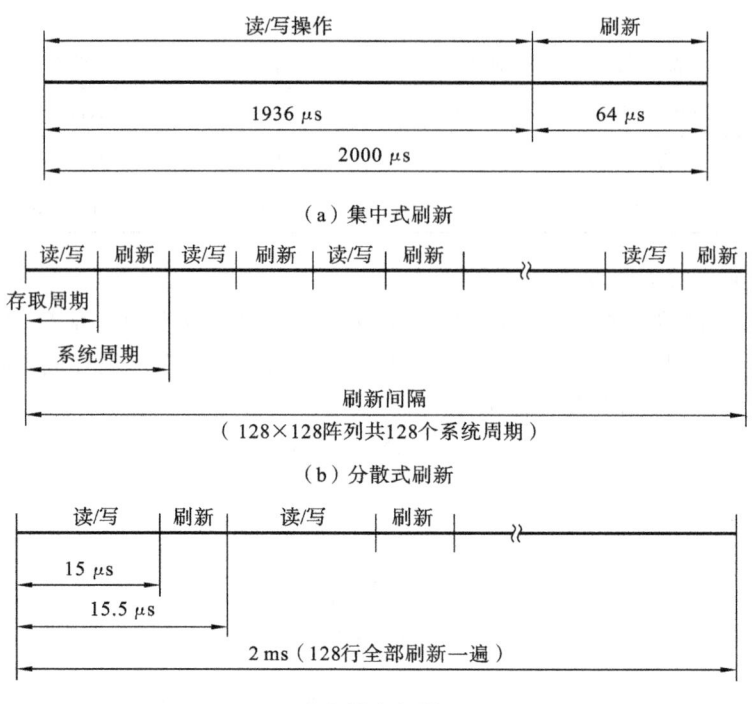

图 4-9　三种刷新方式

15.5 μs 时间间隔刷新一次,在 15.5 μs 中前 15.5 μs(即 30 个存取周期)用于正常的存储器的访问,后 0.5 μs 用于刷新,时间分配情况如图 4-9(c)所示。异步式刷新方式既充分利用了所允许的最大的刷新时间间隔,保持了存储器的应有速度,又大大缩短了"死区"时间,所以是一种常用的刷新方式。

2. DRAM 芯片的存取模式

按照 DRAM 芯片存取模式的不同,DRAM 芯片可分为四类:标准模式的 DRAM 芯片、页模式的 DRAM 芯片、静态列模式的 DRAM 芯片和半字节模式的 DRAM 芯片。

1) 标准模式的 DRAM 芯片

标准模式的 DRAM 芯片其存取周期是四类 DRAM 中最长的一类。在标准模式下,访问存储器中一位信息的步骤:首先给出要访问存储单元的行地址并保持地址信号稳定;然后给出有效的 $\overline{\text{RAS}}$(行地址选择)信号,将行地址锁存到行地址译码器中;其次给出该单元的列地址,地址信号稳定后,再给出有效 $\overline{\text{CAS}}$(列地址选择)信号,将列地址锁存到列地址译码器中,这样可以通过行、列译码器的译码,找到相应的存储单元;最后根据信号 R/$\overline{\text{W}}$ 的状态,决定对该单元实施读或写操作;如图 4-10 所示。标准模式的 DRAM 芯片的访问时间是指从在芯片的地址引脚上给出的行地址开始,到可以使用出现在芯片的数据输出引脚上的数据为止所需的时间。但在标准模式的 DRAM 芯片的数据手册中,通常给出的是 t_{RAC}(不是标准的 t_{AA}),即 $\overline{\text{RAS}}$ 访问时间,它是指从给出有效的 $\overline{\text{RAS}}$ 信号那一刻算起,到可以使用出现在芯片的数据输出引脚上的数据(或指令)为止所需的时间。如果以随机方式访问存储芯片中的存储单元,即连续两次访问的两个存储单元的两个地址之间不存在任何联系的话,那么把 t_{RAC} 视为该存储器的访问时间(t_{AA})也未尝不可,这是因为访问 DRAM 芯片上的任何一个单元都需要给出它的行地址和列地址。但在绝大多数情况下,CPU 处理的数据和代码位于连续的内存单元中(除非有 JMP 或 CALL 指令,但这毕竟是少数情况),CPU 访问 DRAM 中的存储单元,其地址是连续给出的,数据或指令也是连续读出的。遗憾的是,若连续地读/写同一块 DRAM 芯片,则是不可能在 t_{RAC} 所规定的时间内完成读/写的。这是因为在每个信号失效后,DRAM 芯片需要一个预充时间 t_{RP},以便为下次访问做准备。下面回过头来看一下存取周期(t_{RC})这个概念。存取周期是指存储器连续两次读/写操作之间最小的时间间隔,SRAM 和 ROM 的存取周期和访问时间总是相等的,而 DRAM 却不是。这是因为当 $\overline{RAS}$ 信号变为无效后(由低变为高),它保持高电平状态的持续时间至少要有规定的那么长时间,以便预充内部电路,为下次访问做准备,因此在 DRAM 中,存取周期与访问时间的近似关系为

$$t_{RC} = t_{RAC} + t_{RP}$$

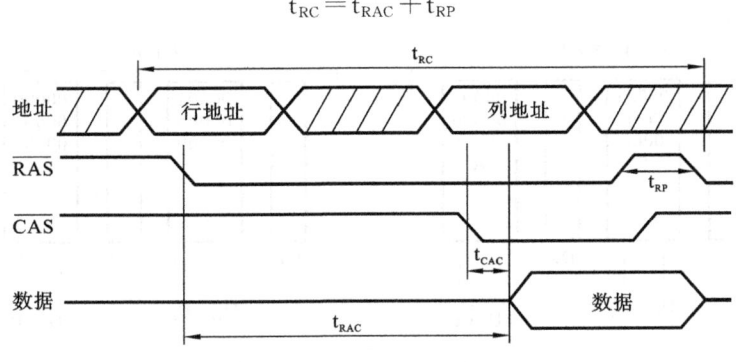

图 4-10　标准模式 DRAM 芯片的时序

例如,若 DRAM 的访问时间是 100 ns,存取周期大约需要 190 ns(其中 90 ns 为预充时间)。若访问 DRAM 芯片中的一个单元,则存取周期 100 ns 足够。但要连续访问地址相邻的多个单元,每次访问都需要 190 ns,DRAM 内部需要 90 ns 的预充时间为下一次访问做准备。

存取周期不等于访问时间是 SRAM 和 DRAM 的主要差别之一。SRAM 的存取周期等于访问时间,但标准模式 DRAM 的存取周期大约是芯片标识的访问时间(t_{RAC})的两倍。例如某 DRAM 芯片的 $t_{RAC}=100$ ns,$t_{RC}=190$ ns,则连续访问 150 个 DRAM 单元所需要的时间是 $150 \times 190 = 28500$ ns;但若连续访问 150 个 SRAM 单元(假设 SRAM 的访问时间 $t_{AA}=100$ ns),则所需时间为 $150 \times 100 = 15000$ ns。表 4-2 给出了一些 DRAM 芯片的访问时间和存取周期。

表 4-2　DRAM 的访问时间与存取周期(单位:ns)

型号	$\overline{RAS}$访问时间 t_{RAC}	存取周期 t_{RC}	预充时间
MCM44100—60	60	110	45
MCM44100—70	70	130	50
MCM44100—80	80	150	60

为了消除 DRAM 的预充时间所带来的负面影响,方法之一是将 DRAM 芯片交错地连接起来,将两个内存条安排在一起使用,让 CPU 交替地访问两个内存条。采用这种方法的好处是,当 CPU 在访问一个内存条时,另一个内存条对其存储单元执行预充操作,这样预充时间就可以隐藏在访问时间中,图 4-11 所示的为交错内存的结构:假设 80386SX 的工作频率是 20 MHz,由此可知 CPU 要求的访问存储器单元的访问时间是 100 ns,即从 CPU 给出它需要访问的存储器单元的地址及读/写命令开始,直到它从数据总线上读取存储器送来的数据(或指令)为止,其间的时间间隔为 100 ns。若构成内存的 DRAM 芯片的访问时间为 70 ns,预充时间为 65 ns,则 DRAM 的存取周期时间为 135 ns,这显然不能满足 CPU 的要求。如果使用交错内存连接方法,则可解决上述时间不匹配的问题。此时 386SX 先访问内存条 A,接着访问内存条 B。当 CPU 访问内存条 B 时,内存条 A 进行预充。同样,当 CPU 访问内存条 A 时,内存条 B 又进行预充。此时,CPU 访问 1024 个 DRAM 存储单元电路需要的时间为 $1024t_{RAC} = 1024 \times 70$ ns $= 71680$ ns。

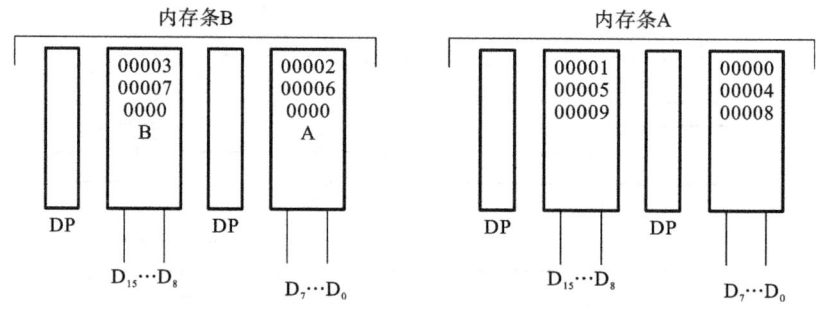

图 4-11 交错内存连接的 DRAM 结构

交错连接内存方法的主要缺点是,每次扩充内存时,必须同时至少插入两个内存条,16～25 MHz 的 386SX、386DX 和 486SX 的 PC 都采用了这种交错内存的连接方法,以避免使用昂贵的 cache(有关 cache 的概念参见第 4.4 节),又可以不影响 CPU 的性能。

2) 页模式的 DRAM 芯片

在采用页模式的 DRAM 芯片,其内部存储单元电路被安排成 N×N 的阵列。当读取某个元件时,首先要给出行地址($A_0 \sim A_{n-1}$),同时 $\overline{RAS}$ 有效,将行地址锁存到行地址译码器;之后给出列地址($A_0 \sim A_{n-1}$),同时 $\overline{CAS}$ 有效,将列地址锁存到列地址译码器。在有关 DRAM 的技术资料中,术语“页”指的是每行包括的存储单元电路的个数,即列数。例如 1MB×1 位的 DRAM 芯片,其存储阵列为 10×1024,故它共有 1024 页,每页中有 1024 个存储位(列)。而 4MB×1 位的 DRAM 芯片,其存储阵列为 20×2048,故它有 2048 页,每页中有 2048 个存储位(列)。

页模式 DRAM 的设计思想是:大多数情况下,由于 CPU 对存储器的访问都是按照连续的单元地址进行访问的,所以没有必要像在标准模式中那样,每次都要给出行地址和列地址。按照页模式规定的方式访问 DRAM 时,首先要给出地址,随后有效的 $\overline{CAS}$ 信号将行地址锁存到行地址译码器,自此,如果下面要访问的存储单元电路全部在同一行中,则锁存的行地址就不再变化,在此期间不断地向存储器送出不同的列地址。每当向存储器送出新的列地址时,$\overline{CAS}$信号变为有效,将列地址锁存到列地址译码器后,$\overline{CAS}$又变为无效。这个过程直到给出的地址是该页中的最后一个列地址为止。接下来又给出新页(行)的行地垃,再重复上述过程当访问一页中的第一个存储单元电路时,既要给出行地址,又要给出列地址,故访问这个存储单元电路所花的时间为标准访问时间 t_{RAC}。从第二个存储单元电路开始,到同一页的最后一个存储单元电路,访问其中一个存储单元电路的时间要比访问第一个的短得多,这个时间通常称为这列访问时间 t_{CAC}(列访问时间)。在页模式 DRAM 中,当访问的存储器单元电路处于给定页中时,对其中每个连续存储单元电路访问的时间不能小于t_{PC}(页周期时间)。图 4-12 给出了页模式、静态列模式和半字节模式 DRAM 的访问时序。表 4-3 列出了页模式 DRAM 相关时序参数。注意,对于页模式 DRAM 芯片,它不仅支持页模式读/写,还支标准模式读/写。

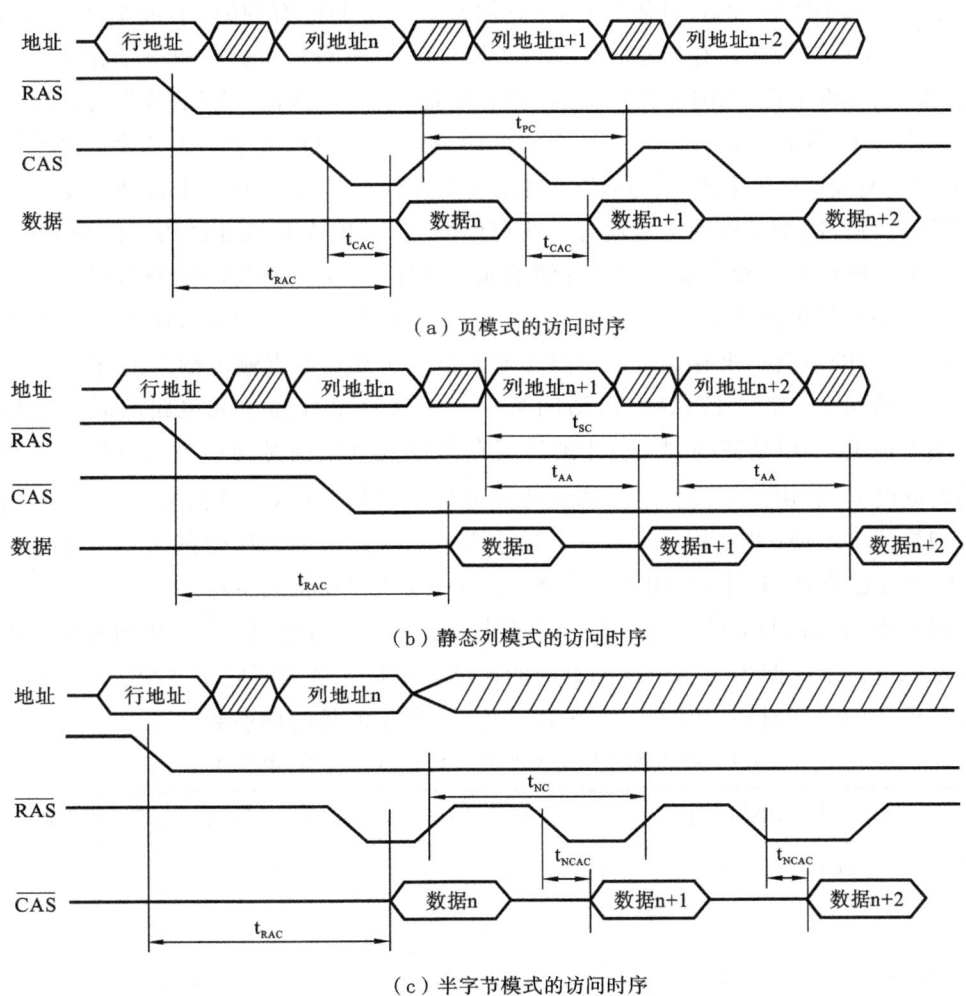

（a）页模式的访问时序

（b）静态列模式的访问时序

（c）半字节模式的访问时序

图 4-12　页模式、静态列模式和半字节模式 DRAM 的访问时序

表 4-3 页模式 DRAM 相关时序参数(4MB×1 位,单位:ns)

型　　号	$\overline{RAS}$访问时间 t_{RAC}	存取周期 t_{RC}	$\overline{CAS}$访问时间 t_{CAC}	页周期时间 t_{PC}
MCM44100—60	60	110	15	40
MCM44100—70	70	130	20	45
MCM44100—80	80	150	20	50

【例 4.1】 某 1MB×1 位的页模式 DRAM 的 $t_{RC}=165$ ns, $t_{RAC}=85$ ns, $t_{PC}=50$ ns,则该 DRAM 芯片有 1024 页,每页有 1024 位,访问一页所需的时间为

$$t_{RAC}+1023\times t_{PC}=85 \text{ ns}+1023\times 50 \text{ ns}=51235 \text{ ns}$$

3) 静态列模式 DRAM

静态列模式 DRAM 的设计思想是,在存取某一行中的所有列时,不再需要给出$\overline{CAS}$信号,从而简化了存取操作。存取这种模式的 DRAM 时,访问某一行的第一个存储单元电路需要的时间是标准的$\overline{RAS}$访问时间。当给出行地址后,用有效的$\overline{RAS}$信号将行地址锁存到行地址译码器中,即行地址在访问本行中的存储单元电路的过程中不再变化。接着给出列地址,并给出有效的$\overline{CS}$(片选)信号,之后列地址在存储芯片之外的一个自动增量寄存器中不断增量,并将每次增量后的地址信号送往存储器芯片,作为列地址译码器的输入信号,列地址译码器不断译码以确定要访问的存储单元。这样,只要$\overline{RAS}$和$\overline{CS}$始终保持低电平。同一行上各存储单元电路所存储的数据(或指令)就连续地出现在 DRAM 芯片的数据输出端,直到这一行的最后一个存储单元电路存储的信息出现在数据输出端为止,接着又以同样的方式开始访问下一行。这意味着,访问某一行的第一个存储单元电路的时间是标准的$\overline{RAS}$访问时间 t_{RAC},但是访问同一行中的后续存储单元电路的时间称为 t_{AA}(从列地址有效开始的访问时间)。由于不需要启动和保持列地址选择信号$\overline{CAS}$,从而节省了时间,所以使用静态列模式 DRAM 芯片构成的内存可以实现采用较高频率工作的系统。在许多以 386/486 芯片为核心的 PC 机中,使用了静态列模式 DRAM 芯片构成主存。

访问静态列模式 DRAM,最开始的访问时间是标准访问时间 t_{RAC}。访问所在页内的任一存储单元电路的时间为 t_{AA},但访问页内的连续位中每一位的时间不能少于静态列周期时间静态列模式的访问时序,如图 4-12 所示。表 4-4 所示的是时序参数。

表 4-4 静态列模 DRAM 时序参数(4MB×1 位,单位:ns)

型　　号	$\overline{RAS}$访问时间	存取周期 t_{PC}	列访问时间 t_{AA}	静态列周期时间 t_{SC}
MCM54102A—60	60	110	30	35
MCM54102A—70	70	130	35	40
MCM54102A—80	80	150	40	45

【例 4.2】 某 1MB×1 位的静态列模式 DRAM 的 $t_{RC}=165$ ns, $t_{RAC}=85$ ns, $t_{SC}=50$ ns,则访问一行所需的时间为

$$t_{RAC}+1023 \times t_{SC}=85 \ ns+1023 \times 50 \ ns=51235 \ ns$$

从上面的例 4.1 和例 4.2 可以看出,CPU 访问页模式 DRAM 和静态列模式 DRAM 所花费的时间是一样的,但设计静态列模式 DRAM 比设计页模式 DRAM 要简单一些,因前者不需要 $\overline{CAS}$ 引脚,故芯片上也就没有相应的时序电路。静态列模式 DRAM 在要求低噪声的应用领域要强于页模式 DRAM,当静态列模式的 DRAM 芯片在工作时,输出缓冲始终保持开启状态,$\overline{CS}$ 时钟不再变换(一直保持低),这一方面减少了芯片的数据输入输出引脚上呈现高阻态的情况,另一方面也简化了操作。静态列模式的核心就是在工作期间,保持 $\overline{RAS}$ 和 $\overline{CS}$ 信号有效不变,改变的只是列地址。

4) 半字节模式 DRAM

半字节模式 DRAM 芯片在工作时,先给出行地址,并辅以有效的 $\overline{RAS}$ 信号,将行地址锁存,之后再给出列地址,同时 $\overline{CAS}$ 信号有效,将第一个列地址锁存,然后 $\overline{RAS}$ 信号保持有效,行地址不再变化,而 $\overline{CAS}$ 信号在有效和无效状态之间不停地切换,连续读出一行的四位。可见半字节模式 DRAM 类似于页模式 DRAM,只是页模式中一次要连续读出一行中的所有位,而半字节模式只是读出一行中连续的四位。经过最开始的标准读过程后,列地址计数器在芯片内部自动增量,无需给出列地址即可访问后续的三位。半字节模式的访问时序如图 4-12 所示。

半字节模式与页模式和静态列模式的不同之处是,半字节模式不需要设置在芯片外部的列地址计数器电路。

半字节模式中的第一位是通过标准过程访问的,最开始的访问时间为标准访问时间 t_{RAC},后续读出一位所需的时间只需 t_{NCAC}(半字节模式访问时间),但连续读出每一位的时间不能少于 t_{NC}(半字节周期时间),表 4-5 给出了时序参数的数值。

表 4-5　半字节模式 DRAM 时序参数(4MB×1 位,单位:ns)

型　　号	$\overline{RAS}$ 访问时间 t_{RAC}	读周期时间 t_{RC}	半字节模式访问时间 t_{NCAC}	半字节周期时间 t_{NC}
MCM54101A—60	60	110	20	40
MCM54101A—70	70	130	20	40
MCM54101A—80	80	150	20	40

【例 4.3】　某 1MB×1 位的半字节模式 DRAM 芯片的 $t_{RAC}=85 \ ns$,$t_{NC}=40 \ ns$,$t_{RP}=70 \ ns$,则访问连续 4 位所需时间为

$$t_{RAC}+3t_{NC}=85+3 \times 40=205 \ ns$$

访问一页 1024 位所需的时间为:

$$256 \times (t_{RAC}+3t_{NC}+t_{RP})=256 \times (85+3 \times 40+70)=70400 \ ns$$

半字节模式 DRAM 可用于实现许多 486、Pentium 和 RISC 处理器设置的突发模式,为了避免使用多个逻辑门引起的芯片间延迟,许多 DRAM 控制器支持各种 DRAM 操作模式。表 4-6 是 1MB×1 位 85 ns 的 DRAM 芯片在各种操作模式下的时序参数值,而表 4-7 是该芯片在各种操作模式下访问连续四位和访问一页所需的时间。

表 4-6　1MB×1 位的 85 ns 的 DRAM 芯片时序参数(单位:ns)

访问时间	标准模式	页模式	静态列模式	半字节模式
行访问时间 t_{RAC}	85	85	85	85
列访问时间 t_{CAC}		25		
列访问时间 t_{AA}			45	
列访问时间 t_{NCAC}				20
周期时间				
读周期时间 t_{RC}	165			
页周期时间 t_{PC}		50		
静态列周期时间 t_{SC}			50	
半字节周期时间 t_{NC}				40

表 4-7　各种 DRAM 操作模式所需访问时间(单位:ns)

	标准模式	页模式	静态列模式	半字节模式
读 4 位	660	235	235	205
读 1024 位	168960	51235	51235	70400

从上述的例题和各种表格可看出,人们设计各种访问模式的 DRAM 芯片的目的是尽可能减少访问 DRAM 芯片中每个存储单元电路所需的等待时间,但事实上即使是最佳访问模式的 DRAM 也不能完全排除等待时间,除非全部使用 SRAM 芯片构成内存,但这样做会大大增加成本,最佳方案是使用 DRAM 构成内存,使用 SRAM 构成 Cache。

从 20 世纪 90 年代中期开始,X86 处理器的速度就超过 100 MHz,为了不影响高速 CPU 的性能,必须为其配备高速的 DRAM 内存。下面讨论两种高速 DRAM:EDO DRAM (extended data-out DRAM、扩展数据输出 DRAM)和 SDRAM(synchronous DRAM,同步 DRAM)。

5) EDO DRAM

前面讨论了页模式 DRAM,但现在的资料中都将其称为快速页模式 DRAM(fast page mode DRAM,FPM DRAM)。下面看一下快速页模式 DRAM 的局限性也就明白为何要开发 EDO DRAM 了。

在图 4-13 所示的快速页模式 DRAM 时序图中,给出行地址后 $\overline{RAS}$ 信号变低,将行地址锁存,从而打开一页。当 $\overline{CAS}$ 信号变低后,芯片将列地址锁存,经过 t_{CAC} 时间后,数据出现在芯片的数据输出端。但访问同一行(页)下一列的数据所需时间不能少于 t_{PC}(页周期时间),即访问已打开页的连续列所需时间不能少于 t_{PC},而 t_{PC} 的大小取决于 $\overline{CAS}$ 信号在变高之前要保持低电平的时间长度,也许有人会想缩短信号 $\overline{CAS}$ 保持低电平的时间,从而可以减小 t_{PC},提高 DRAM 的访问速度,遗憾的是这个建议是不可行的。由于 $\overline{CAS}$ 变高后,DRAM 芯片会停止输出数据,所以 $\overline{CAS}$ 信号必须保持一段时间的低电平,以确保数据能正确地送到数据总线上。减小 t_{PC} 的一个可行的办法是改变快速页模式 DRAM 的内部电路,使数据在

$\overline{CAS}$变高后保持更长时间从而可以缩短$\overline{CAS}$保持低电平的时间,而不会影响数据的输出操作,所以就有了扩展数据输出的 DRAM——EDO DRAM。EDO DRAM 有时也被称为超级页模式(hyper page)DRAM,因为它事实上是快速页模式 DRAM 的超级版本。图 4-13 比较了快速页模式 DRAM 和 EDO DRAM 的存取操作时序,表 4-8 是 70 ns 和 60 ns 的 DRAM 的时序参数值。

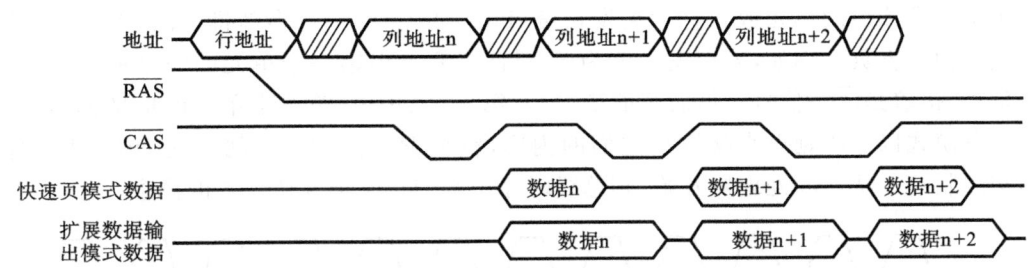

图 4-13　快速页模式 DRAM 和扩展数据输出 DRAM 的存取操作时序

表 4-8　DRAM 的时序参数表(单位:ns)

	FPM	EDO		FPM	EDO
速度	70	70	速度	60	60
t_{RAC}	70	70	t_{RAC}	60	60
t_{RC}	130	130	t_{RC}	110	110
t_{PC}	40	30	t_{PC}	35	25

6)同步 DRAM(SDRAM)

当 CPU 总线的速度超过 75 MHz 时,即使是 EDO DRAM,也不能满足 CPU 速度的需求,所以人们开发了同步 DRAM(SDRAM)。首先看一下为何称为同步 DRAM。在所有传统 DRAM 芯片中(包括快速页模式 DRAM、EDO DRAM),DRAM 的时序与 CPU 的时序是不同步的,即 CPU 和 DRAM 间没有一个公共的参考时钟。在这种系统中,DRAM 与微处理器是异步的。因为 CPU 把地址提供给 DRAM 后,DRAM 是以主/从方式为 CPU 提供数据的,若 DRAM 不能及时给出数据,它会发送 NOT READY 信号告知 CPU。CPU 通过在总线时序中插入等待状态来响应 NOT READY 信号,等待 DRAM 准备好数据。换言之,CPU 总线时序是依赖于 DRAM 时序的。在 SDRAM 系统中,微处理器与 SDRAM 间有一个公共时钟(称为系统时钟)信号。在 CPU 和 SDRAM 间的所有总线行为(送地址、送数据、送控制信号)都与这个公共时钟信号同步,即公共时钟是 CPU 和 SDRAM 的参考点,任何操作都不会偏离它,因此 CPU 也就无需等待了。图 4-14 是 SDRAM 操作时序图,图中有一个公共时钟,跑址、数据和控制信号都与之同步,而在 EDO DRAM 和快速页模式 DRAM 的时序图中,是没有这样一个公共时钟信号的。

由于 CPU 和 DRAM 间有了公共系统时钟,就有了突发模式操作。突发模式既可用于读,也可用于写,但为了简便起见,只讨论突发模式的读操作。突发读模式中 CPU 像正常情况下一样提供第一个单元的地址,先给$\overline{RAS}$信号,接着为$\overline{CAS}$信号。但是,由于 CPU 读

DRAM 的内容是用于填充 Cache,所以要一次读几个连续的单元(所读单元的个数取决于 Cache 的结构)。因此,CPU 在给出第一个单元的地址后,后续单元的地址就无需再给出了,从而节省了用于建立地址和保持信号的时间。即可简单地通过编程把 RAM 设置为突发模式,告诉它一次要连续读的单元数就可以了。这就是许多 SDRAM 的设计思想。它们可通过预先编程设置成一次从 DRAM 内部以突发模式读出 1、2、4、8、16 或 256 个连续单元。每次突发读出的单元数目称为突发长度(burst length)。许多新推出的 SDRAM 的突发长度可为一整页。例如,若突发长度为 8,则首先要给出第一个单元的完全地址,即先是 $\overline{RAS}$信号,接着是$\overline{CAS}$信号。但后续的第二个、第三个、……、第八个单元的地址无需给出,利用突发模式以最小延迟直接读出它们的内容,整个读操作所需时间只受 DRAM 内部电路结构的制约。从 486 处理器开始,其总线时序中都使用了突发读模式的概念。

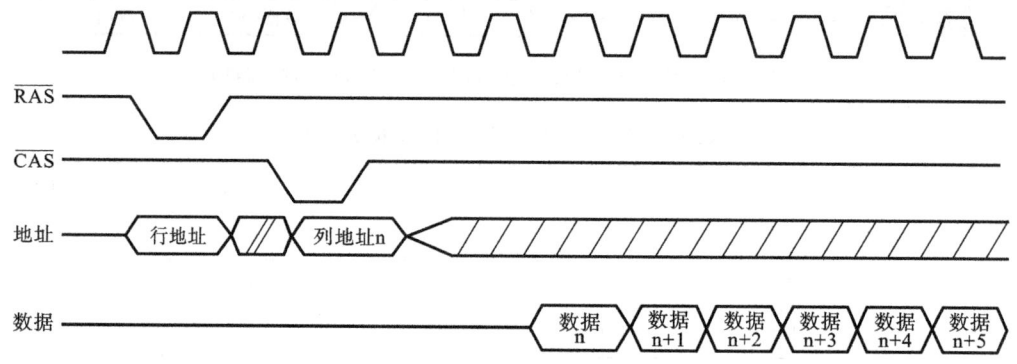

图 4-14　SDRAM 操作时序

为了提高性能,SDRAM 使用了前面讨论的交错连接的概念。在传统的交错设计方法中,是由主板设计者来实现 DRAM 内存的交错连接,从而使一个内存条的预充时间与另一个内存条的访问时间重叠。而 SDRAM 的交错连接是在芯片内部实现的。即在 SDRAM 芯片内部,存储元件的安排是遵循交错的方式,实现了在访问一组存储单元电路的同时刷新另一组存储单元电路。如果在 SDRAM 中融合了突发模式和交错连接两种技术,那么由 SDRAM 构成的内存可用于总线频率高达 125 MHz 的系统中。但若总线频率超过125 MHz, SDRAM 也不能满足性能需求了。

图 4-14 是 SDRAM 操作时序图。从图中可以看出在$\overline{CAS}$有效后,数据出现在数据引脚上所需的时钟数是可通过编程控制的,这个时钟数称为读延迟(read latency),可以是 1、2 或 3 个时钟。显然,图 4-14 中的读延迟是 2 个时钟,因为$\overline{CAS}$有效后,又经过 2 个时钟数据出现在数据总线上。

4.2.3　只读存储器的结构及工作原理

半导体只读存储器常作为主存的一部分,用于存放一些固定的程序,如监控程序、启动程序、磁盘引导程序等,只要一接通电源,这些程序就能自动运行。此外,只读存储器还可以用作控制存储器、函数发生器、代码转换器等,并在输入/输出设备中加入常用的 ROM 用于存放字符、汉字等的点阵图形信息。

图 4-15 是使用 MOS 管构成的 EPROM 存储阵列结构示意图,工作时根据送来的地址选中某一条字线,使之为高电平,从而使与该字线连接的 MOS 管导通。若与其相连的 MOS 管有电荷(即原存 0),则 MOS 管导通,因此相应位线为低电平。经读取后,放大器输出为 0。若与其相连的 MOS 管无电荷(即原存 1),则由于 MOS 管不通,使 MOS 管无导通回路,因此相应位线为高电平,经读取后,放大器输出为 1。

目前市场上的 EPROM 芯片有很多种。图 4-16 示出了 Intel 2716 芯片的内部结构图。2716 芯片是一个 2KB×8 位的 EPROM 芯片,正常工作时,要求单一的 +5 V 电源,当 V_{PP} 在脱机编程时加 +25 V 电源,正常工作时加 +5 V 电源。PD/PGM 为功率下降/编程输入端,$\overline{CS}$ 为片选端,$A_0 \sim A_{10}$ 为地址输入端,$D_0 \sim D_7$ 为数据输出端。表 4-9 给出了 2716 芯片的工作模式选择。

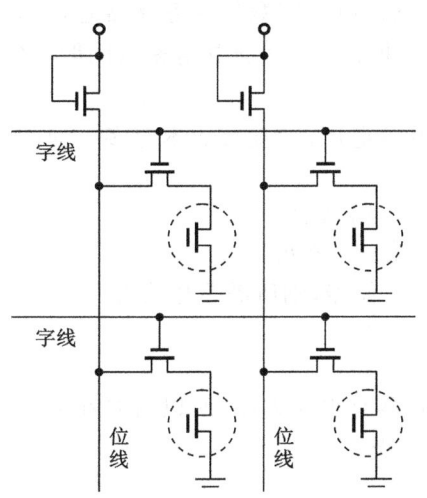

图 4-15　EPROM 存储阵列结构示意图

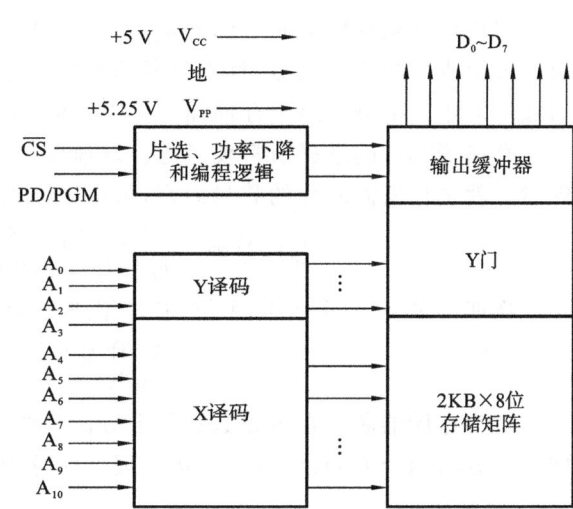

图 4-16　Intel 2716 芯片的内部结构图

表 4-9　2716 芯片的工作模式选择

工作模式	PD/PGM	$\overline{CS}$	V_{PP}	V_{CC}	数据输出
读	低	低	H−5 V	+5 V	输出
未选中	无关	高	+5 V	+5 V	高阻
功耗下降	高	无关	45 V	+5 V	高阻
编程	由低到高脉冲	高	+25 V	+5 V	输入

由于容量为 2KB×8 位,故有 11 根地址线,其中 7 位地址用于行译码,4 位地址用于列译码,8 位数据输出均有缓冲器。

为了减少功耗,EPROM 可工作在低功耗(备用)方式。此时功耗由 525 mW 下降到 132 mW,下降了 75%。可以通过在 PD/PGM 输入端输入一个 TTL 高电平信号来实现,此时 EPROM 输出端工作在高阻状态。使用时,通常将 $\overline{CS}$ 端与 PD/PGM 端连在一起,因此,芯片在没有被选中时就工作在低功耗方式下,以降低芯片的功耗。

2716 EPROM 在擦除后,存储单元的信息全为 1。要写入时,V_{PP} 加 +25 V,$\overline{CS}$ 在写入

期间为高电平。当给定要写入单元的地址后,将要写入的数据(8 位)送到数据端,然后在 PD/PGM 输入端加上一个宽度为 50 ms 的 TTL 高电平脉冲,就可实现写入。

4.2.4 半导体存储器的组成

CPU 对存储器进行读/写操作时,首先要由地址总线给出地址信号,然后要发出相应的读/写控制信号,最后才能在数据总线上进行信息交流。所以,存储器芯片与 CPU 的连接主要有以下三个部分。

- 数据信号线的连接。
- 地址信号线的连接。
- 控制信号线的连接。

但由于一块存储器芯片的容量总是有限的,因此内存总是由一定数量的存储器芯片构成。要组成一个主存储器,首先要考虑如何选芯片以及如何把许多芯片连接起来的问题,之后按照上述三部分将整个存储器与 CPU 连接起来。

存储器芯片的选择通常要考虑存取速度、存储容量、电源电压、功耗及成本等多方面的因素。就主存所需芯片的数量而言,可由下面的公式求得:

$$芯片总数 = \frac{主存储器总的单元数 \times 位数/单元}{每片存储芯片的单元数 \times 位数/单元}$$

例如用 2164A(64KB×1 位)芯片组成 256KB×8 位的存储器,则所需芯片数为

$$\frac{256KB \times 8 位}{64KB \times 1 位} = 32(片)$$

通常存储器芯片在单元数和位数方面与要搭建的存储器有很大差距,所以需要在字方向和位方向两个方面进行扩展,按扩展方向分为下列三种情况。

1. 位扩展

如果芯片的单元数(字数)与存储器要求的单元数是一致的,但是存储器芯片中单元的位数不能满足存储器的要求,就需要进行位扩展,即位扩展只是进行位数扩展(加大字长),不涉及增加单元数,例如用 Intel 2114 芯片(1KB×4 位)构成 1KB×8 位的存储器时,就需要进行位扩展。位扩展的连接方式是将所有存储器芯片的地址线、片选信号线和读/写控制线一一并联起来,而将各芯片的数据线单独列出,分别接到 CPU 数据总线的对应位。上例的连接方式如图 4-17 所示,图中的 $\overline{MREQ}$ 为 CPU 访问存储器的请求信号。

2. 字扩展

字扩展仅是单元数扩展,也就是在字方向扩展,而位数不变。在进行字扩展时,将所有芯片的地址线、数据线和读/写控制线一一对应地并联在一起,利用片选信号来区分被选中的芯片,片选信号由高位地址(除去用于芯片内部寻址的地址之后的存储器高位地址部分)经译码进行控制。例如用 16KB×8 位的存储器芯片构成 64KB×8 位的存储器,其连接如图 4-18 所示。

在图 4-18 所示的例子中,64KB 个单元需 16 位地址 $A_0 \sim A_{15}$,其中低 14 位地址为 $A_0 \sim A_{13}$。用于存储器芯片片内寻址,高 2 位地址 A_{15}、A_{14} 用于形成片选信号。若存储器从 0 开始连续编址,则四片芯片的地址分配如下。

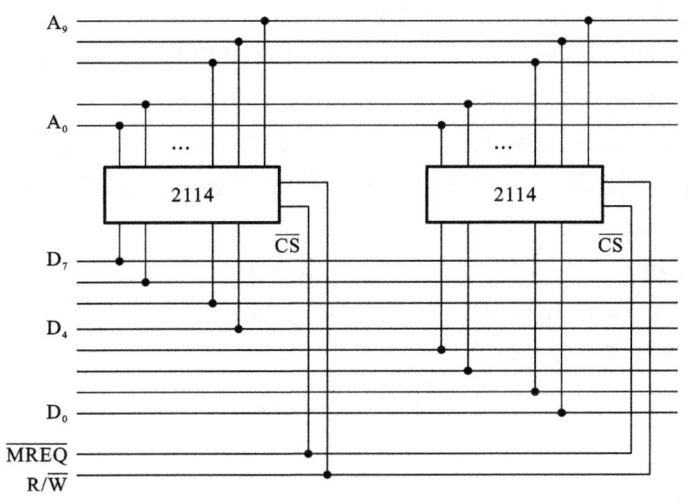

图 4-17 存储器位扩展举例

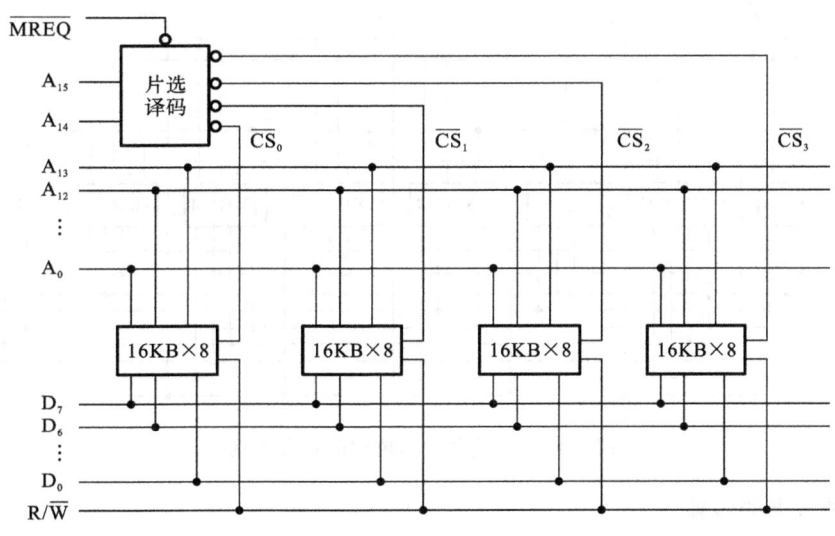

图 4-18 存储器字扩展举例

第一片地址的范围为：0000H～3FFFH。

第二片地址的范围为：4000H～7FFFH。

第三片地址的范围为：8000H～BFFFH。

第四片地址的范围为：C000H～FFFFH。

即当高 2 位地址 A_{15}、A_{14} 为 00 时，选中第一片芯片；当高 2 位地址 A_{15}、A_{14} 为 01 时，选中第二片芯片；当高 2 位地址 A_{15}、A_{14} 为 10 时，选中第三片芯片；当高 2 位地址 A_{15}、A_{14} 为 11 时，选中第四片芯片。

3. 字和位同时扩展

当搭建主存储器时，往往需要字和位同时扩展，它可以看成是位扩展与字扩展的组合，可按下面的规则实现。

（1）确定组成主存储器需要的芯片总数。

（2）所有芯片对应的地址线接在一起，接入 CPU 引脚的对应位；所有芯片的读/写控制线接在一起，接入 CPU 的读/写控制信号上。

（3）所有处于同一地址区域的芯片的片选信号接在一起，接入片选译码器对应的输出端。

（4）所有处于不同地址区域的同一位芯片的数据输入/输出线对应地接在一起，接入 CPU 数据总线的对应位。

【例 4.4】 用 Intel 2114(1KB×4 位)芯片组成 4KB×8 位存储器。用 2114 芯片构成 4KB×8 位存储器所需的芯片数为一组，每组组内按位扩展方法连接，两组组间按字扩展方法连接。图 4-19 为该例中芯片的连接。

$$\frac{4KB×8\ 位}{1KB×4\ 位}=8(块)$$

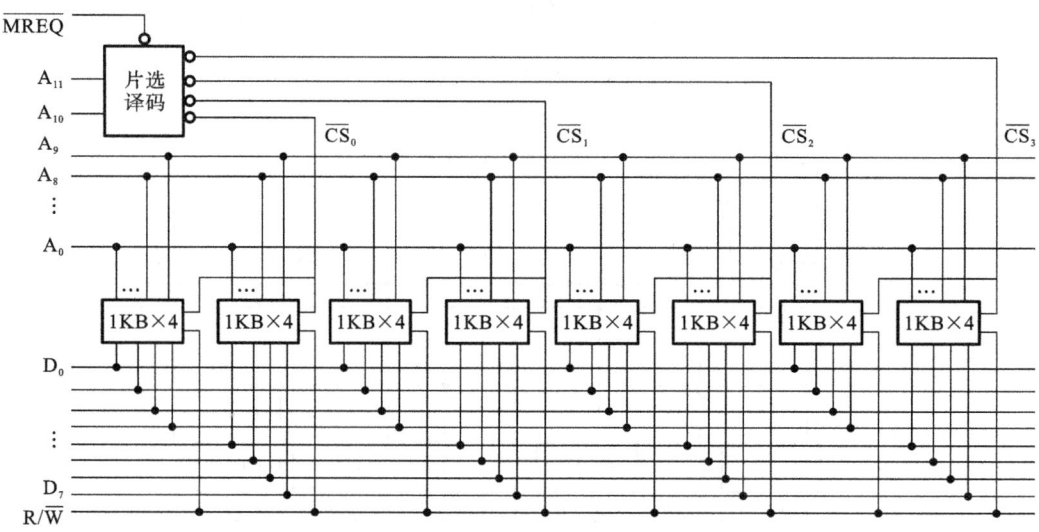

图 4-19 存储器字和位同时扩展举例

4. 多种数据的传输

多种数据的传输是指存储器按照 CPU 的指令要求与 CPU 间传输 8 位、16 位、32 位或 64 位数据的情况。此时 CPU 要增加控制信号，控制存储器传输不同位数的数据。

【例 4.5】 请用 2KB×8 位的 SRAM 设计一个 8KB×16 位的存储器，要求当 CPU 给出的控制信号 B=0 时访问 16 位数据，B=1 时访问 8 位数据。存储器以字节为单位编址。

解 该存储器所需的芯片总数为

$$\frac{8KB×16\ 位}{2KB×8\ 位}=8(块)$$

8 块芯片分成两列，按地址交叉方式编址，即一列为奇地址，一列为偶地址。

由于存储器以字节为单位编址，总容量为 8KB×16 位，所以，8KB×16b=8KB×2×8b=2^{14}×8b，地址线为 14 根。根据交叉编址和整数边界的要求，所以地址 A_0 与 B 一起用于控制存储器传输 8 位还是 16 位数据，地址 A_1～A_{11} 作为芯片内部地址，A_{13}、A_{12} 用于 2：4 译码。设偶存储体选中时，C=1；奇存储体选中时，D=1，则得出如表 4-10 所示的真值表。

表 4-10　C、D 取值真值表

B　A$_0$	C　D	说　　明
0　0	1　1	访问 16 位数据
0　1	0　0	不访问
1　0	1　0	访问偶存储体
1　1	0　1	访问奇存储体

由表 4-10 所示的真值表可得下面的逻辑表达式：

$$C=\overline{A_0}, \quad D=\overline{B\oplus A_0}$$

8KB×16 位的存储器需要 4 个模块,因此需用 2：4 译码,译码器的输出一般是低电平有效,设经过反相后的输出为 Y$_0$、Y$_1$、Y$_2$、Y$_3$,则 8 块芯片的片选信号的逻辑表达式为

$$\overline{CS_0}=\overline{C\cdot Y_0} \quad \overline{CS_2}=\overline{C\cdot Y_1} \quad \overline{CS_4}=\overline{C\cdot Y_2} \quad CS_6=\overline{C\cdot Y_3}$$

$$\overline{CS_1}=\overline{D\cdot Y_0} \quad \overline{CS_3}=\overline{D\cdot Y_1} \quad \overline{CS_5}=\overline{D\cdot Y_2} \quad CS_7=\overline{D\cdot Y_3}$$

存储器结构图及 CPU 连接的示意图如图 4-20 所示。

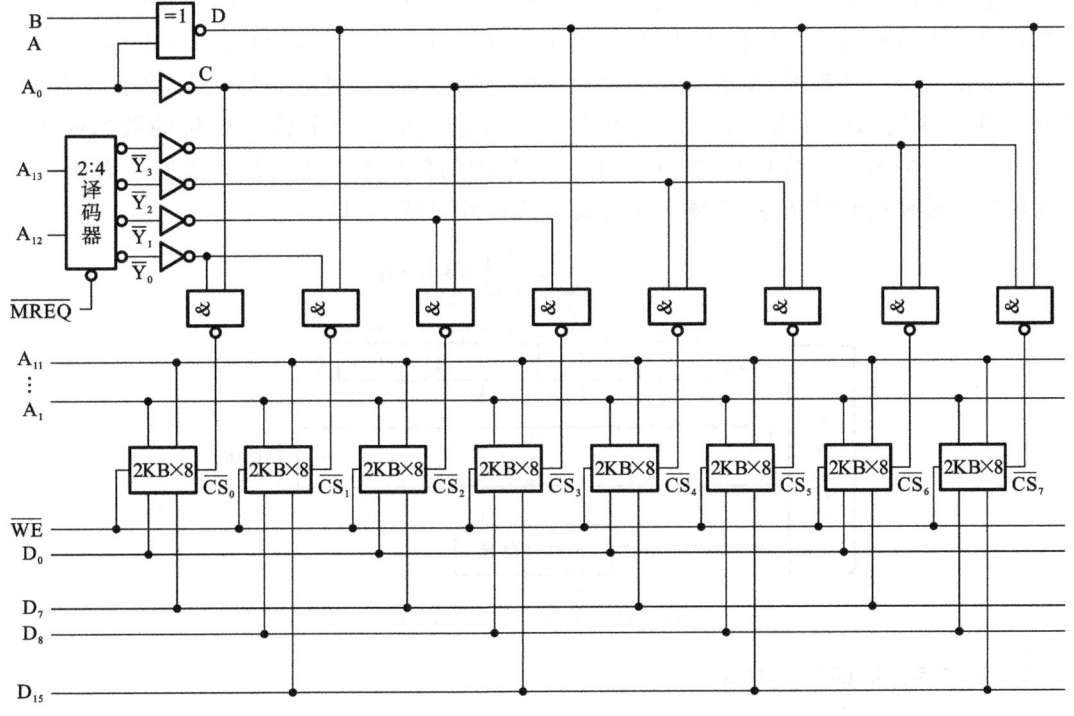

图 4-20　存储器多数据传输举例

4.3　并行主存储器

程序和数据首先必须存储在主存储器中,才能直接被 CPU 执行和处理。随着软件规

模的扩大和系统性能要求的提高,要求主存的容量要大,速度要快。尽管主存的存取速度在不断地提高,但它的速度与 CPU 的速度相比仍存在较大的差距,主存的存取速度是整个计算机系统速度的瓶颈。为了解决这个瓶颈问题,存储器系统采用了层次结构,用虚拟存储器的方式扩大主存的存储容量,用高速缓存提高主存的存取速度。除此以外,调整主存的组织结构来提高存取速度,也是一种行之有效的方法。本节将就主存的一种组织结构方式——并行主存储器展开讨论。

所谓并行主存储器,是指在一个主存周期内可以并行读取多个数据字的主存储器。通常采用单体多字和交叉存取方式。

寻址方式有单体多字寻址方式、多体存储器的寻址方式和多体交叉寻址方式。

1. 单体多字寻址方式

虽然每个半导体存储器芯片内部已经有了地址译码和 I/O 电路,但在并行主存系统中,仍需增加地址译码电路用于实现地址锁存和片选等功能。当并行存储器共用一套地址寄存器和地址译码电路时,称为单体寻址方式,其结构如图 4-21 所示。多个并行存储器与同一地址寄存器连接,同时被一个单元地址驱动,一次访问读取的是沿 n 个存储器顺序排列的 n 个字,故称为单体多字寻址方式。与单体单字寻址方式的存储器相比,单体多字寻址方式在存取速度方面有明显的优点,因为单体单字寻址方式的存储器的每一个主存周期只能读取一条指令或一个数据,在取指和读取数据的周期内,CPU 处于等待状态,因此工作效率较低。图 4-21 所示的单体 4 字的寻址方式中,一次能读取 4 个字长为 w 位的数据或指令,然后以单字长的形式送给 CPU 执行。当然,若处理的数据不是连续地存放在主存中,或者在程序中经常使用转移指令,单体多字寻址方式的效果就不明显了。

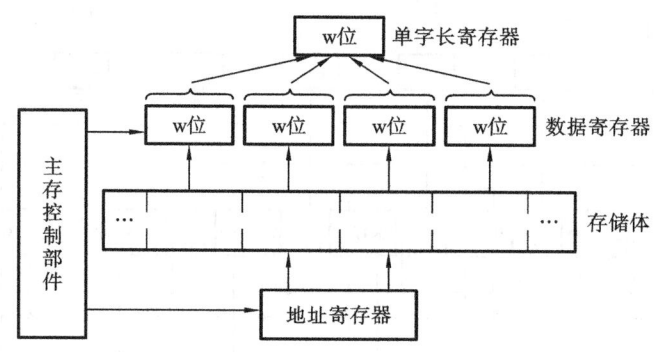

图 4-21 单体 4 字寻址方式

2. 多体存储器的寻址方式

计算机系统中的大容量主存是由多个存储体组成的,每个存储体都有自己的读/写线路、地址寄存器和数据寄存器,能以同等的方式与 CPU 交换信息,每个存储体的容量相等,它们既能同时工作又能独立编址。图 4-22 是多体存储器的原理图。图中 MAR 为模块地址寄存器,MDR 为模块数据寄存器,主存地址寄存器的高位表示模块号、低位表示块内地址。这种结构的寻址方式有利于并行处理,能够实现多个分体的并行操作,一次访问并行处理的 n 个字不像单体方式那样一定是沿存储器顺序排列的存储单元内容,而是分别由各分体的地址寄存器指示的存储单元的内容。因为各分体工作独立,因此,只要进行合理调度,就能实现并行处理,两个存储体可以同时进行不同的操作。例如一个存储体被 CPU 访问时,另一个存储体可用来与外围设备直接进行存储器存取操作。

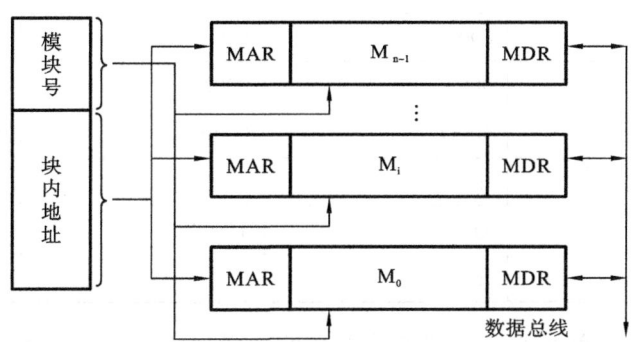

图 4-22　多体存储器的原理图

3. 多体交叉寻址方式

多体交叉是多体存储器的另一种组织形式,下面以一个 4 体交叉存储器的组织形式为例,来说明多体交叉存储器的工作原理。图 4-23 为 4 体交叉寻址方式的原理图。多体交叉寻址方式与多体存储器寻址方式不同。多体存储器寻址方式是以高位地址作为模块号,低位地址作为体内地址,每个模块体内的地址是连续的;多体交叉寻址方式是以低位地址作为模块号,高位地址作为体内地址,各模块间的地址编号采用交叉方式。图4-23中的 4 个模块 M0、M1、M2、M3 的编址如表 4-11 所示,序号表示存储单元的地址编号 J＝0,1,2,……。

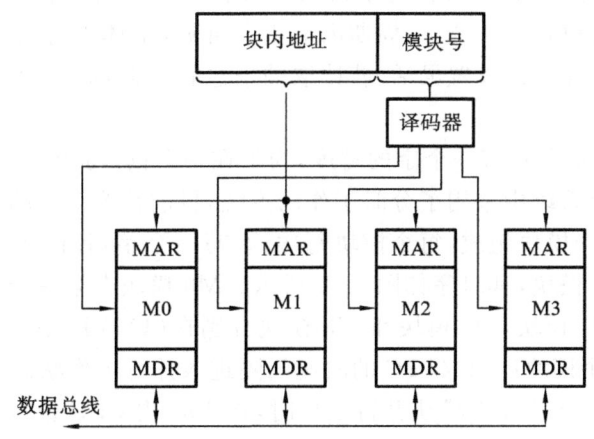

图 4-23　4 体交叉寻址方式的原理图

n 体交叉寻址方式应满足以下规则。

(1) 地址连续的两个单元分布在相邻的两个模块中,地址按模块号方向顺序编号。

(2) 同一模块内相邻的两个单元地址之差等于n。例如在 4 体交叉存储器结构方式下,两个单元地址之差等于 4。

表 4-11　4 体交叉编址表

模块名称	M0	M1	M2	M3
模块内地址	0000	0001	0002	0003
	0004	0005	0006	0007
	0008	0009	000A	000B
	000C	000D	000E	000F
	⋮	⋮	⋮	⋮
	4J＋0	4J＋1	4J＋2	4J＋3
	⋮	⋮	⋮	⋮

（3）任何一个存储单元的二进制地址编号的末 lb n 位正好指示该单元所属模块的编号，访问主存时，只要判断这几位就能确定是访问哪个存储模块。在 4 体交叉存储器结构方式下，M0 模块的每个单元地址的二进制编码最后两位都是 00，M1 模块的每个单元地址的最后两位都是 01，M2 模块的每个单元地址的最后两位都是 02，M3 模块的每个单元地址的最后两位都是 03。

（4）同一模块内每个单元地址除去模块号后的高位地址正好是模块内单元的顺序号，由此就可确定访问单元在模块中的位置。多体地址交叉排列的目的是便于各模块同时工作。假设 CPU 要取 4 条长度为一个字长的指令，这 4 条指令存放在地址为 0、1、A、B 的 4 个单元中，这 4 个单元分配在不同的模块中。对于单体的并行系统，一个读/写周期只能读取 4 个地址连续的存储单元的内容，这里，0、1 与 A、B 地址不连续，因此只能读取 0、1 单元内两条指令。对于多体交叉存储器，每个模块有各自的地址寄存器，可以指示不连续的地址，因此这 4 条指令可以在一个读/写周期内取出。可见，单体并行系统和多体并行系统虽然最大频宽相同，但多体地址设置灵活，若读取的信息在不同的模块中，则多体的存取速度就比单体快。

CPU 与主存交换信息只有一个字的宽度，为了在一个读/写周期（TC）内能访问 n 个信息字，在多体并行主存系统中采用了分时工作的方法，目前普遍采用的是分时读取法。现设多体交叉存储器由 4 个模块组成，每个模块每次读/写一个字，各模块分时启动，即每隔（1/4）读/写周期启动一个模块，其时序如图 4-24 所示。M0 模块在第一个主存周期开始读/写，经过（1/4）TC 启动 M1 模块，M2 模块和 M3 模块分别在（1/2）TC、（3/4）TC 时刻开始它们各自的读/写操作，4 个模块以（1/4）TC 的时间间隔进入并行工作状态。假设 TC＝2 μs，普通存储器只能读/写一个字，4 个模块并行工作时，在 2 μs 内 CPU 依次发出 4 个读/写命令，访问到 4 个字，对 CPU 来说，相当于 0.5 μs 读取一个字，虽然每个存储体仍以 2 μs 的速度存取。这对主存系统来说，仿佛是有一串地址流以 1/4 读/写周期的速度流入，便有一串信息流以同样的速度流出主存系统，这种类似流水的工作过程很适合与流水式中央处理器的联系。另一种并行存取的处理方法是同时启动 4 个模块，使 4 个模块在一个读/写周期 TC 内同时访问，一次读取 4 个字，然后以一定顺序分时使用总线对外传送。

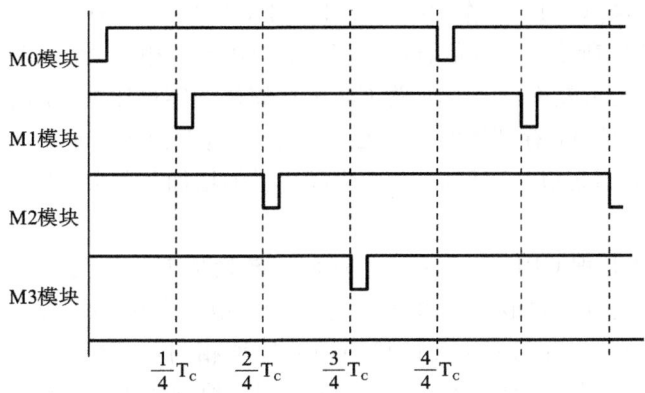

图 4-24　4 模块分时并行工作时序图

4.4　高速缓存

　　程序员在设计和开发系统程序与应用程序时,都采用模块化的程序设计方法。某一模块的程序,往往集中在存储器逻辑地址空间很小的范围内,且程序地址的分布是连续的。也就是说,CPU 在一段较短的时间内,是对连续地址的一段很小的主存空间的访问。对于数组这类数据结构,在主存中存放的地址空间也是连续的。因此,CPU 对主存的局部地址空间访问较为频繁,而对此范围以外的访问甚少,这种现象称为程序访问的局部性。根据局部性原理,在 CPU 和主存之间设置一个存取速度快而容量相对较小的存储器,是解决计算机系统速度瓶颈问题的一种有效措施。这一高速的容量较小的存储器称为高速缓存(Cache)和主存构成"Cache-主存"的层次结构。在当前一段时间内,CPU 对位于主存的正在运行的程序和处理的数据建立一个副本,存放在 Cache 中,CPU 就可直接从 Cache 中取指令执行程序和处理数据,从而大大提高了计算机运行程序的速度。

4.4.1　高速缓存的工作原理

1. 高速缓存的基本结构

　　高速缓存由 Cache 存储体、Cache-主存地址映像和 Cache 替换机构组成,结构如图 4-25 所示。

　　1) Cache 存储体

　　Cache 存储体是由一定的字容量所组成的存储模块,尽管它的位置介于 CPU 和主存之间,但 CPU 对它访问的功能全部由硬件实现,因此,Cache 对程序员来说是透明的,即在程序设计时不必考虑对 Cache 的操作,而直接对主存实现信息存取即可。主存多采用多体交叉存储器,对一个 n 体交叉存储器结构的计算机系统来说,CPU 在一个主存周期内可以读取 n 个字。为了提高 Cache 信息传输的吞吐率,Cache 存储体与主存一样被分成若干块,每块称为一页,页的容量通常为在一个主存周期内能够访问主存的字数。如 CRAY-1 计算机的主存是 16 体交叉的,每个体为单字宽,其 Cache 的页容量为 16 个字长。Cache 存储体的容量和页的大小是影响 Cache 工作效率的重要因素,通常以"命中率"来衡量 Cache 的效率。所谓命中率,是指 CPU 所要访问的信息在 Cache 中的比率。相反,将 CPU 所要访问的信息不在 Cache 中的比率称为失效率。一般来说,Cache 存储体的容量比主存的小得多,但不能太小,太小会使命中率降低;Cache 存储体的容量也不能过大,过大会增加成本,使整个计算机系统的性价比下降,而且当容量超过一定值后,命中率随容量的增加并不会有明显的提高。

2)地址映像

地址映像的功能是把 CPU 发送来的主存地址转换成 Cache 的地址。主存地址由标记(段号)、块(页)号和块(页)内地址三部分组成,Cache 地址由块(页)号和块(页)内地址两部分组成(参见图 4-25)。主存与 Cache 的块(页)的地址相同,主存的块(页)号与 Cache 的块(页)号对应。在 Cache 中,还有一个标记,它以 Cache 地址中的块(页)号为地址,该单元内存放着该块所对应的主存块的段号。当 CPU 送入主存地址时,首先用块号去访问 Cache 的标记,如果取出的内容和段号相同,则说明 CPU 要访问的内容已经在 Cache 中,称为命中,其块号和块内地址就是访问 Cache 的地址;如果从 Cache 标记中取出的内容和段号不相同,则表示 CPU 当前访问的内容不在 Cache 中,称为块失效,这时,CPU 用主存地址从主存中取出所需的内容,并把它存入 Cache 中,若不能装入 Cache,则应启动替换算法,根据某种替换策略,把该块替换到 Cache 中。

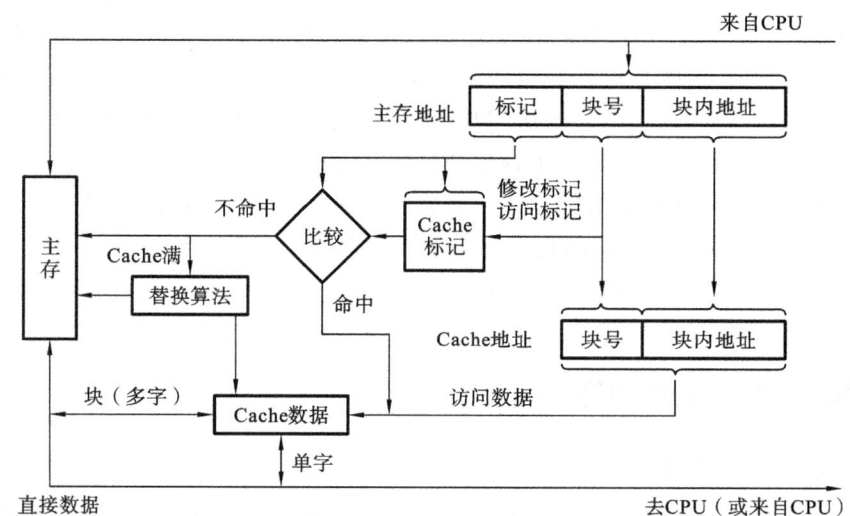

图 4-25 高速缓存的基本结构

3)替换机构

当发生块失效现象时,应将从主存中取出的内容存入 Cache 中。若 Cache 中尚有空闲的块,则可将新的内容写入;若 Cache 中的块都已装满,则需要进行替换。替换机构是按替换算法设计的,其作用是指出应该替换的块号。替换算法与 Cache 的命中率密切相关,替换机构由硬件实现。

2. 高速缓存的读/写操作

1)Cache 的读操作

CPU 在执行读操作指令时,由地址总线发出地址信号,地址信号经地址映像产生两种情况:一种是命中,另一种是没有命中。若为命中,即所需的信息已经在 Cache 中,CPU 通过硬件电路直接访问 Cache;若没有命中,即 CPU 访问的信息不在 Cache 中,那么,CPU 就要访问主存,并把访问的信息调入 Cache。当把从主存读取的信息存入 Cache 时,如果 Cache 中无空闲的块,则利用替换机构找出一个旧块,把该块的内容存入主存相应的单元中,再把新的内容存入进去,这称为替换。替换的块必须是最近一段时间内很少使用的块,以减少 Cache 中信息调进/调出的次数。替换进 Cache 的字块又有两种实现方法:一种是把整个字块装入 Cache 后,再把需要的信息读出来送给 CPU;另一种是把信息装入 Cache 的同时就把信息送到 CPU,这种方式称为通过式加载(Load-through)或通过式读(Read-through)。后一种方式的速度比前一种方式的速度快,得到了普遍应用。

2) Cache 的写操作

Cache 中保存的字块是主存中相应字块的一个副本,如果程序执行过程中要对某一单元进行写操作,就会遇到如何保持 Cache 和主存内容的一致性问题。这个问题通常有以下三种解决方法。

(1) 通过式写。通过式写(Write-through)又称直达法,即将所需保存的信息同时写入 Cache 和主存。这种方法始终能保证 Cache 和主存内容的一致性,在多个处理机共享一个存储器的系统中,这种方法极为重要。但是,在单处理机的系统中,若当前保存的信息不是一个最后结果,而是一个中间结果,则这种方法增加了不必要的对主存的写操作,因而降低了系统的存取速度。

(2) 标志对换法。标志对换法(Flag-swap)又称写回法,这种方法是暂时只将信息写入 Cache,并用标志加以注明,直到被修改的字块从 Cache 中替换出来时才一次性地写入主存,即只有写标志"置位"的字块才有必要从 Cache 写回主存。这种方式的优点是写操作速度快。但是,在此之前,主存的信息未经随时修改而可能失效。

(3) 仅将信息写入主存。当写入的地址为命中地址时,也将 Cache 中该块的有效标志置成"0",即使该块的副本失效。也就是说,被修改的单元根本不在 Cache 中,写操作直接对主存进行。当 I/O 设备向主存传送数据时,也会引起 Cache 和主存的内容不一致。解决的方法是有专用的硬件自动将 Cache 中对应单元的副本作废。

4.4.2　高速缓存的地址映像与替换

1. 地址映像

把主存中的地址映像到 Cache 中定位,称为地址映像。地址映像的方法有很多,选用时,既要考虑所用的地址变换硬件的速度和价格因素,又要考虑主存空间的利用率和块(页)的冲突率等问题。下面介绍三种基本的地址映像方式:直接映像、全相联映像和组相联映像。为了说明这三种映像方式,先定义主存和 Cache 中的块名称及大小。设主存划分为 2m 个块,块名称分别为 Mm(0),Mm(1),…,Mm(i),…,Mm(2m−1),每块的大小为 2b 个字。Cache 分为 2c 个块,块名称分别为 Mc(0),Mc(1),…,Mc(j),…,Mc(2c−1),每块的大小同样为 2b 个字。

1) 直接映像

直接映像方式的映像函数可定义为:j＝i mod 2c。式中,j 为 Cache 的字块号,i 为主存的字块号。

在这种映像方式中,主存储器中的字块 0、字块 2^c、字块 2^c+1 块……只能映像到 Cache 存储器中的字块 0,主存储器中的字块 1、字块 2^c+1、字块 $2^{c+1}+1$……只能映像到 Cache 存储器中的字块 1,对应关系如图 4-26 所示。

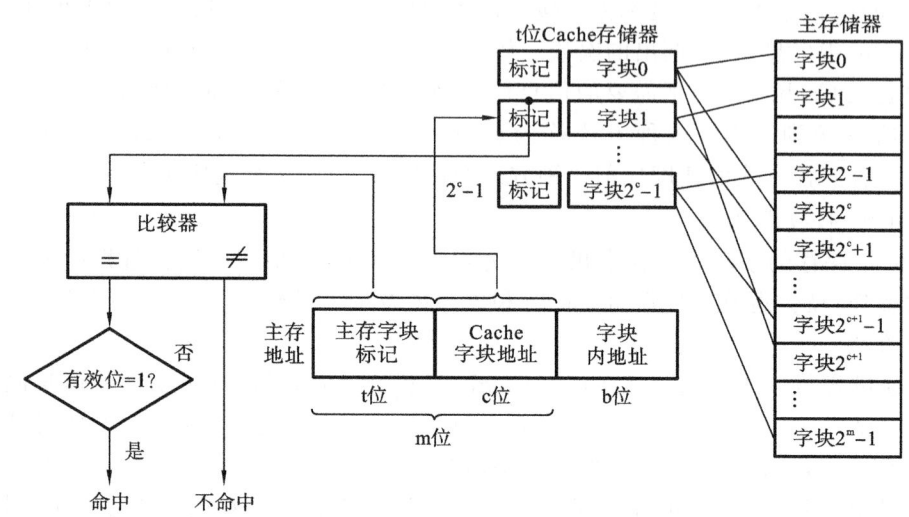

图 4-26 直接映像 Cache 结构

主存地址由三部分组成,末 b 位为字块内地址,中间 c 位为 Cache 字块地址,高 t 位(t= m－c)是主存字块标记,也就是记录在相应 Cache 字块标记中的内容,当有效位为"1"时,表明该数据块是主存中一块数据的副本。Cache 在接收到 CPU 送来的主存地址和读写命令后,用中间 c 位字段找到对应的 Cache 中字块,然后将其标记与主存地址的高 t 位比较,如果两者相等,而且有效位为"1",则可根据 b 位块内地址,从 Cache 中取得所需的指令或数据;如果两者不相等,或者有效位为"0",就从主存读出新的字块替换 Cache 中旧的字块,同时修改 Cache 中标记,并将数据送给 CPU。

直接映像方式易于实现,但很不灵活,主存中的 2t 个字块只能对应唯一的 Cache 字块,因此,块冲突率较高。另外,即使 Cache 内还空着许多字块,但它们不满足映像函数的地址对应关系,这些字块不能占用,降低了 Cache 的使用效率。

2) 全相联映像

全相联映像允许主存中的每一个字块映像到 Cache 中的任何一个字块上,也允许从已经被占满的 Cache 中替换出任意一个旧字块。全相联映像方式如图 4-27 所示。Cache 和主存中的字块标记都为 m 位,CPU 在执行访问主存操作时,将地址的高 m 位与 Cache 的标记进行比较,从而判断出所访问的主存地址的内容是否在 Cache 中。在这种方式中,块的定位是完全自由的,允许使用各种替换算法,具有灵活、块冲突率低等优点,是一种理想的方案。但需要做 2 路的相联搜索,代价较高。由于 Cache 的速度要求较高,所以,所有比较都直接用硬件来实现,电路结构复杂,以致无法用于 Cache 系统中,实际的 Cache 组织则采用各种措施来减小电路的复杂性。

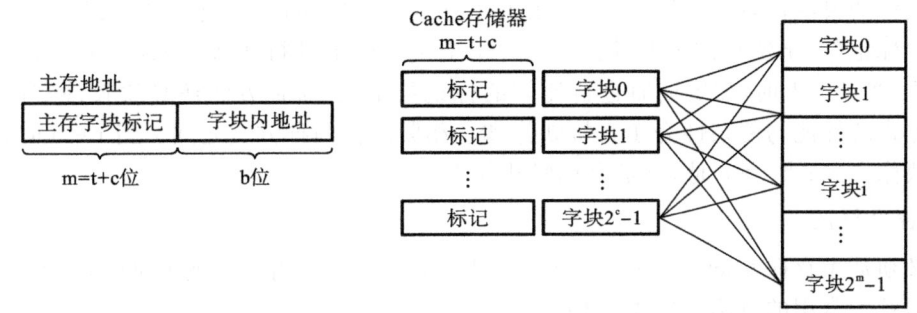

图 4-27　全相联映像 Cache 结构

3）组相联映像

组相联映像方式实际上是直接映像和全相联映像的一个综合的方案,其结构如图 4-28 所示。它把 Cache 中的字块分成 $2c'$ 个组,每组包含 $2r$ 个字块,于是有 $c=c'+r$。那么,主存字块 Mm(i)($0{\leqslant}i{\leqslant}2m-1$)可以用下列函数映像到 Cache 字块 Mc(j)($0{\leqslant}j{\leqslant}2c-1$)上。$j=(i\ mod\ 2c')\times 2r+k$($0{\leqslant}k{\leqslant}2r-1$,k 为位于上列范围内的可选参数)。按这种映像方式,组间为直接映像方式,而组内为全相联映像方式。

组	Cache(r=1)			
0	标记	字块0	标记	字块1
1	标记	字块2	标记	字块3
⋮	⋮	⋮	⋮	⋮
2^{c-r}	标记	字块2^c-2	标记	字块2^c-1

主存储器

字块0
字块1
⋮
字块2^{c-r}-1
字块2^{c-r}
字块2^{c-r}+1
⋮
字块2^{c-r+1}-1
字块2^{c-r+1}
⋮

主存地址

主存字块标记	组地址	块内地址
t+r位	c'=c-r位	b位

图 4-28　组相联映像的 Cache 结构

组相联映像方式把主存地址划分为 3 段,末 b 位为块内地址,中间 c′位为 Cache 组地址,高 t+r 位形成标记字段。

为了便于理解,现举例如下:设 c′=3,r＝1,考虑主存字块 15 可映像到 Cache 的哪一个字块中。根据公式可得:$j=(i\ mod\ 2c')\times 2r+k=(15\ mod\ 2^3)\times 2^1+k=7\times 2+k=14+k$ 又:$0{\leqslant}k{\leqslant}2r-1=2^1-1=1$ 即:k＝0 或 1 当 k＝0 时,j＝14;当 k＝1 时,j＝15。所以主存字块 15 可映像到 Cache 字块 14 或 15,位于第 7 组。用同样的方法可以计算出,主存字块 17 可以映像到 Cache 字块 0 或 1,位于第 1 组。在实际 Cache 中如增加组内块数到 8,即 r＝3,计算得 $0{\leqslant}k{\leqslant}7$,所以主存某一块可以映像到 Cache 某组 8 个字块中任意一个字块,这大大

增加了映像的灵活性,提高了命中率。根据主存地址的"Cache 组地址"字段访问 Cache,将主存字块标记(t+r 位)与 Cache 同一组的 2r 个字块标记进行比较,并检查有效位,以确定是否命中,当 r 不大时,需要同时进行比较的标记数不大,这种方法还是比较现实的。组相联映像方式的性能与复杂性介于直接映像和全相联映像两种方式之间。当 r=0 时,它就成为直接映像方式;当 r=c 时,就是全相联映像方式。

2. 替换算法

当必须从主存向 Cache 传送一个新块,且 Cache 中的可用块已被占满时,就产生了替换算法的问题。常用的方法有以下两种。

(1) 先进先出算法先进先出(FIFO)算法总是把最先进入 Cache 的字块作为被替换掉的块。它不需要随时记录各个字块的使用情况。因此,开销小,容易实现。其缺点是一些需要经常使用的程序(例如循环程序)块,由于它是最先进入的而被替换掉。

(2) 最近最少使用算法最近最少使用(LRU)算法是把 CPU 最近最少使用的块作为被替换掉的块。这种替换方法需要随时记录 Cache 中各块的使用情况,以便确定哪个块是最近最少使用的块。实现 LRU 算法比较复杂,而且随映像方式而变化。通常需要对主存中的每一块设置一个名为"年龄计数器"的硬件或软件计数器,用以记录其被使用的情况。例如,需要记录一个 4 块组的最近最少使用块,这时给每块设置一个 2 位计数器,计数范围为 0~3。当一次命中时,即当一个被请求的字已在 Cache 中时,此字所属的块的计数器置"0"。初始值低于被访问块计数值的所有计数器加 1,其他计数器不变。未命中而组内又有空缺时,则从主存将含有该字的块调入 Cache,对应的块计数器置"0",其他计数器均加 1。未命中而组内无空缺时,则将计数器值为 3 的计数器所对应的块从 Cache 中移出,并将新块从主存调入到 Cache 相应的位置中,同时设置其计数器为"0",其他计数器均加 1。LRU 替换算法的平均命中率比 FIFO 高,并且随着分组容量的增大会进一步提高。

4.5 虚拟存储器

4.5.1 虚拟存储器的基本概念

1. 虚拟存储器的功能

当代计算机系统的主存主要由半导体存储器组成。由于工艺和成本的原因,主存的容量受到了影响。然而,计算机系统软件和应用软件的功能不断增强,程序规模迅速扩大,因此,要求主存的容量越大越好,这就产生了矛盾。为了给大的程序提供方便,使它们摆脱主存容量的限制,由操作系统将主存和辅存这两级存储系统管理起来,实现自动覆盖,即一个大作业在执行时,其一部分地址空间在主存,另一部分地址空间在辅存,当所访问的信息不在主存时,则是由操作系统而不是程序员安排将 I/O 指令从辅存调入主存,其原理如图4-29所示。因此,从效果上看,好像为用户提供了一个存储容量比实际主存大得多的存储器,这种存储器称为虚拟存储器,有时简称为虚存。它处于主存-辅存层次。

2. 虚拟存储器的基本信息传送单位

主存-辅存层次的基本信息传送单位可采用页式、段式和段页式 3 种不同的方案。页式

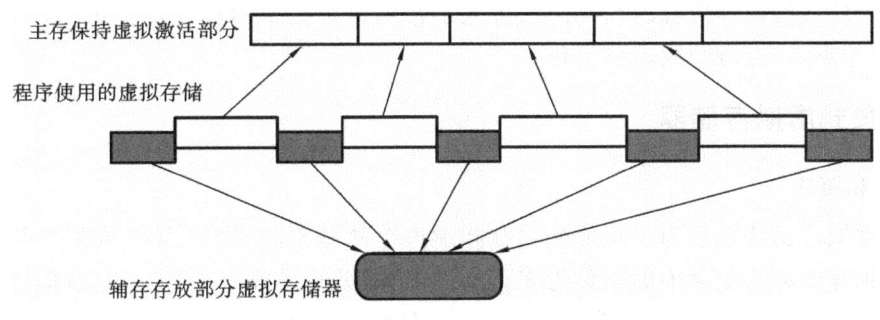

图 4-29　虚拟存储器的虚拟地址格式

和段式存储结构采用二维地址格式,它们把整个存储器空间(包括主存、辅存和虚拟存储器)分成若干个页或段,每页或每段又包含若干个存储单元。段页式存储结构采用三维地址格式,它把整个存储器分成若干个段,每段又分成若干页,每页包含若干个存储单元。根据地址格式的不同,虚拟存储器可分成页式虚拟存储器、段式虚拟存储器和段页式虚拟存储器 3种。它们的虚拟地址格式如图 4-30 所示。

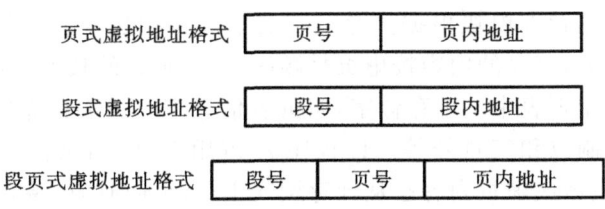

图 4-30　虚拟存储器的虚拟地址格式

　　由虚拟地址格式可以看出,虚拟存储器的基本传送单位通常采用页、段和段页 3 种。

　　页式管理系统以定长的页为基本信息传送单位,主存的物理空间也被分成等长的页,每一页等长的区域称为页面,页面在主存中的位置是固定的。因此,页面的起始地址和结束地址都是固定的,这给页表的制作带来了很大方便。新页调入主存也很容易掌握,只要有空闲的页面就可容纳。唯一可能造成浪费的是程序最后一页的零头不能利用页内空间。

　　段是利用程序的模块化性质,按照程序的逻辑结构划分成多个相对独立的部分,例如,过程、数据表、阵列等。段作为独立的逻辑单位可以被其他程序段调用,这样就形成了段间连接,产生规模较大的程序。因此,把段作为基本信息传送单位在主存-辅存之间传送和定位是比较合理的。一般用段表来指明各段在主存中的位置,每段都有它的名称(用户名称或数据结构名称或段号)、段起点、段长等。段表也是主存的一个可再定位的段。

　　把主存按段分配的存储管理方式称为段式管理。段式管理的优点是段的分界与程序的自然分界相对应,段的逻辑独立性使它易于编译、管理、修改和保护,也便于多道个程序共享。某些类型的段(如堆栈、队列)具有动态可变长度,允许自由调度以便有效利用主存空间。但是,正因为段的长度各不相同,段的起始地址和结束地址不定,这给主存空间的分配带来了麻烦,而且容易在段间留下许多碎片不好利用,造成浪费。这种浪费比页式管理系统要大。

　　页式存储管理和段式存储管理各有其优缺点,段页式存储管理则是结合两者优点的一种方案。程序按模块分段,段内再分页,进入主存仍以页为基本信息传送单位,用段表和页表(每段一个页表)进行两级定位管理。

4.5.2 页式虚拟存储器

1. 页和页表

页式虚拟存储器以页为单位分配主存和虚拟存储器空间,即将主存和虚拟存储器都分配为容量相等的页。主存中的页称为实页或物理页,页的编号为 $0,1,\cdots,l$;虚拟存储器中的页称为虚页或逻辑页,页的编号为 $0,1,\cdots,m$。显然,$m > l$。虚存地址分为两个字段,高位地址为逻辑页号,低位地址为页内行地址。主存地址也分为两个字段,高位地址为物理页号,低位地址为页内行地址。由于页的大小都是取 2 的幂次方个字,所以,页的起始地址都落在低位字段为零的地址上,且虚存和主存对应页的页内行地址是相等的。在页式存储管理系统中,CPU 要将主存和虚存对应页中的信息调入或调出,必须进行主存地址与虚存地址的变换。为此,通常需要建立一张虚地址页号和实地址页号的对照表,记录程序在虚页调入主存时安排在主存中的位置,这张表叫页表。

页表操作系统存储管理模块根据主存运行的情况自动建立,对程序员来说是透明的。每个程序都有一张页表,页表的内容按虚页号顺序排列,页表的长度为该程序的虚页数。每个虚页的使用情况占用页表中一个存储字,叫页表信息字。页表信息字的主要内容包含装入位、修改位、替换控制位和实页号等。设程序 A 占用 5 页,则该程序的页表如图 4-31 所示。装入位为"1"时表示该虚页内容已从辅存调入主存,页面有效;装入位为"0"时表示该虚页内容尚未调入主存,页面无效。修改位用于记录虚页内容在主存中是否被修改过,如果修改过,在这页被新页覆盖前,必须将该页写回辅存。替换控制位与替换策略有关,比如采用 LRU 策略,替换控制位就用做年龄计数器,用来记录该页被主存调用的频率。实页号指示虚页内容分配在主存中的位置——实地址页号。页表信息字中可根据要求设置其他控制位。

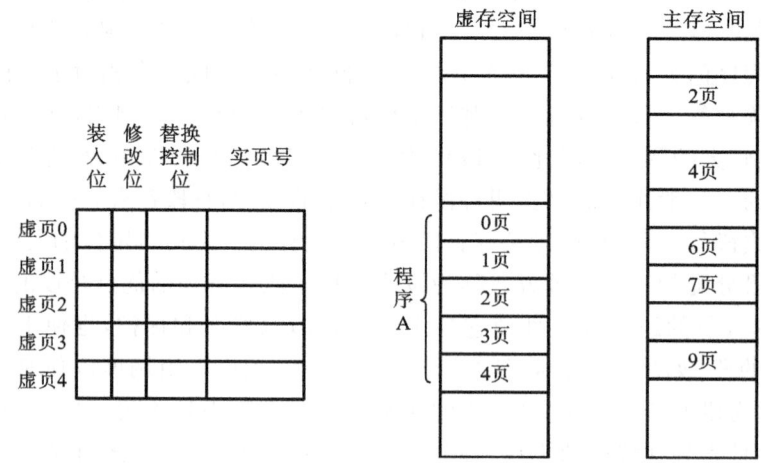

图 4-31　页表

从图 4-31 可以看出,程序 A 的页表占用 5 页虚存空间,0~4 虚页分别存放在主存的 2、7、9、4、6 页,虚存空间在主存空间的分布不一定是连续的。页表确定了程序虚页地址在主存空间的定位关系,根据页表就可以完成虚地址和实地址之间的转换。

2. 地址映像变换

每个程序都有一张页表存放在主存,每张页表都有一个页表起始地址。程序投入运行时,由操作系统的存储管理模块把这个程序的页表起始地址读到页表基址寄存器。CPU 送来的程序虚地址,必须首先进行虚-实地址的转换,才能从主存中找到对应页的信息。虚-实地址转换的工作过程如图 4-32 所示。

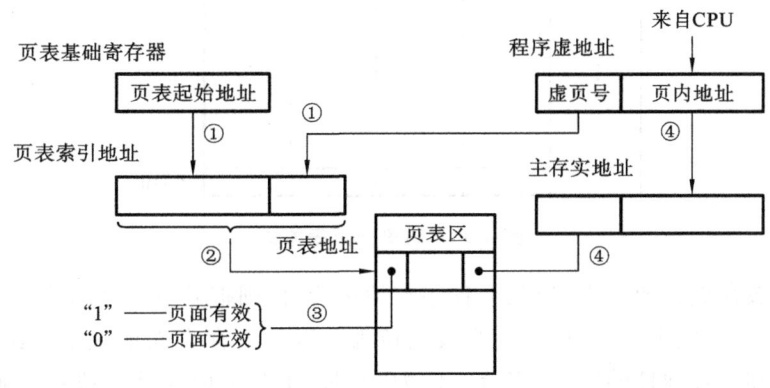

图 4-32　虚-实地址转换

图 4-32 中的①表示页表索引地址由页表基址寄存器内容和地址虚页号拼接而成,页表索引地址是该虚页的页表信息字在页表的地址,根据页表索引地址就可读到页表信息字,见图中②。检测页表信息字装入位的状态,见图中③。若装入位为"1",表示页面有效,虚页内容已经存放在主存中。接下来进行图中④的操作,将信息字中的实页号取出作为实地址的高位地址,而虚地址的页内行地址作为实地址的低位地址,两者拼接成完整的实地址,CPU 以此实地址访问主存。如果检测到装入位为"0"状态,说明对应的虚页内容还没有调入主存,于是计算机启动 I/O 系统把虚地址指示的一页内容从辅存调入主存,再提供给 CPU 访问。

一方面,页式虚拟存储器每页的长度固定且可以顺序编号,页表设置很方便,程序运行时只要主存有空页就能进行页调度,操作简单,开销小,所以页式虚拟存储器得到了广泛应用。另一方面,由于每页的长度固定,而程序长度不可能正好是页面的整数倍,最后一页零头因无法利用而造成浪费。同时,机械地划分页面无法照顾程序内部的逻辑结构,出现一页正好是程序独立逻辑段的概率很小,指令和数据跨页的情况会增加查页表的次数和页面失效的可能性,这是页式虚拟存储器的欠缺之处。

3. 页面失效及其处理

当页表中的装入位为"0"时,说明该页还未装入主存。若 CPU 在这个时候访问该页,就会产生页面失效现象。遇到这种现象,CPU 必须立刻给予响应和处理,即首先保护失效时的现场,再把该页从辅存调入主存,然后恢复现场,继续进行访问。在调页过程中,首先给出该页在辅存中的物理地址。如果当前的辅存为磁盘,则其地址由磁盘机号、柱面号、磁头号和扇区号等组成。这种地址的格式和页式虚拟地址格式不同,因此,需有一张辅存物理地址和虚页地址转换的映像表,该映像表称为外页表。外页表格式如图 4-33 所示。外页表也按虚页的顺序排列,每个虚页在外页表中占用一项,用于记录该页在辅存中的物理位置。

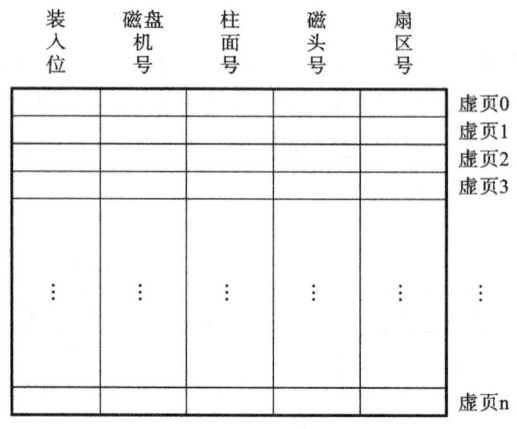

图 4-33　磁盘外页表格式

外页表一般存放在辅存中,当某个程序初始运行时,则把外页表的内容记录在已建立的页表主存页面地址(实页号)字段中。当装入位为"1"时,主存页面地址字段给出实存地址,完成虚存地址和主存地址的变换;当装入位为"0"时,主存页面地址字段给出辅存的物理地址,完成虚存地址和辅存地址的变换。当页表失效时,从辅存中调页需要机械装置执行,速度较慢,这时 CPU 处于等待状态。

为了不让 CPU 空等该页从辅存调入主存,通常采用程序换道或用快表与慢表实现内部地址变换等方法来节省时间。也可将调页工作交给 I/O 处理器来完成,让 CPU 去处理已经就绪的进程。

4. 替换算法

因为虚拟存储器的空间比实际存储器(主存)的空间大得多,因此,可能出现当主存的所有页面都被占用时,又出现页面失效的情况。这时,必须将主存的某个页面调出,以便腾出空间接纳要调入的页。这就提出了替换算法的问题。页面替换算法主要有以下几种。

1)随机算法

随机算法即 RAND 算法。在这种算法中,被替换掉的页面号是由软件或硬件的随机函数发生器产生的。显然,这种方法比较简单,容易实现。但是,由于替换掉的页面是随机决定的,所以这个页面可能近期就要被调用,当这种情况发生时,命中率就会降低。

2)先进先出算法

先进先出算法即 FIFO 算法。被替换掉的页面是最先调入主存的页面。在这种算法中,只要页面替换算法记录了页面调入的先后次序,就可决定哪个页面会被替换掉,因此比较容易实现。但是,最先进入主存的页面可能是经常使用的页面,因此,页面的失效率同样会很高。如在循环结构的程序中,循环体中的第一个页面相对其他页面来说是最先调入的,也是经常使用的页面。

3）最近最少使用算法

最近最少使用算法即 LRU 算法。这种算法把最近最少调用的页面作为被替换掉的页面，因为最近最少使用的页面也可能是将来最少被调用的页面。因此，这种算法有一定的合理性。相对前两种算法而言，这种算法实现起来比较困难。它要为每个页面设置一个年龄计数器，并且要采用实时时钟不断修改每个年龄计数器的数据。在选择被替换掉的页面时，要从所有的年龄计数器中找出计数值最大的。

4）最久没有使用算法

最久没有使用算法即 LFU 算法。这种算法是 LRU 算法的变通方法，它把最久没有被访问过的页面作为被替换掉的页面。它把 LRU 算法中的年龄计数器值"大"或"小"的数据简化为"有"或"无"，因此实现起来比较容易。

5）最优替换算法

上述各种算法假设过去一段时间内页面的使用情况与将来一段时间内页面的使用情况相同。若这种假设成立，那么，前述各种算法是合理的。但是，事实并非如此。最好的算法应该把将来最久不被调用的页面作为被替换掉的页面。这种算法叫最优替换算法，即 OPT 算法。

要实现 OPT 算法，就必须确定将来哪个页面是最久不被调用的。确定的唯一方法是，先让程序执行一遍。显然，这样做是不现实的。因此，OPT 算法是一种理想化的算法，我们可以把这种算法作为评价其他算法好坏的标准。在条件相同的情况下，哪一种页面替换算法的命中率与 OPT 算法的接近，哪一种就是好的算法。

4.5.3 段式虚拟存储器

在段式虚拟存储器中，段是按照程序的逻辑结构划分的，各段的长度因程序各模块大小的不同而不同。段式虚拟存储器的地址由段号和段内地址两部分组成，如图 4-34 所示。

段式虚拟存储器需进行地址变换。为了将虚拟地址变成实地址，需要一张段表，其格式如图 4-34(a)所示。装入位为"1"表示该页已经调入主存，为"0"表示该段不在主存。段的长度可长可短，所以，段表中需要有长度作为指示。当访问某段时，如果段内地址的值超过段的长度，则会发生地址越界中断。段表也是一个段，一般存放在主存中。由虚存地址向主存地址变换的过程如图 4-34(b)所示。

4.5.4 段页式虚拟存储器

段页式虚拟存储器是段式虚拟存储器和页式虚拟存储器的结合。在这种方式中，把程序按逻辑单位进行分段后，再把每段分成固定大小的页。程序在主存和辅存之间调入/调出是以页为单位进行的，但它又可以以段为单位实现共享和保护。因此，程序可以兼顾段式系统和页式系统的优点。其缺点是在地址映像过程中需要多次查表。在段页式虚拟存储器中，每道程序是通过一个段表和一组页表来进行定位的。段表中的每个表目对应一个段，其中有该段的控制保护信息和一个指向该段的页表起始地址（页号）。由页表指明该段各页在主存中的位置，以及是否已装入、已修改等状态信息。目前，大中型机一般采用这种段页式存储管理方式。

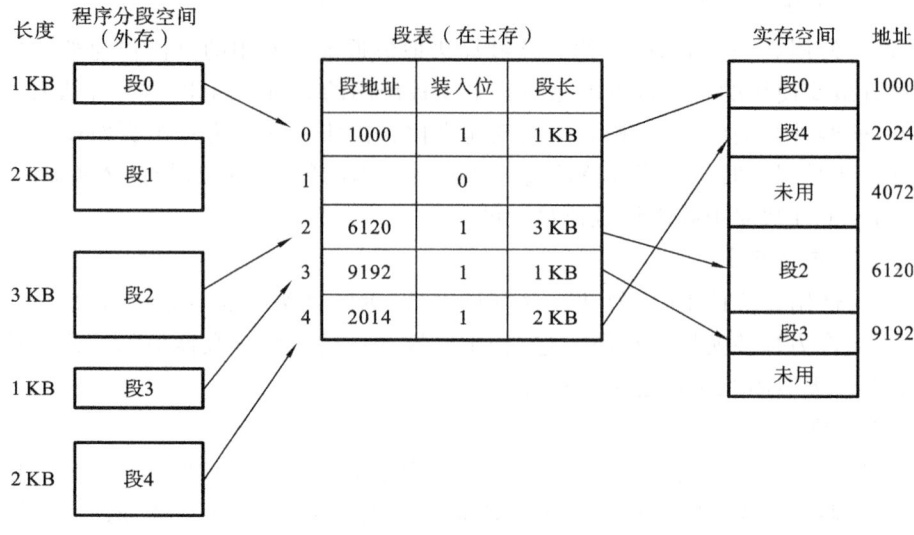

（a）段表格式

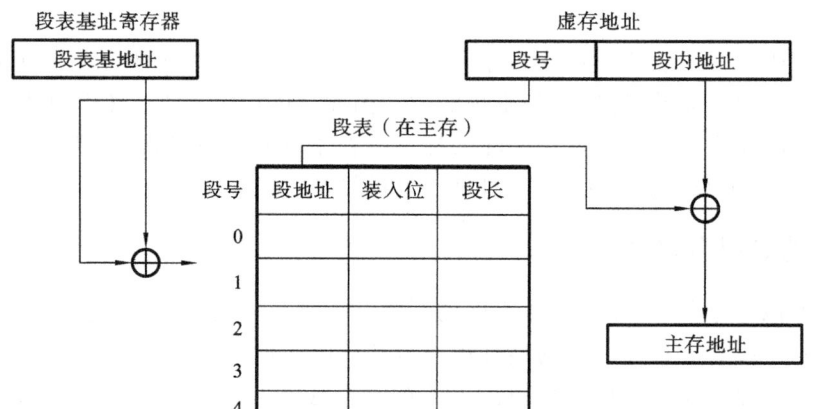

（b）地址变换过程

图 4-34　段式虚拟存储器地址变换

如果有多个用户在机器上运行,则称为多道程序。多道程序的每一道(每个用户)需要一个基号(用户标志号),可由它指明该道程序的段起始地址(存放在基址寄存器中),这样,虚拟地址应包括基号、段号、页号、页内地址。其格式如下:

基　　号	段　　号	页　　号	页内地址

每道程序可由若干段组成,而每段又由若干页组成,由段表指向该段页表的起始地址,由页表指向该段各页在主存中的位置,以及是否已装入等控制信息。

现假设有三道程序(用户标志号为 A、B、C),其基址寄存器内容分别为 SA、SB、SC,逻辑地址到物理地址的转移过程如图 4-35 所示。在主存中,每道程序都有一张段表,A 程序有 4 段,C 程序有 3 段。每段有一张页表,段表内的每行就表示相应页表的起始位置,而页表内的每行即为相应的物理页号。

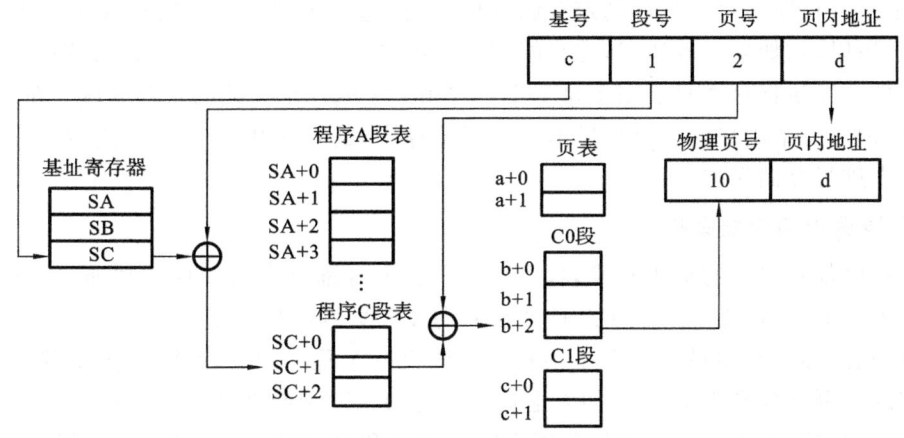

图 4-35　段页式虚拟存储器地址变换

地址转换过程如下。

（1）根据基号 c，执行 SC（基址寄存器内容）＋1（段号）操作，得到段表的相应行地址，其内容为页表起始地址 b。

（2）执行 b（页表起始地址）＋2（页号），得到物理页号的地址，其内容为物理页号 10。

（3）物理页号与页内地址拼接即得物理地址。

假如该计算机只有一个基址寄存器，那么基号可以不要，在多道程序切换时，由操作系统修改基址寄存器内容。

另外，上述每张表的每一行都要设置一个有效位。在上面的讨论中，应假设相应行的有效位均为"1"，否则，表示相应的表尚未建立、访问失败、发出中断请求、启动操作系统建表。

可以看出，段页式虚拟存储器系统由虚存地址向主存地址的变换至少需两次查表（段表和页表）。段表、页表构成表层次。当然，表层次不止段页式有，页表也有，这是因为整个页表是连续存储的。当一个页表的大小超过一个页面的大小时，就分存于几个不连续的主存页面中，然后，将这些页表的起始地址放入一个新页表中，这样，就形成了二级页表层次。程序运行时，除了第一级页表需驻留在主存外，其他页表只需要有一部分是在主存中，大部分可存于辅存，需要时再由第一级页表调入，从而可以减少每道程序占用的主存空间。

4.6　存储保护

在多用户计算机系统中，主存是提供给系统软件和多个用户共享的，即有多个用户程序和系统软件同时存于主存。为了使系统能正常工作，既要防止由于一个用户程序出错而破坏其他用户程序和系统软件的情况出现，又要防止一个用户程序不合法地访问分配给其他用户或系统软件的主存区域。为此，系统应提供存储保护。存储保护可以通过存储区域保护和访问方式保护两种方法来实现。

4.6.1　存储区域保护

对于不是虚拟存储器的主存系统，可以采用界限寄存器方式。由系统软件经特权指令设置上、下限寄存器为每个程序划定存储区域,禁止越界访问。由于用户程序不能改变上、下界的值,所以,它如果出现错误,也只能破坏该用户自身的程序,而侵犯不到别的用户程序和系统软件。界限寄存器只适用于每个用户占用一个或几个连续的主存区域。在虚拟存储器系统中,由于一个用户的各页离散地分布于主存中,通常采用页表保护、段表保护和键保护等方式来进行存储保护。

1. 页表保护和段表保护

每个程序都有自己的页表和段表,页表和段表本身都有自己的保护功能。每个程序的虚页号是固定的,经过虚地址向实地址变换后的实存页号也是固定的。那么,不论虚地址如何出错,也只能影响到相对的几个主存页面。假设一个程序有三个虚页号,分别为 0、1、2,分配给它的实页号分别为 7、4、5,如果虚页号错定为"4",则必然在页表中找不到它,也就访问不了主存,当然,也不会侵犯其他程序空间。段表和页表的保护功能相同,但段表中除包含段表起点外,还包含段长。段长通常由该段所包含的页数表示。当进行地址变换时,将段表中的段长和虚页号相比较,若页号大于段长,说明此页号为非法地址,则可发出越界中断。否则为正确页号,继续进行地址变换,访问主存,如图 4-36 所示。

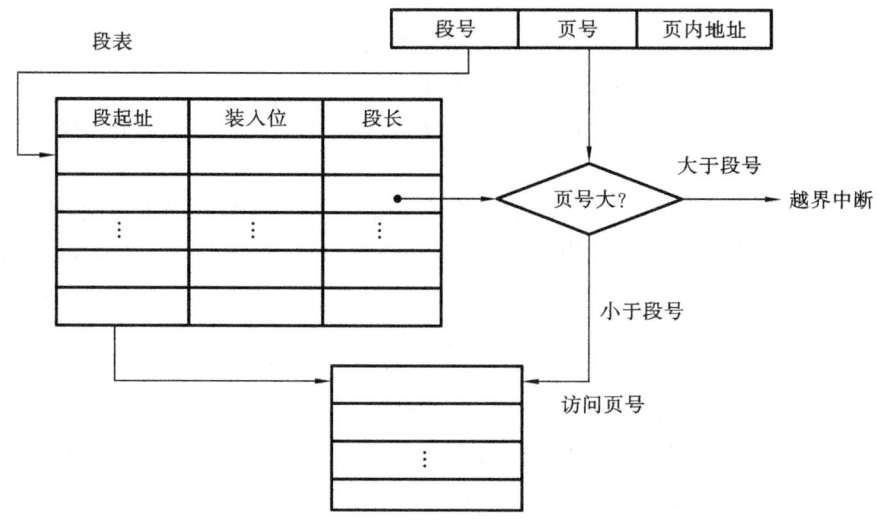

图 4-36 段表保护方式示意图

这种段表、页表保护是在未形成主存地址前的保护。若在地址变换过程中出现错误,形成了错误主存地址,那么这种保护是无效的,因此还需要其他保护方法。键保护就是一种成功的方式。

2. 键保护方式

键保护方式的基本思想是,为主存的每一页配一个键。这个键称为存储键,它相当于一把"锁"。这把"锁"是由操作系统赋予的。每个用户的主存页面的键都相同。为了打开这把锁,就必须有一把钥匙,这把钥匙为访问键。每道程序都有自己的访问键,访问键保存在该道程序的状态寄存器中。当数据要写入主存的某一页时,访问键要与存储键相比较。若两键相符,则允许访问该页,否则拒绝访问。设主存按 2 KB 分块,每块有一个 4 位的存储键寄存器,能表示 16 个已调入主存的活跃页面,如图 4-37 所示。

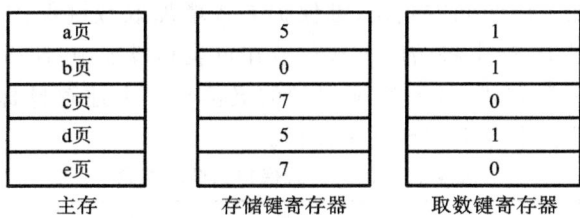

a页	5	1
b页	0	1
c页	7	0
d页	5	1
e页	7	0
主存	存储键寄存器	取数键寄存器

图 4-37　键保护方式示意图

图 4-37 中的主存内有 a、b、c、d、e 共 5 个页面,存储键寄存器分别为 5、0、7、5、7。操作系统的访问键为 0,允许它访问这 5 个页面中的任何一页。如果用户程序的访问键是 7,则允许它将数据写入 c、e 页面中,任何写入其他页的请求,都会因访问键和存储键不符而引起中断。这种保护方式提供了存数保护。另外还有取数保护,其方法就是为每个页面设置一个 1 位的取数键寄存器。如果取数键寄存器为 0,则存储器中该页只受存数保护;如果取数键寄存器为 1,则表示该页同时受取数保护。图 4-37 中的 5 个页面的取数键为 1、1、0、1、0,其中 a、b、d 这 3 页不仅受存数保护,也受取数保护。当然,只有访问键和存储键相符的用户才能存取这些页。

3. 环保护

以上两种保护方式都是保护别的程序不受破坏,而正在运行的程序则不受保护。环保护方式可以对正在执行的程序本身的核心部分或关键部分进行保护。环保护方式是按系统程序和用户程序的重要性及整个系统的正常运行的影响程度进行分层,每一层叫一个环。环号大小表示保护的级别,环号越大,等级越低。例如虚拟存储器分成 8 段,每段 512 MB,构成 8 层嵌入式结构,每层设一个保护环,保护环的环号和段的编号相同,如图 4-38 所示。规定 0~3 段用于操作系统,4~7 段由于用户程序,每个用户最多 4 段。

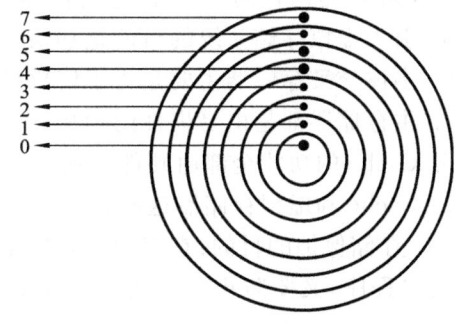

图 4-38　环保护方式示意图

在程序运行前,先由操作系统确定程序各页的环号,并置入页表中;然后把该道程序的开始环号送入 CPU 现行环号寄存器,并把操作系统为其规定的上限环号也置入相应的寄存器。如果某个程序需要跨层访问,它可以访问外层(环号大于现行环号)空间;如果请求向内层(环号小于现行环号)空间访问,则需由操作系统的程序判断这个向内访问是否合法。如果合法,才允许访问,否则按出错进入保护处理。

4.6.2　访问方式保护

对于主存信息的使用,可以有三种方式:读(R)、写(W)和执行(E)。"执行"可作为指令来使用。相应的访问方式保护有由 R、W、E 三种方式形成的逻辑组合,如表 4-12 所示。这些访问方式保护通常称为程序状态寄存器的保护位,并且和上述区域保护结合起来实现。比如在界限寄存器中加 1 位访问方式位;键保护方式增加取数键保护;环保护方式、页表保护方式和段表保护方式中,通常将访问方式位放在页表和段表中,使得同一环内或同一段内的各页可以有不同的访问方式,从而增强保护的灵活性。上述存储保护都由硬件来实现。在某些机器中还提供特权指令来实现某种保护。

表 4-12 访问方式保护的逻辑组合

逻辑组合	含　义	逻辑组合	含　义
$\overline{R+W+E}$	不允许任何访问	$\overline{(R+E)} \cdot W$	只能写访问
R+W+E	可进行任何访问	$(R+E) \cdot \overline{E}$	不准写访问
$(R+W) \cdot \overline{E}$	只能读、写,不能执行	$R \cdot \overline{(W+E)}$	只能读访问
$\overline{(R+W)} \cdot E$	只能执行,不能读、写	$R \cdot (W+E)$	不准读访问

习　题　四

一、判断题

1. 外存比内存的存储容量大,存取速度快。

2. SRAM 和 DRAM 都是易失性半导体存储器。

3. 计算机的内存由 RAM 和 ROM 两种半导体存储器组成。

4. Cache 是内存的一部分,它可由指令直接访问。

5. 引入虚拟存储系统的目的是加快外存的存取速度。

6. 多体交叉存储器主要是为了解决扩充容量的问题。

7. 主存储器都是由易失性的随机读/写存储器芯片构成的。

8. Cache 的功能全部由硬件实现。

9. Cache 和虚拟存储器这两种存储器的管理策略都利用了程序的局部性原理。

10. 存储保护的目的:在多用户环境中,既要防止一个用户程序出错而破坏系统软件或其他用户程序,又要防止一个用户访问不是分配给它的主存区,以达到数据安全与保密的要求。

二、单项选择题

1. 内存储器用来存放(　　　)。

A. 程序　　　　　B. 数据　　　　　C. 微程序　　　　　D. 程序和数据

2. 某一 SRAM 芯片,其容量为 65536KB×1 位,则其地址线有(　　　)。

A. 64 条　　　　　B. 64000 条　　　　　C. 16 条　　　　　D. 65536 条

3. 下列存储器中,存取速度最慢的是(　　　)。

A. 半导体存储器　　　　　　　　　B. 光存储器

C. 磁带存储器　　　　　　　　　　D. 硬盘存储器

4. 下列部件(设备)中,存取速度最快的是(　　　)。

A. CPU 中的寄存器　　　　　　　　B. 光存储器

C．硬盘存储器　　　　　　　　　　D．软盘存储器

5．在主存储器和 CPU 之间增加 Cache 的主要目的是(　　)。

A．降低整机系统的成本　　　　　　B．解决 CPU 和主存之间的速度匹配问题

C．扩大主存容量　　　　　　　　　D．替代 CPU 中的寄存器工作

6．多体交叉存储器实质上是一种存储器,它能执行(　　)独立的读/写操作。

A．模块式,并行,多个　　　　　　B．模块式,串行,多个

C．整体式,并行,一个　　　　　　D．整体式,串行,多个

7．采用虚拟存储器的主要目的是(　　)。

A．提高主存储器的存取速度

B．扩大主存储器的存储空间,并能进行自动管理和调度

C．提高外存储器的存取速度

D．扩大外存储器的存储空间

8．在虚拟存储器中,当程序正在执行时,由(　　)完成地址映射。

A．程序员　　　　　B．编译器　　　　　C．装入程序　　　　　D．操作系统

9．某计算机的字长是 32 位,其存储容量是 32 MB,若按字编址,它的寻址范围是(　　)。

A．0～8 MB　　　　B．0～32 Mb　　　　C．0～32 MB　　　　D．0～8 Mb

10．在 Cache 的地址映射中,若主存储器中的任意一块均可映射到 Cache 内的任意一块的位置上,则这种方法称为(　　)。

A．直接映射　　　　B．组相联映射　　　　C．全相联映射　　　　D．混合映射

三、计算分析题

1．静态 MOS 存储器与动态 MOS 存储器存储信息的原理有何不同? 为什么动态 MOS 存储器需要刷新? 一般有哪几种刷新方式?

2．某一 64KB×1 位的动态 RAM 芯片,采用地址复用技术,除电源和地引脚外,该芯片还有哪些引脚? 各为多少位?

3．假设某存储器地址长为 22 位,存储器字长为 16 位,试问:

(1) 该存储器能存储多少字节信息?

(2) 若用 64KB×4 位的 DRAM 芯片组织该存储器,则需多少片芯片?

(3) 在该存储器的 22 位地址中,多少位用于选片寻址? 多少位用于片内寻址?

4．已知某 8 位机的主存采用 4KB×4 位的 SRAM 芯片构成该机所允许的最大主存空间,并选用模块板结构形式,该机地址总线为 18 位,问:

(1) 若每个模块板为 32KB×8 位,共需几块模块板?

(2) 每块模块板内共有多少片 4KB×4 位的 RAM 芯片? 请画出一块模块板内各芯片连接的逻辑框图。

(3) 该主存共需要多少片 4KB×4 位的 RAM 芯片? CPU 如何选择各模块板?

5．请用 2KB×8bit 的 SRAM 设计一个 8KB×32bit 的存储器,并画出存储器与 CPU 的连接原理图。

要求:

（1）存储器可以分别控制访问 8、16、32 位数据,控制信号 B1B0 由 CPU 提供：

当 B1B0＝00 时,访问 32 位数据；

当 B1B0＝01 时,访问 16 位数据；

当 B1B0＝10 时,访问 8 位数据。

（2）存储芯片地址按交叉方式编址。

（3）满足整数边界地址的安排。

6. 某机主存容量为 128 MB,Cache 容量为 32 KB,主存与 Cache 均按 64 B 的大小分块。

（1）分别写出主存与 Cache 采用直接映像和全相联映像时主存与 Cache 地址的结构格式,并标出各字段的位数。

（2）若 Cache 采用组相联映像,每组块数为 4 块,写出主存与 Cache 地址的结构格式并标出各字段的位数。回答一个主存块可以映像到多少个 Cache 块中？ 一个 Cache 块可与多少个主存块有对应关系？

第5章 指令系统

指令是微处理器完成某种规定操作的命令。微处理器所能识别的全部指令称为指令系统。指令系统与微处理器的硬件结构密切相关,不同系列的微处理器具有不同的指令系统。本章主要介绍了指令的格式、寻址方式,以及结合 8080 指令集介绍指令的功能和类型。

5.1 指令的格式

计算机能直接识别和执行的是由 0 和 1 组成的二进制代码,称为机器指令。指令是由操作码字段和地址码字段两部分组成的,其基本格式如图 5-1 所示。

操作码字段	地址码字段

图 5-1 指令的基本格式

指令长度是指一条指令中所包含的二进制代码的位数,它取决于操作码字段的长度、操作数地址的个数及长度。

指令长度与机器字长没有固定的关系,它可以等于机器字长,也可以大于或小于机器字长。在字长较短的小型、微型计算机中,大多数指令长度可能大于机器字长;而在字长较长的大型、中型计算机中,大多数指令长度则往往小于或等于机器字长。

通常,把指令长度等于机器字长的指令称为单字长指令;指令长度等于半个机器字长的指令称为半字长指令;指令长度等于两个机器字长的指令称为双字长指令。

在一个指令系统中,若所有指令长度都是相等的,则称为定长指令字结构。NOVA 机就采用了定长指令字结构,每条指令的长度都是 16 位。定长指令字结构系统控制简单,但不够灵活。若各种指令长度随指令的功能而异,就称为变长指令字结构。现代计算机广泛采用变长指令字结构,指令长度想短则短,想长则长。变长指令字结构系统灵活,能充分利用指令长度,但指令的控制较复杂。

5.1.1 操作码

操作码用来指明该指令所要完成的操作,如加法、减法、传送、移位、转移等。通常,其位数反映了机器的操作种类,即机器允许的指令条数,假如操作码占 7 位,则该机器最多包含 $2^7 (=128)$ 条指令。

操作码的长度可以是固定的,也可以是变化的。固定长度的操作码将放在指令字的一个字段内,这种格式便于硬件设计,指令译码时间短,广泛用于字长较长的大中型计算机、超小型计算机以及 RISC 中。而操作码长度不固定的指令,其操作码分散在指令字的不同字段中,这种格式可有效地压缩操作码的平均长度,在字长较短的微型计算机中广泛采用。

操作码长度不固定会增加指令译码和分析的难度,使控制器的设计更加复杂。通常采用扩展操作码技术,使操作码的长度随地址数的减少而增加,不同地址数的指令可以有不同长度的操作码,有效地缩短了指令字长。

假设指令字长为 16 位,在指令设计中,基本操作码字段 OP 为 4 位,另外 3 个 4 位的字段 A_1、A_2、A_3 是地址字段(见图 5-2)。如果指令全部用于三地址指令,则只能为 16 条;若采用扩展操作码技术,当操作码取 4 位时,三地址指令最多为 15 条;当操作码取 8 位时,二地址指令最多为 15 条;当操作码取 12 位时,一地址指令最多为 15 条;当操作码取 16 位时,零地址指令最多为 16 条;共 61 条。从这个扩展操作码的例子可见,操作码的位数随地址数的减少而增加。当然,16 位字长的指令除了这种安排,还有其他多种扩展方法。

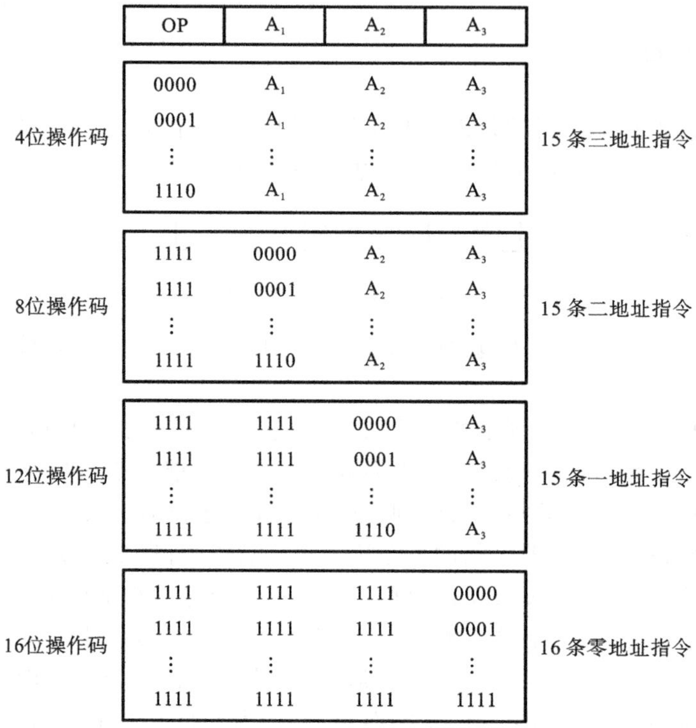

OP	A_1	A_2	A_3
0000	A_1	A_2	A_3
0001	A_1	A_2	A_3
⋮	⋮	⋮	⋮
1110	A_1	A_2	A_3
1111	0000	A_2	A_3
1111	0001	A_2	A_3
⋮	⋮	⋮	⋮
1111	1110	A_2	A_3
1111	1111	0000	A_3
1111	1111	0001	A_3
⋮	⋮	⋮	⋮
1111	1111	1110	A_3
1111	1111	1111	0000
1111	1111	1111	0001
⋮	⋮	⋮	⋮
1111	1111	1111	1111

4位操作码 —— 15 条三地址指令
8位操作码 —— 15 条二地址指令
12位操作码 —— 15 条一地址指令
16位操作码 —— 16 条零地址指令

图 5-2 扩展操作码实例

【例 5.1】 设某机为定长指令字结构,指令长度为 12 位,每个地址码占 4 位,指令有零地址、一地址、二地址等三种格式。求:

(1)设操作码固定,若零地址指令有 A 种,一地址指令有 B 种,则二地址指令最多有几种?

(2)采用扩展操作码技术,若二地址指令有 X 种,零地址指令有 Y 种,则一地址指令最多有几种?

解 (1)已知操作数地址码为 4 位,则二地址指令中操作码的位数为 12-4-4(=4)位,这 4 位操作码共有 2^4(=16)种操作。由于操作码固定,除去零地址指令 A 种、一地址指令 B 种,所以二地址指令最多有 16-A-B 种。

(2)采用扩展操作码技术,操作码位数可变,则二地址、一地址和零地址的操作码指令长度分别为 4 位、8 位和 12 位。可见二地址指令操作码每减少 1 种,就可多构成 2^4 种一地址指令操作码;一地址指令操作码每减少 1 种,就可多构成 2^4 种零地址指令操作码。

那么,根据题中给出的零地址指令有 Y 种,二地址指令有 X 种,假设一地址指令有 M 种,则 $Y=[(2^4-X)\times 2^4-M]\div 2^4$,可得 $M=(2^4-X)\times 2^4-Y\times 2^4$。

5.1.2　地址码

地址码用来指出该指令的源操作数地址(一个或两个)、结果地址以及下一条指令的地址。这里的"地址"可以是主存的地址,也可以是寄存器的地址,甚至可以是 I/O 设备的地址。

下面分析和说明指令的地址码字段。

1. 四地址指令

这种指令的地址码字段有 4 个,其格式如下:

OP	A_1	A_2	A_3	A_4

其中:OP 为操作码;A_1 为第一操作数地址;A_2 为第二操作数地址;A_3 为结果地址;A_4 为下一条指令的地址。

该指令完成 $(A_1)OP(A_2)\to A_3$ 的操作。这种形式的指令直观易懂,后续指令地址可以任意填写,可直接寻址的地址范围与地址字段的位数有关。如果地址字段均为主存地址,则完成一条四地址指令共需访问 4 次存储器(取指令 1 次,取两个操作数 2 次,存放结果 1 次)。

由于程序中的大多数指令是按顺序执行的,程序计数器既能存放当前欲执行指令的地址,又具有计数功能,因此它能自动形成下一条指令的地址。这样,指令字中的第四地址字段可省去,即得三地址指令格式。

2. 三地址指令

三地址指令中只有 3 个地址,其格式如下:

OP	A_1	A_2	A_3

该指令完成 $(A_1)OP(A_2)\to A_3$ 的操作,后续指令地址在寄存器 PC 中。若地址字段均为主存地址,则完成一条三地址指令也需访问 4 次存储器。

如果考虑减少访问主存的次数,那么,机器在运行过程中没有必要将每次运算结果都存入主存,中间结果可以暂时存放在 CPU 的寄存器中,这样又可省去一个地址字段 A_3,从而得到二地址指令。

3. 二地址指令

二地址指令中只有 2 个地址,其格式如下:

OP	A_1	A_2

该指令完成 $(A_1)OP(A_2)\to A_1$ 的操作,A_1 字段既代表源操作数的地址,又代表存放本次运算结果的地址。这种情况下完成一条指令仍需访问 4 次存储器。如果希望完成一条指

令只需 3 次访存,那么将中间结果暂存于累加器 ACC 中。

如果将一个操作数的地址隐含在运算器的 ACC 中,则指令字中只需给出 1 个地址码,构成一地址指令。

4. 一地址指令

一地址指令的地址码字段只有 1 个,其格式如下:

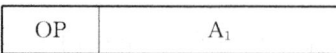

完成(ACC)OP(A₁)→ACC 的操作,ACC 既存放参与运算的操作数,又存放运算的中间结果,这样,完成一条一地址指令只需 2 次访存。

在指令系统中,还有一种指令可以不设地址字段,即所谓零地址指令。

5. 零地址指令

零地址指令在指令字中无地址码,例如,空操作(NOP)、停机(HLT)这类指令只有操作码;而子程序返回(RET)、中断返回(IRET)这类指令没有地址码,其操作数的地址隐含在堆栈指针 SP 中。

5.2 寻址方式

5.2.1 数据的存放方式

计算机中的数据存放在存储器或寄存器中,而寄存器的位数反映了机器字长。一般机器字长可取字节的 1、2、4、8 倍,这样便于字符处理。在大型、中型计算机中字长为 32 位和 64 位,在微型计算机中字长从 4 位、8 位逐渐发展到目前的 16 位、32 位和 64 位。

由于不同的机器数据字长不同,所以每台机器处理的数据字长也不统一,例如奔腾处理器可处理 8(字节)、16(字)、32(双字)、64(四字),PowerPC 可处理 8(字节)、16(半字)、32(字)、64(双字)。因此,为了便于硬件实现,通常要求多字节的数据在存储器中的存放方式能满足"边界对准"的要求,如图 5-3(a)所示。

图 5-3 中存储器的存储字长为 32 位,可按字节、半字、字、双字访问。在对准边界的 32 位字长的计算机中(见图 5-3(a)),半字地址是 2 的整数倍,字地址是 4 的整数倍,双字地址是 8 的整数倍。当所存数据不能满足此要求时,可填充一个至多个空白字节。

字节的次序有 2 种,如图 5-4 所示。其中 5-4(a)表示低字节为低地址,图 5-4(b)表示高字节为低地址。在数据不对准边界的计算机中,数据(例如 1 个字)可能在 2 个存储单元中,此时需要访问 2 次存储器,并对高低字节的位置进行调整才能获得 1 个字。

5.2.2 常见寻址方式

寻址可以分为指令寻址和数据寻址。寻找下一条将要执行的指令地址称为指令寻址,寻找操作数的地址称为数据寻址。

指令寻址比较简单,它又可以细分为顺序寻址和跳跃寻址。而数据寻址的种类较多,其

存储器				地址（十进制）
字（地址 0）				0
字（地址 4）				4
字节（地址 11）	字节（地址 10）	字节（地址 9）	字节（地址 8）	8
字节（地址 15）	字节（地址 14）	字节（地址 13）	字节（地址 12）	12
半字（地址 18）		半字（地址 16）		16
半字（地址 22）		半字（地址 20）		20
双字（地址 24）				24
双字				28
双字（地址 32）				32
双字				36

（a）对准边界

存储器		地址（十进制）
字（地址 2）	半字（地址 0）	0
字节（地址 7）	字节（地址 6）	字（地址 4）	4
半字（地址 10）	半字（地址 8）	8

（b）不对准边界

图 5-3　存储器中数据的存放

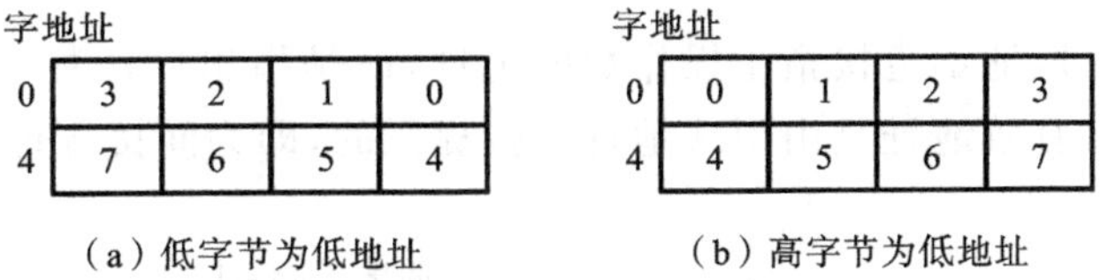

字地址

0	3	2	1	0
4	7	6	5	4

字地址

0	0	1	2	3
4	4	5	6	7

（a）低字节为低地址　　　　　　（b）高字节为低地址

图 5-4　2 种字节次序

最终目的都是寻找所需要的操作数。

顺序寻址可通过程序计数器加 1，自动形成下一条指令的地址；跳跃寻址则需要通过程序转移类指令实现。

跳跃寻址的转移地址形成方式有 3 种：直接（绝对）寻址、相对寻址和间接寻址。跳跃寻址与下面介绍的数据寻址中的直接寻址、相对寻址和间接寻址是相同的，只不过寻找到的不是操作数的有效地址而是转移的有效地址。

指令有单操作数、双操作数和无操作数之分。如果是双操作数指令，则要用逗号将两个操作数分开，逗号右边的操作数称为源操作数，逗号左边的操作数称为目的操作数。

下面介绍几种常见的寻址方式，分别是立即寻址、直接寻址、间接寻址、寄存器寻址、寄存器间接寻址、基址寻址、变址寻址、相对寻址和堆栈寻址。

1. 立即寻址

立即寻址是一种特殊的寻址方式，指令中操作码后不是操作数地址，而是操作数本身，这样的数称为立即数。数据是采用补码形式存放的，如图 5-5 所示，图中的"#"表示立即寻址，为特征标记。

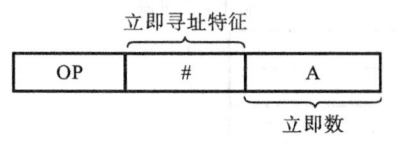

图 5-5　立即寻址方式

立即寻址的特点:取指令时,操作码和操作数同时取出;指令执行过程中不访问存储器,这提高了指令的执行速度;立即数的位数限制了数的表示范围。因此,立即寻址一般用于设置常数(地址常数、数据常数)。

2. 直接寻址

操作数的偏移地址称为有效地址 EA。指令中的操作数使用直接寻址(Direct Addressing)时,存储单元的有效地址直接由指令给出。在指令的机器码中,有效地址存放在代码段中指令的操作码之后;实际运行的数据存放在存储器中,因此必须先求出操作数的物理地址,然后访问存储器才能取得操作数。

直接寻址的特点是,指令字中的形式地址 A 就是操作数的真实地址 EA,即 EA＝A。图 5-6 所示的是直接寻址示意图。

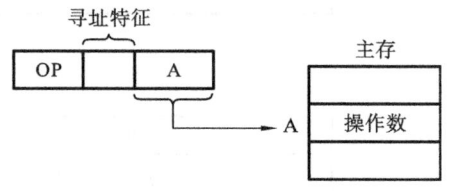

图 5-6　直接寻址示意图

直接寻址的操作数比较简单,也不需要专门计算操作数的地址,在指令执行阶段对主存只访问 1 次。它的缺点在于 A 的位数限制了操作数的寻址范围,而且必须修改 A 的值才能修改操作数的地址。

3. 间接寻址

指令字中的形式地址不直接指出操作数的地址,而是指出操作数有效地址所在的存储单元地址,也就是说,有效地址是由形式地址间接提供的,即为间接寻址,也就是 EA＝(A),如图 5-7 所示。

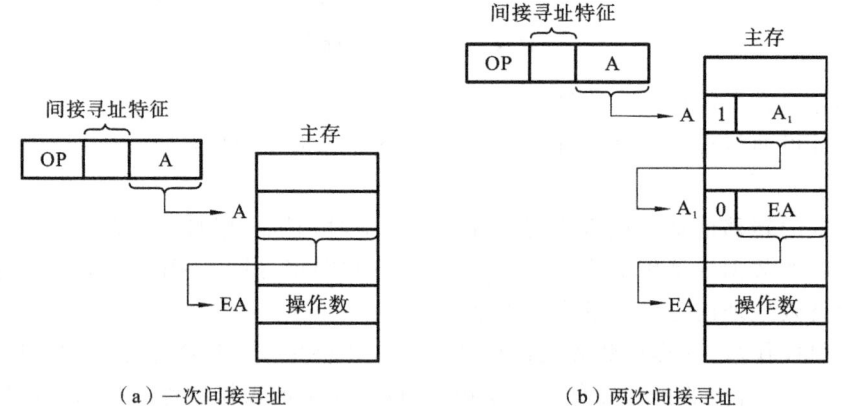

(a) 一次间接寻址　　　　　　　　(b) 两次间接寻址

图 5-7　间接寻址示意图

图 5-7(a)为一次间接寻址,即 A 地址单元的内容 EA 是操作数的有效地址;图 5-7(b)为两次间接寻址,即 A 地址单元的内容 A_1 还不是有效地址,而由 A_1 所指单元的内容 EA才是有效地址。

这种寻址方式与直接寻址相比,它扩大了操作数的寻址范围,因为 A 的位数通常小于指令字长,而存储字长可与指令字长相等。

若设指令字长和存储字长均为 16 位,A 为 8 位,显然直接寻址范围为 2^8,一次间接寻址的寻址范围可达 2^{16}。当多次间接寻址时,可用存储字的首位来标志间接寻址是否结束。在图 5-7(b)中,当存储字的首位为"1"时,表明还需继续访存寻址;当存储字的首位为"0"时,表明该存储字即为 EA。

4. 寄存器寻址

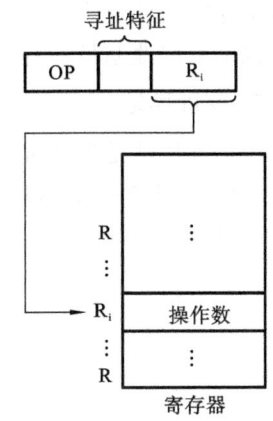

在寄存器寻址(Register Addressing)方式下,操作数包含在寄存器中,由指令指定寄存器的名称,地址码字段直接指出寄存器的编号,即 EA=(R),如图 5-8 所示。其操作数在由 R 所指的寄存器内,寄存器寻址在指令执行阶段无须访存,节省了执行时间。由于地址字段只需指明寄存器的编号(计算机中寄存器的数量有限),故指令字较短,节省了存储空间,因此寄存器寻址在计算机中获得了广泛应用。

5. 寄存器间接寻址

为了克服间接寻址中访存次数多的缺点,可采用寄存器间接寻址,即指令中的地址码给出某一通用寄存器的编号,在被指定的寄存器中存放操作数的有效地址,而操作数则存放

图 5-8　寄存器寻址示意图

在主存单元中,其寻址过程如图 5-9 所示。操作数 S 与寄存器编号 R 的关系为:S=((R))。

在寄存器间接寻址方式下,指令的执行阶段还需访问主存,其有效地址不是存放在存储单元中,而是存放在寄存器中,故称其为寄存器间接寻址,它比间接寻址少访存 1 次。

6. 基址寻址

基址寻址需设有基址寄存器 BR,其操作数的有效地址 EA 等于指令字中的形式地址与基址寄存器(称为基地址)的内容相加,即 EA=A+(BR),图 5-10 示意了基址寻址的过程。

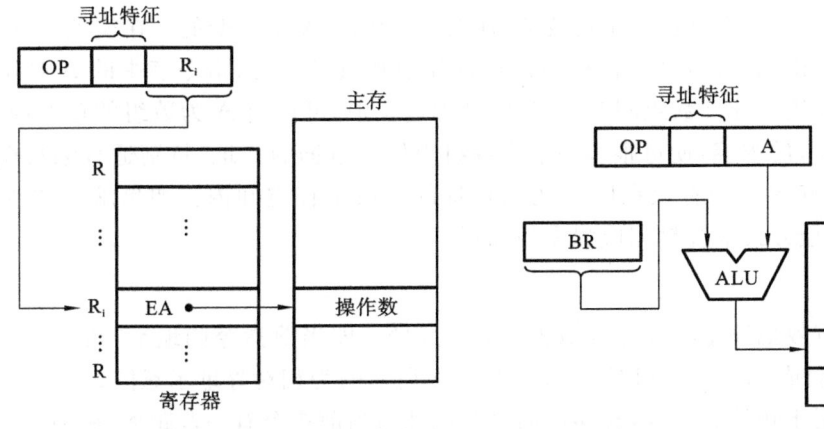

图 5-9　寄存器间接寻址示意图　　　　图 5-10　基址寻址示意图

设定基址寄存器为 BR,基址寄存器的内容称为基址值。指令的地址码字段是一个位移量,位移量可正可负,操作数 S 的有效地址通过基址寄存器和地址码联合得到。

基址寻址在多道程序中极为有用。用户可不必考虑自己的程序存于主存的哪一个空间

区域,完全可由操作系统或管理程序根据主存的使用状况赋给基址寄存器(即基地址)内的一个初始值,便可将用户程序的逻辑地址转化为主存的物理地址(实际地址),把用户程序安置于主存的某一个空间区域。例如,对于一台具有多个寄存器的机器来说,用户只需指出哪个寄存器作为基址寄存器即可,至于这个基址寄存器应赋何值,完全由操作系统或管理程序根据主存空间状况来确定。在程序执行过程中,用户不知道自己的程序在主存的哪个空间,用户也不可修改基址寄存器的内容,以确保系统安全可靠地运行。

7. 变址寻址

变址寻址就是把变址寄存器 IX 的内容与指令中给出的形式地址 A 相加,形成操作数有效地址,即 EA＝A＋(IX),变址寻址与基址寻址极为相似。显然,只要变址寄存器位数足够,就可扩大操作数的寻址范围,其寻址过程如图 5-11 所示。

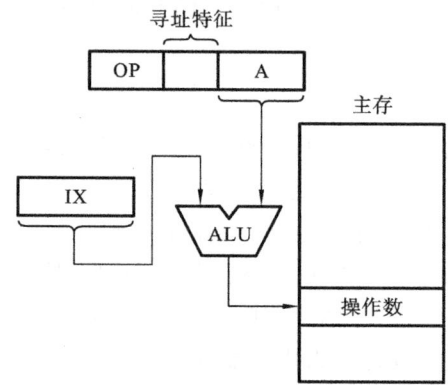

图 5-11 变址寻址示意图

基址寻址与变址寻址两者的应用场合不同,从本质来看,它们还是有较大的区别。基址寻址主要用于给程序或数据分配存储空间,故基址寄存器的内容通常由操作系统或管理程序确定,在程序执行过程中其值是不可变的,而指令字中的 A 是可变的。在变址寻址中,变址寄存器的内容是由用户设定的,在程序执行过程中其值可变,而指令字中的 A 是不可变的。变址寻址主要用于处理数组问题,在数组处理过程中,可设定 A 为数组的首地址,不断改变变址寄存器 IX 的内容,便可很容易形成数组中任一数据的地址,特别适合编写循环程序。例如,某数组有 N 个数存放在以 D 为首地址的一段主存空间内。如果求 N 个数的平均值,则用直接寻址方式很容易完成程序的编写。

8. 相对寻址

相对寻址的有效地址是将程序计数器(PC)的内容(即当前指令的地址)与指令字中的形式地址 A 相加而成,即 EA＝(PC)＋A。图 5-12 所示的为相对寻址示意图。

相对寻址常用于转移类指令,转移后的目标地址与当前指令有一段距离,称为相对位移量,它由指令字的形式地址 A 给出,故 A 又称位移量。位移量 A 可正可负,通常用补码表示。若位移量为 8 位,则指令的寻址范围在(PC)＋127～(PC)－128。

相对寻址的最大特点是转移地址不固定,它可随 PC 值的变化而变化,因此,无论程序在主存的哪段区域,都可正确运行,这对于编写浮动程序特别有利。

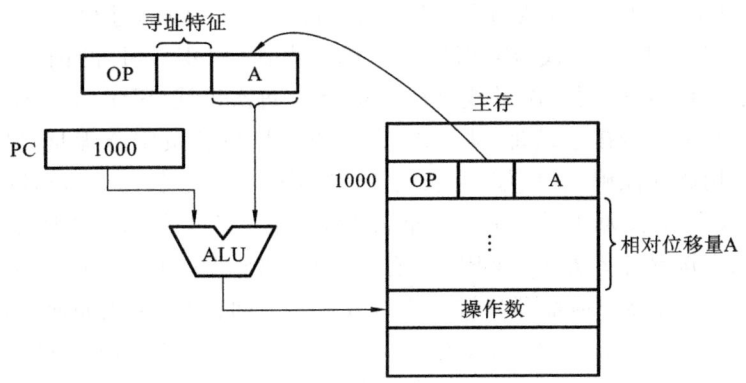

图 5-12 相对寻址示意图

9. 堆栈寻址

堆栈寻址要求计算机中设有堆栈。堆栈既可用寄存器组（称为硬堆栈）来实现，也可利用主存的一部分空间作堆栈（称为软堆栈）。堆栈的运行方式有先进后出和先进先出两种，其中先进后出型堆栈的操作数只能从一个口进行读或写。以软堆栈为例，可用堆栈指针（Stack Point，SP）指出栈顶地址，也可用 CPU 中的一个或两个寄存器作为 SP。操作数只能从栈顶地址指示的存储单元存或取。可见堆栈寻址也可视为一种隐含寻址，其操作数的地址总被隐含在 SP 中。堆栈寻址究其本质也可视为寄存器间接寻址，因 SP 可视为寄存器，故它存放着操作数的有效地址。图 5-13 示意了堆栈寻址的过程。

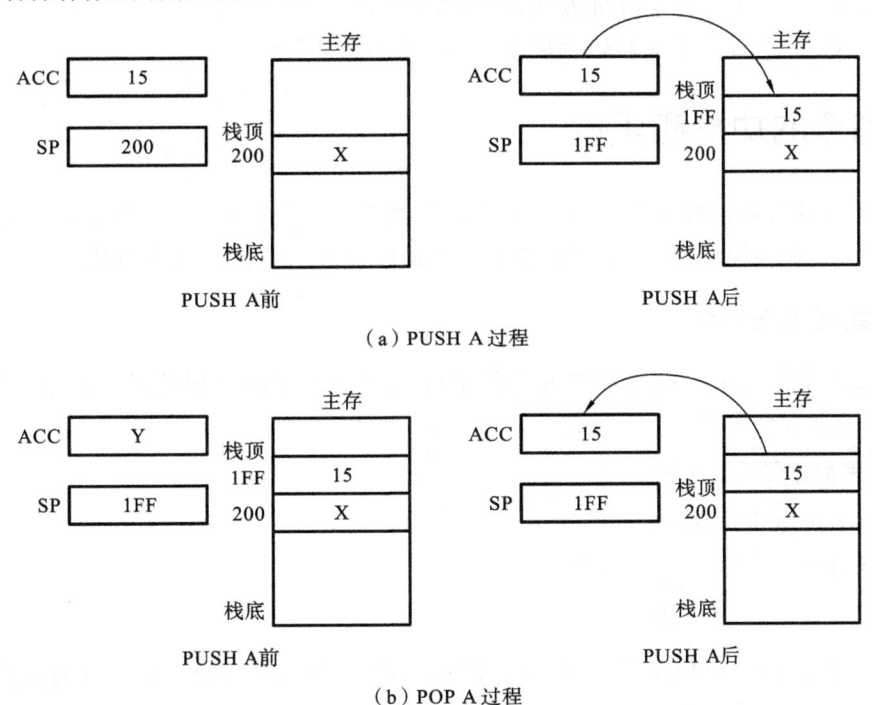

图 5-13 堆栈寻址示意图

图 5-13(a)、(b)分别表示进栈(PUSH A)和出栈(POP A)的过程。由于 SP 始终指示栈顶地址,因此不论是执行进栈(PUSH)还是执行出栈(POP),SP 的内容都需发生变化。若栈底地址大于栈顶地址,则每次进栈(SP)$-$a$\rightarrow$SP,每次出栈(SP)$+$a$\rightarrow$SP,其中 a 的取值与主存编址方式有关。若按字编址,则 a 取 1(见图 5-13);若按字节编址,则 a 需根据存储字长由几个字节构成才能确定,例如:字长为 16 位,则 a$=$2;字长为 32 位,则 a$=$4。

【例 5.2】 某机字长为 32 位,主存容量为 1MB,单字长指令,有 50 种操作码,采用页面寻址、立即寻址、直接寻址等方式。CPU 中有 PC、IR、AR、DR 和 16 个通用寄存器,页面寻址可用 PC 高位部分与形式地址部分拼接成有效地址。问:指令格式如何安排?

解 依题意,指令字长为 32 位,主存为 1M 字,需 20 位地址 A0～A19。50 种操作码,需 6 位 OP,指令寻址方式 Mode 为 2 位,指定寄存器 Rn 需 4 位。设有一地址指令、二地址指令和零地址指令,现在只讨论前两种指令。

一地址指令的格式如下。

当 Mode$=$00 时为立即寻址方式,指令的 0～23 位为立即数。

当 Mode$=$01 时为直接寻址方式,指令的 0～19 位为有效地址。

二地址指令的格式如下。

当 Mode1$=$01 时为寄存器直接寻址方式,操作数 S$=$(Rn)。

当 Mode1$=$11 时为寄存器间接寻址方式,有效地址 E$=$(Rn)。

当 Mode2$=$00 时为立即寻址方式,指令的 0～13 位为立即数。

当 Mode2$=$01 时为页面寻址方式。

当 Mode2$=$10 时为变址寻址方式,E$=$(Rn)$+$D。

当 Mode2$=$11 时为变址间接寻址方式,E$=$((Rn)$+$D)。

5.3 指令的功能和类型

指令系统可以分为数据传送指令、算术运算指令、逻辑运算指令、移位指令、转移指令、串操作指令、处理器控制指令、中断指令等。下面以 80x86 系统为例介绍几种主要指令。

5.3.1 数据传送指令

数据传送指令用来实现寄存器和存储器间的字节或字的数据传送。其中包括堆栈操作、地址传送等指令。

1. 通用数据传送类指令

(1) 数据传送指令 MOV。

数据传送指令 MOV 的格式为:

```
MOV DST,SRC
```

其中:SRC(源操作数)可以是累加器、寄存器、存储单元以及立即数;DST(目的操作数)可以是累加器、寄存器和存储单元,不能是立即数。

传送操作不会改变源操作数。数据传送指令 MOV 能实现传送功能,例如:

```
MOV AH,AL          ;将寄存器 AL 中的数据传送到 AH 中
MOV BX,CX          ;将寄存器 CX 中的数据传送到 BX 中
MOV AL,3           ;将立即数 3 传送到寄存器 AL 中
MOV AX,VARW        ;VARW 是一个字变量,存储器操作为直接寻址
```

（2）交换指令 XCHG。

交换指令 XCHG 的格式为：

```
XCHG DST,SRC
```

该指令将操作数 DST 的内容与操作数 SRC 的内容交换。操作数同时是字节或字，例如：

```
XCHG AL,AH         ;将寄存器 AH 和 AL 中的数据进行交换
XCHG SI,BX         ;将寄存器 BX 和 SI 中的数据进行交换
```

DST 和 SRC 可以是通用寄存器和存储单元,但不包括段寄存器,不能同时是存储单元,也不能有立即数,可采用各种存储器寻址方式来制定存储单元。

现有指令：XCHG BX,[BP+SI]

假设指令执行前：(BX)=6F30H,(BP)=0200H,(SI)=0046H,(SS)=2F000H,(2F246)=4154H,物理地址=SS*16+BP+SI=2F000H+0200H+0046H=2F246H,那么指令执行后：(BX)=4154H,(2F246H)=6F30H。

对于这条指令,要注意源操作数使用的是 BP 寄存器,那么默认的是 SS 堆栈段。

2. 地址传送指令

（1）传送有效地址指令 LEA。

传送有效地址指令 LEA 的格式为：

```
LEA DST,SRC
```

该指令把源操作数 SRC 的有效地址传送到目的操作数 DST。源操作数 SRC 必须是一个存储器操作数,目的操作数 DST 必须是一个 16 位的通用寄存器。

（2）传送 32 位地址指针指令 LDS。

传送 32 位地址指针指令 LDS 的格式为：

```
LDS DST,SRC
```

该指令把源操作数 SRC 中所包含的一个 32 位地址指针的段值部分送入数据段寄存器 DS,把偏移部分送入指令给出的通用寄存器 DST。源操作数 SRC 必须是一个 32 位的存储器操作数。

执行的操作为：

```
(DST)←(SRC)
(DS)←(SRC+ 2)
```

（3）传送 32 位地址指针指令 LES。

传送 32 位地址指针指令 LES 的格式为：

```
LES DST,SRC
```

指令 LES 也传送 32 位地址指针。该指令把源操作数 SRC 中所含的 32 位地址指针的段值部分送入附加段寄存器 ES,把偏移部分送入指令给出的通用寄存器 DST。

执行的操作为:

```
(DST)←(SRC)
(ES)←(SRC+ 2)
```

3. 堆栈操作指令

在 8086/8088 系统中,堆栈是一段 RAM 区域。称为栈底的一端地址较大(高地址),称为栈顶的一端地址较小(低地址)。堆栈的段值在堆栈段寄存器 SS 中,堆栈指针(SP)寄存器始终指向栈顶。堆栈是以"后进先出"方式工作的一个存储区。堆栈的存取必须以字为单位。堆栈操作指令分为以下两种。

(1) 入栈指令 PUSH。

入栈指令 PUSH 的格式为:

```
PUSH SRC
```

该指令将源操作数 SRC 压入堆栈。它先把堆栈指针(SP)寄存器的值减 2,然后把源操作数 SRC 送入 SP 所指向的栈顶。源操作数 SRC 可以是通用寄存器和段寄存器,也可以是字存储单元。

执行的操作为:

```
(SP)←(SP)- 2
```

现有如下指令:

```
MOV AX, 0ABCDH
PUSH AX;
```

这条指令表示将 AX 中的数据 0ABCDH 压入栈,压栈操作如图 5-14 所示。

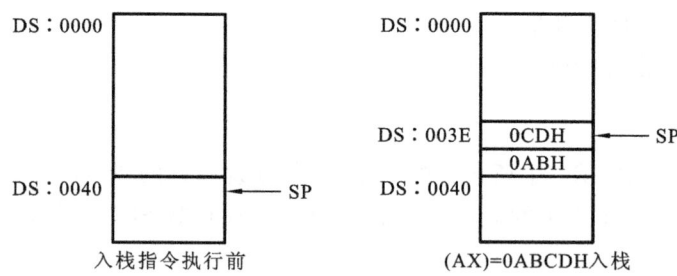

图 5-14　数据入栈示意图

(2) 出栈指令 POP。

出栈指令 POP 的格式为:

```
POP DST
```

该指令表示从栈顶弹出一个字数据到目的操作数 DST。它先把堆栈指针（SP）寄存器所指的字数据送至目的操作数 DST，然后把 SP 的值加 2。

执行的操作为：

    (SP)←(SP)+ 2

注意：以上两条指令 PUSH 和 POP 只能执行字操作。它们可以使用除立即数以外的其他寻址方式。POP 指令的目的操作数 DST 可以是通用寄存器和段寄存器（但 CS 例外），也可以是字存储单元。

现有如下指令：

    POP CX;将栈顶数据弹出

这条指令表示将数据传送到寄存器 CX 中，若在入栈操作的基础上执行出栈操作，则指令执行如图 5-15 所示。

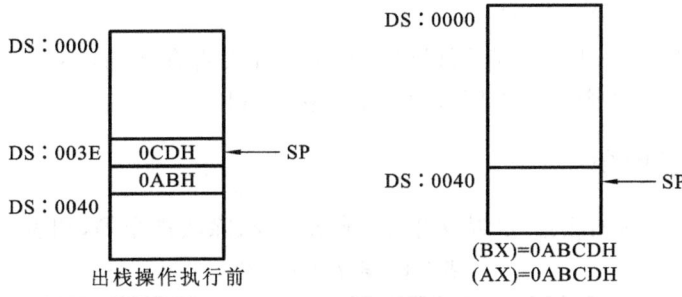

图 5-15　数据出栈示意图

4. 标志操作指令

（1）标志传送指令 LAHF。

标志传送指令 LAHF 的格式为：

    LAHF

该条指令是指把标志寄存器的低 8 位（包括 SF、ZF、AF、PF 和 CF）传送到寄存器 AH 的指定位。

（2）标志传送指令 SAHF。

标志传送指令 SAHF 的格式为：

    SAHF

该条指令与指令 LAHF 刚好相反，是指把寄存器 AH 的指定位送至标志寄存器低 8 位的 SF、ZF、AF、PF 和 CF 标志位。在 FLAG 标志位中：0 位是 CF；2 位是 PF；4 位是 AF；6 位是 ZF；7 位是 SF；8 位是 TF；9 位是 IF；10 位是 DF；11 位是 OF。

现有如下指令：

    MOV AH,0C1H
    SAHF

假设指令执行前:AH=1100 0001,那么指令执行后:CF=1,PF=0,AF=0,ZF=1,SF=1。

（3）标志传送指令 PUSHF。

标志传送指令 PUSHF 的格式为:

```
PUSHF
```

该条指令是指把标志寄存器的内容压入堆栈,即先把堆栈指针(SP)寄存器的值减 2,然后把标志寄存器的内容送入 SP 所指向的栈顶。

（4）标志传送指令 POPF。

标志传送指令 POPF 的格式为:

```
POPF
```

该条指令是指把当前堆栈栈顶的一个字传送到标志寄存器,同时相应地修改堆栈指针,即把堆栈指针(SP)寄存器的值加 2。

这条指令与 PUSHF 指令一起可以保存和恢复标志寄存器的内容,即保存和恢复各标志的值。另外,这两条指令也可以用来改变追踪标志 TF。

5.3.2　算术运算指令

算术运算指令包括加法指令、减法指令、乘法指令、除法指令等,如表 5-1 所示。

表 5-1　算术运算指令

指令类型	加法指令		减法指令		乘法指令		除法指令	
具体指令	ADD	常规加法指令	SUB	常规减法指令	MUL	无符号数乘法指令	DIV	无符号数除法指令
	ADC	带进位的加法指令	SBB	带借位的减法指令	IMUL	有符号数乘法指令	IDIV	有符号数除法指令
	INC	自加 1 指令	DEC	自减 1 指令				
			NEG	取补指令				
			CMP	比较指令				

1. 加法指令

（1）常规加法指令 ADD。

常规加法指令 ADD 的格式为:

```
ADD DST,SRC
```

执行的操作为:

```
(DST)←(DST)+(SRC)
```

注意:加法指令会影响标志位。OF 位根据操作数的符号及其变化情况来设置:若两个操作数的符号相同而结果的符号与之相反,则 OF＝1,否则 OF＝0。CF 位可以用来表示无符号数的溢出。由于无符号数的最高有效位只有数值意义而无符号意义,所以从该位产生的进位应该是结果的实际进位值。

（2）带进位的加法指令 ADC。

带进位的加法指令 ADC 的格式为:

```
ADC DST,SRC
```

执行的操作为:

```
(DST)←(DST)+(SRC)+(CF)
```

（3）自加 1 指令 INC。

自加 1 指令 INC 的格式为:

```
INC DST
```

这条指令用于完成对操作数 OPRD 加 1,然后把结果送回 OPRD,即:

```
(DST)←(DST)+ 1
```

操作数 OPRD 可以是通用寄存器,也可以是存储单元。这条指令执行的结果会影响标志位 ZF、SF、OF、PF 和 AF,但它不影响 CF。该指令主要用于调整地址指针和计数器。

2. 减法指令

（1）常规减法指令 SUB。

常规减法指令 SUB 的格式为:

```
SUB DST,SRC
```

执行的操作为:

```
(DST)←(DST)-(SRC)
```

减法指令会影响标志位。CF 位说明无符号数的溢出,同时它又是被减数的最高有效位向高位的借位值。OF 位则说明有符号数的溢出。减法 OF 位的设置方法为:若两个数的符号相反,而结果的符号与减数相同,则 OF＝1,说明结果是错误的。

（2）带借位的减法指令 SBB。

带借位的减法指令 SBB 的格式为:

```
SBB DST,SRC
```

执行的操作为:

```
(OPRD1)←(OPRD1)-(OPRD2)- CF
```

（3）自减 1 指令 DEC。

自减 1 指令 DEC 的格式为:

```
DEC DST
```

执行的操作为：

(DST)←(DST)- 1

操作数 DST 可以是通用寄存器，也可以是存储单元。相减时，把操作数作为一个无符号数对待。这条指令执行的结果会影响标志位 ZF、SF、OF、PF 和 AF，但不影响 CF。

（4）取补指令 NEG。

取补指令 NEG 的格式为：

NEG OPRD

执行的操作为：

（OPRD）← 0-（OPRD）

这条指令对操作数取补，就是用零减去操作数 OPRD，再把结果送回 OPRD（各位取反，末尾加 1）。操作数可以是通用寄存器，也可以是存储单元。

（5）比较指令 CMP。

比较指令 CMP 的格式为：

CMP DST ,SRC

指令执行的操作为：

DST-SRC

运算结果虽然不送入 DST 中，但会影响标志位 CF、ZF、SF、OF、AF 和 PF。比较指令主要用于比较两个数的大小。在减法操作中，如果源操作数大于目的操作数，当需要借位时，则借位，标志位 CF 将被置 1。执行比较指令后，可根据 ZF 是否置位来判断两者是否相等；如果两者是无符号数，则可根据 CF 判断大小；如果两者是有符号数，则要根据 SF 和 OF 来判断大小。常用这条指令来比较两个串是否相同，并由加在 CMP 指令后的一个条件转移指令根据 CMP 执行后的标志位值来决定程序的转向。

3. 乘法指令

在乘法指令中，一个操作数总是隐含在寄存器 AL（8 位数相乘）或者 AX（16 位数相乘）中，另一个操作数可以采用除立即数方式以外的任意一种寻址方式。乘法指令可分为无符号数乘法指令和有符号数乘法指令。

（1）无符号数乘法指令 MUL。

无符号数乘法指令 MUL 的格式为：

MUL SRC

该指令的功能：把源操作数和累加器中的数都当成无符号数，然后将两数相乘，源操作数可以是字节或字。如果源操作数是一个字节，则它与累加器 AL 中的内容相乘，乘积为双倍长的 16 位数，高 8 位送入 AH，低 8 位送入 AL，即

AX←AL×SRC

如果源操作数是一个字,则它与累加器 AX 中的内容相乘,结果为 32 位数,高位字放在 DX 寄存器中,低位字放在 AX 寄存器中。即:

< DX, AX> ←AX×SRC

乘法指令中,源操作数可以是寄存器,也可以是存储单元,但不能是立即数。当源操作数是存储单元时,必须在操作数前加 B 或 W 说明是字节还是字。

MUL 指令对状态标志位 CF、OF 有影响,对 SF、ZF、AF、PF 暂不确定。

(2) 有符号数乘法指令 IMUL。

有符号数乘法指令 IMUL 的格式为:

IMUL OPRD

这条指令将被乘数和乘数均作为有符号数,其功能与指令 MUL 的类似。如果乘积结果的高半部分(字节相乘时为 AH,字相乘时为 DX)不是低半部分的符号扩展,则标志位 CF=1,OF=1;否则 CF=0,OF=0。因此,如果 CF=1,OF=1,则表示在 AH 或 DX 中包含有结果的有效数。该指令对其他标志位无定义。

4. 除法指令

在除法指令中,被除数总是隐含在寄存器 AX(除数是 8 位)或者 DX 和 AX(除数是 16 位)中,另一个操作数可以采用除立即数方式外的任意一种寻址方式。除法指令也可分为无符号数除法指令和有符号数除法指令。

(1) 无符号数除法指令 DIV。

无符号数除法指令 DIV 的格式为:

DIV OPRD

字节操作表示为:

(AL)←(AX)/(OPRD)的商;(AH)←(AX)/(OPRD)的余数

字操作表示为:

(AX)←(DX,AX)/(OPRD)的商;(DX)←(DX,AX)/(OPRD)的余数

如果除数为 0,或者在 8 位除时商超过 8 位,或者在 16 位除时商超过 16 位,则认为是除溢出,会引起 0 号中断。除法指令对标志位无定义。

需要特别注意的是:除法指令要求字节操作时商为 8 位,字操作时商为 16 位。如果字节操作时被除数的高 8 位绝对值大于除数的绝对值,或者字操作时被除数的高 16 位绝对值大于除数的绝对值,就会产生溢出,也就是说,商数超过了目标寄存器 AL 或 AX 所能存放数的范围。这时计算机会自动产生一个中断类型号为 0 的除法错中断,相当于执行了除数为 0 的运算,所得的商和余数都不确定。

对于无符号数,字节操作时允许最大商为 0FFH,字操作时允许最大商为 0FFFFH,若超过这个范围,就会产生溢出。

(2) 有符号数除法指令 IDIV。

有符号数除法指令 IDIV 的格式为:

```
IDIV OPRD
```

这条指令把被除数和除数均作为有符号数,其功能与指令 DIV 的类似。对于有符号数,字节操作时允许商的范围为 $-128\sim+127$,字操作时允许商的范围为 $-32767\sim+32767$。

5.3.3 逻辑运算指令和移位指令

8086/8088 逻辑运算指令有逻辑与(AND)、测试(TEST)、逻辑或(OR)、逻辑异或(XOR)、逻辑非(NOT)运算。

1. 逻辑运算指令

(1) 逻辑非操作指令 NOT。

逻辑非操作指令 NOT 的格式为:

```
NOT DST
```

这条指令将操作数 DST 取反,然后送回 DST。操作数 DST 可以是通用寄存器,也可以是存储器操作数,但不能是立即数。此指令对标志位没有影响。

(2) 逻辑与操作指令 AND。

逻辑与操作指令 AND 的格式为:

```
AND DST,SRC
```

这条指令对两个操作数进行按位逻辑与运算,结果送到目的操作数 DST 中。执行该指令后,标志位 CF=0,标志位 OF=0,标志位 PF、ZF、SF 反映运算结果,标志位 AF 未定义。某个操作数自己与自己相“与”,则值不变,但可使进位标志位 CF 清 0。逻辑与操作指令主要用在使一个操作数中的若干位维持不变,而使另外若干位清为 0 的场合。

(3) 逻辑或操作指令 OR。

逻辑或操作指令 OR 的格式为:

```
OR DST,SRC
```

执行这条指令后,标志位 CF=0,标志位 OF=0,标志位 PF、ZF、SF 反映运算结果,标志位 AF 未定义。某个操作数自己与自己相“或”,则值不变,但可使进位标志位 CF 清 0。对于逻辑或运算:若两个操作数中有一个为 1,则结果为 1,其他情况全为 0。

(4) 逻辑异或操作指令 XOR。

逻辑异或操作指令 XOR 的格式为:

```
XOR DST,SRC
```

逻辑异或运算的规则是:若两个操作数中的一个为 0、一个为 1,则为 1;若两个操作数都为 1,则为 0;若两个操作数都为 0,则为 0。这条指令对两个操作数进行按位逻辑异或运算,结果送到目的操作数 OPRD1 中。执行该指令后,标志位 CF=0,标志位 OF=0,标志位 PF、ZF、SF 反映运算结果,标志位 AF 未定义。某个操作数自己与自己相“异或”,则结果为 0,并可使进位标志位 CF 清 0。逻辑异或操作指令主要用于在使一个操作数中的若干位保持不变,而使另外若干位取反的场合。把要保持不变的这些位与“0”相“异或”,而把要取反的这些位与"1"相"异或"就能达到目的。

（5）测试指令 TEST。

测试指令 TEST 的格式为：

```
TEST DST,SRC
```

TEST 指令与 AND 指令类似，即把两个操作数进行按位"与"，但结果不送到操作数 DST 中。执行该指令后，标志位 ZF、PF 和 SF 反映运算结果，标志位 CF 和 OF 均清 0。该指令通常用于检测某些位是否为 1，但又不希望改变源操作数的场合。

2. 移位指令

8086/8088 指令系统的移位指令包括逻辑左移指令 SHL、算术左移指令 SAL、逻辑右移指令 SHR、算术右移指令 SAR 以及循环移位指令。移位常数一定放在 CL 中。移位指令影响状态标志位。

（1）算术左移指令 SAL 或逻辑左移指令 SHL。

算术左移指令和逻辑左移指令进行相同的操作，尽管为了方便提供两个助记符，但只有一条机器指令。

算术左移指令 SAL 的格式为：

```
SAL DST ,1
```

逻辑左移指令 SHL 的格式为：

```
SHL OPRD,CL
```

算术左移指令 SAL（有符号数）/逻辑左移指令 SHL（无符号数）把操作数 DST 左移一次或多次，移位次数放在寄存器 CL 中，每移动 1 位，右边用 0 补足 1 位，移出的最高位进入标志位 CF。例如：

```
MOV AL,12H        ;0001 0010B
SHL AL,1          ;0010 0100B,(AL)= 24H(相当于乘以 2)
MOV AL,8CH        ;1000 1100B
SHL AL,1          ;0001 1000B
```

指令执行后，(AL)=18H，CF=1，PF=1，ZF=0，SF=0，OF=1。

溢出标志位 OF 只在移动 1 位的时候有效，如果移动 6 位、8 位或多位，则无效。

```
MOV CL,6
SHL AL,CL
```

指令执行后，(AL)=0，CF=0，PF=1，ZF=1，SF=0，OF=0。

移位次数超过 1 时，一定要把移位次数放到 CL 中去。只要左移以后的结果未超出 1 个字节或 1 个字的允许范围，那么每左移 1 次，源操作数每位的权就增加了 1 倍，即相当于原数乘以 2。

（2）算术右移指令 SAR。

算术右移指令 SAR 的格式为：

```
SAR DST,1
```

或者为:

```
SAR OPRD,CL
```

该指令是使操作数右移 m 位,同时每移 1 位,左边的符号位保持不变,移出的最低位进入标志位 CF。

(3) 逻辑右移指令 SHR。

逻辑右移指令 SHR 的格式为:

```
SHR DST,1
```

或者为:

```
SHR OPRD,CL
```

该指令是使操作数右移 m 位,同时每移 1 位,左边用 0 补足,移出的最低位进入标志位 CF。对于无符号数,逻辑右移 1 位相当于除以 2。

(4) 循环移位指令。

8086/8088 指令系统有 4 条循环移位指令,即不带进位标志位 CF 的左循环移位指令 ROL、不带进位标志位 CF 的右循环移位指令 ROR(也称小循环)、带进位标志位 CF 的左循环移位指令 RCL 和带进位标志位 CF 的右循环移位指令 RCR(也称大循环),如图 5-16 所示。

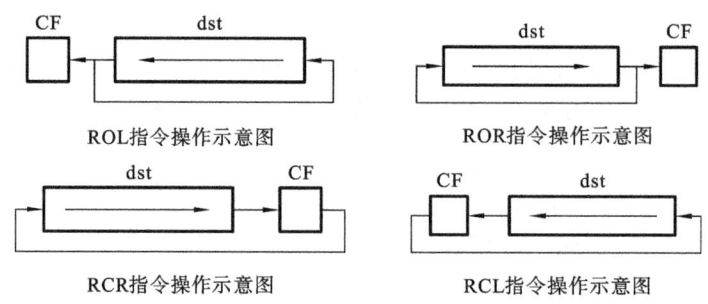

图 5-16　循环移位指令操作示意图

循环移位指令的操作数类型与移位指令的相同,可以是 8 位或 16 位的寄存器或存储器。指令中指定的左移或右移的位数也可以是 1 或由 CL 寄存器指定。但不能是 1 以外的常数或 CL 以外的寄存器。循环移位指令只影响进位标志位 CF 和溢出标志位 OF,但标志位 OF 的含义对于左循环移位指令和右循环移位指令有所不同。

不带进位标志的左循环移位指令 ROL 的格式为:

```
ROL OPRD,m
```

不带进位标志的右循环移位指令 ROR 的格式为:

```
ROR OPRD,m
```

带进位标志的左循环移位指令 RCL 的格式为:

```
RCL OPRD,m
```

带进位标志的右循环移位指令 RCR 的格式为:

```
RCR OPRD,m
```

其中:m 表示移位次数,或为 1 或为 CL。操作数 OPRD 可以是通用寄存器,也可以是存储器的操作数。

前两条循环指令没有把进位标志位 CF 包含在循环的环中;后两条循环指令已把进位标志位 CF 包含在循环的环中,即作为整个循环的一部分。这些指令只影响标志位 CF 和 OF。

对于不带进位的循环移位指令,如果操作数为 8 位,那么操作数就能复原;如果操作数为 16 位,那么操作数就能复原。对于带进位的循环移位指令,如果操作数为 8 位,那么在移位 9 次后,操作数就能复原;如果操作数为 16 位,那么在移位 17 次后,操作数就能复原。

5.3.4　转移指令

8088/8086 提供了 3 种转移指令:无条件转移指令、条件转移指令、循环指令。

1. 无条件转移指令

无条件转移指令可以转到内存任何地方。该指令不影响标志位的值,但它会改变 IP 寄存器或 CS 寄存器的内容。

(1) 无条件段内直接转移指令。

无条件段内直接转移指令的格式有以下两种。

```
JMP SHORT 标号
JMP NEAR PTR 标号(或 JMP 标号)
```

指令执行的操作如下。

格式①:(IP)←(IP)+8 位位移量;

格式②:(IP)←(IP)+16 位位移量。

无条件段内直接转移指令的目的操作数均用标号表示,程序转向的有效地址等于当前 IP 寄存器的内容加上 8 位或者 16 位位移量(DISP)。如果位移量是 16 位,则表示近转移,说明目的地址与当前 IP 的距离范围在 $-32768\sim+32767$ 个字节之间。如果转移的范围在 $-128\sim+127$ 个字节之内,则称为短转移,表示指令中只需要用 8 位位移量,是近转移指令的一个特例。

在机器语言指令中,8 位或 16 位位移量用带符号数表示,正的位移量表示向高地址方向转移,负的位移量表示向低地址方向转移,负的位移量必须用补码表示。例如:

```
JMP SHORT ADDT      ;段内短转移,表示转移到标号 ADDT 处执行
JMP NEAR PTR NEXT   ;段内近转移,表示转移到标号 NEXT 处执行
```

(2) 无条件段内间接转移指令。

无条件段内间接转移指令的格式如下:

```
JMP OPRD
```

这条指令使控制无条件地转移到由操作数 OPRD 的内容给定的目标地址处。操作数 OPRD 可以是通用寄存器，也可以是字存储单元。该指令再将取得的偏移地址装入指令寄存器 IP 来实现转移。

（3）无条件段间直接转移指令。

无条件段间直接转移指令的格式如下：

    JMP FAR PTR 标号

这条指令中使用远标号直接给出转向的段地址和偏移量，用指令中的偏移地址取代 IP 寄存器中的内容，用指令中指定的段地址取代 CS 寄存器中的内容，就可使程序从一个代码段转移到另外一个代码段去执行。

（4）无条件段间间接转移指令。

无条件段间间接转移指令的格式如下：

    JMP DWORD PTR OPRD

这条指令将目的地址的段地址和偏移量事先放在存储器的 4 个连续地址单元中。其中，前两个字节为偏移量，后两个字节为段地址，转移指令中给出存放目标地址的存储单元的首字节地址值。这种指令的目的操作数前面要加说明符 DWORD PTR，表示转向地址需取双字。

2. 条件转移指令

8086/8088 提供了大量的条件转移指令，它们根据某些标志位的逻辑运算来判别条件是否成立。如果条件成立，则转移，否则继续顺序执行。所有的条件转移都只在段内转移。条件转移指令不影响标志位。

所有的条件转移均为段内短转移，也就是说，转移指令与目的地址必须在同一代码段中。目的地址由当前的 IP 值与指令中给出的 8 位相对位移量相加而成，它与转移指令之后的距离允许在 $-128 \sim +127$ 个字节之间。8 位偏移量是用符号扩展法扩展到 16 位后才与 IP 相加的。

条件转移指令通常用在比较指令或算术逻辑运算指令之后，通过比较结果或运算结果转向不同的目的地址。在条件转移指令中，目的地址均用标号表示，因此指令的格式如下：

    条件操作符　标号

条件转移指令可以归纳成以下几大类。

（1）根据单个条件标志的设置情况转移。

如果 JZ（或 JE）结果为零（或相等），则转移。

其格式如下：

    JZ（或 JE）OPRD

测试条件为：ZF＝1。

如果 JNZ（或 JNE）结果不为零（或不相等），则转移。

其格式如下：

JNZ(或 JNE)OPRD

测试条件为:ZF＝0。

如果 JS 结果为负,则转移。

其格式如下:

JS OPRD

测试条件为:SF＝1。

如果 JNS 结果为正,则转移。

其格式如下:

JNS OPRD

测试条件为:SF＝0。

如果 JO 溢出,则转移。

其格式如下:

JO OPRD

测试条件为:OF＝1。

如果 JNO 不溢出,则转移。

其格式如下:

JNO OPRD

测试条件为:OF＝0。

如果 JP(或 JPE)奇偶位为 1,则转移。

其格式如下:

JP(或 JPE)OPRD

测试条件为:PF＝1。

如果 JNP(或 JPO)奇偶位为 0,则转移。

其格式如下:

JNP(或 JPO)OPRD

测试条件为:PF＝0。

如果 JB(或 JNAE,JC)低于或不高于或等于,或者进位位为 1,则转移。

其格式如下:

JB(或 JNAE,JC)OPRD

测试条件为:CF＝1。

如果 JNB(或 JAE,JNC)不低于或高于或等于,或者进位位为 0,则转移。

其格式如下:

JNB(或 JAE,JNC)OPRD

测试条件为:CF＝0

（2）比较两个无符号数,并根据比较的结果转移。

如果 JBE(或 JNA)低于或等于或不高于,则转移。

其格式如下:

    JBE(或 JNA)OPRD

测试条件为:CFVZF＝1。

如果 JNBE(或 JA)不低于或等于或高于,则转移。

其格式如下:

    JNBE(或 JA)OPRD

测试条件为:CFVZF＝0。

（3）比较两个有符号数,并根据比较的结果转移。

如果 JL(或 LNGE)小于或者不大于或者等于,则转移。

其格式如下:

    JL(或 LNGE)OPRD

测试条件为:SFVOF＝1。

如果 JNL(或 JGE)不小于或者大于或者等于,则转移。

其格式如下:

    JNL(或 JGE)OPRD

测试条件为:SFVOF＝0。

如果 JLE(或 JNG)小于或等于或者大于,则转移。

其格式如下:

    JLE(或 JNG)OPRD

测试条件为:(SFVOF)VZF＝1。

如果 JNLE(或 JG)不小于或等于或者大于,则转移。

其格式如下:

    JNLE(或 JG)OPRD

测试条件为:(SFVOF)VZF＝0。

（4）测试 CX 的值为 0 时转移指令。

如果 JCXZ CX 寄存器的内容为零,则转移。

其格式如下:

    JCXZ OPRD

测试条件为:(CX)＝0。

3. 循环指令

利用条件转移指令和无条件转移指令可以实现循环,但是,为了更加方便循环的实现,

8086/8088 还提供了 4 条用于实现循环的循环指令。循环控制指令是一组增强型的条件转移指令,用来控制一个程序段的重复执行,重复次数由 CX 寄存器中的内容决定。这类指令的字节数均为 2,第 1 个字节是操作码,第 2 个字节是 8 位偏移量,转移的目标都是短标号,其操作过程与条件转移的类似,转移地址等于当前 IP 地址加上 8 位偏移量。8 位偏移量与 IP 地址相加时,先按符号扩展法扩展到 16 位后再相加,循环指令中的偏移量都是负值。循环控制指令不影响任何标志位。

(1) 计数循环指令 LOOP。

计数循环指令 LOOP 的格式如下:

    LOOP 标号

这条指令的功能:用于控制重复执行一系列指令。指令执行前必须事先将重复次数放在 CX 寄存器中,每执行一次 LOOP 指令,CX 自动减 1。如果减 1 后 CX>0,则转移到指令中所给定的标号处继续循环;若自动减 1 后 CX=0,则结束循环,转去执行 LOOP 指令之后的那条指令。一条 LOOP 指令相当于执行以下两条指令的功能:

    DEC CX
    JNZ 标号

利用 LOOP 指令构成循环时,先要设置好计数器 CX 的初值,即循环次数。由于要先进行 CX 寄存器减 1 操作,再判断结果是否为 0,所以最多可循环 65536 次。

(2) 等于循环指令 LOOPE/全零循环指令 LOOPZ。

等于循环指令 LOOPE 的格式如下:

    LOOPE 标号

全零循环指令 LOOPZ 的格式如下:

    LOOPZ 标号

这两条指令是使寄存器 CX 的值减 1,当为 0 或相等(且零标志位 ZF 等于 1)时,则转移到标号,否则顺序执行。注意指令本身实施的寄存器 CX 减 1 操作不影响标志位。

(3) 不等于循环指令 LOOPNE/非零循环指令 LOOPNZ。

不等于循环指令 LOOPNE 的格式如下:

    LOOPNE 标号

非零循环指令 LOOPNZ 的格式如下:

    LOOPNZ 标号

指令使寄存器 CX 的值减 1,如果结果不为 0 或不相等,并且零标志位 ZF 等于 0,那么转移到标号,否则顺序执行。CX 减 1 操作不影响标志位。

5.3.5 串操作指令

为了方便字符串的处理,8088/8086 系统设置了 5 条字符串指令,专门对存储器中的字节串和字串数据进行传送、比较、扫描、存储及装入等 5 种操作。

在字符串操作指令中,可使用 SI 寄存器(在现行数据段中)寻址源操作数,段基址使用 DS 寄存器。可使用 DI 寄存器(在现行附加数据段中)寻址目的操作数,段基址使用 ES 寄存器。字符串指令执行时将自动修改 SI、DI 的地址指针。字符串操作指令的类型和格式如表 5-2 所示。

表 5-2　字符串操作指令的类型和格式

指　　令	重 复 前 缀	操 　 作 　 数	地址指针寄存器
MOVS	REP	目的,源	ES:DI,DS:SI
LODS	无	源	DS:SI
STOS	REP	目的	ES:DI
CMPS	REPE/REPNE	源,目的	DS:SI,ES:DI
SCAS	REPZ/REPNZ	目的	ES:DI

为了加快串操作指令的执行速度,可在基本指令前加重复前缀,使数据串指令重复执行。每重复执行一次,地址指针 SI 和 DI 会根据方向标志自动进行修改,CX 的值会自动减 1。与基本指令配合使用的重复前缀有:

REP　　　　　　　　　无条件重复
REPE/REPZ　　　　　若结果为零/相等,则重复
REPNE/REPNZ　　　若结果非零/不相等,则重复

无条件重复前缀指令 REP 常与串传送指令连用,表示连续进行字符串传送操作,直到整个字符串传送完毕、CX=0 为止。重复前缀指令 REPE 和 REPZ 有相同的含义,它们常与串比较指令(CMPS)连用,表示连续进行字符串比较操作。当两个字符串相等(ZF=1)和 CX≠0 时,则重复进行比较,直到 ZF=0 或 CX=0 为止。重复前缀指令 REPNE 和 REPNZ 也有相同的含义,它们常与串扫描指令连用,当结果非 0(ZF=0)和 CX≠0 时,重复进行扫描,直到 ZF=1 或 CX=0 为止。

1. 字符串传送指令 MOVS

字符串传送指令 MOVS 的格式如下:

MOVS 目的串,源串

指令功能:把由 SI 作为指针的源串中的一个字节或字传送到由 DI 作为指针的目的串中,且自动修改指针 SI 和 DI。

在实际应用中,若需要在存储单元之间传送数据,那么 MOVS 指令不能直接在存储单元间进行数据传送。为了实现这种操作,必须以某一通用寄存器为桥梁,先把一个存储单元中的数据送到指定的通用寄存器中,再将寄存器中的数据传送到另一个存储单元中。每进行一次传送操作,还必须修改地址指针。MOVS 指令便能很方便地实现这种功能,它不但能将数据从内存的某一个地址(源地址)传送到另一个地址(目的地址),还能自动修改源地址和目的地址。若使用重复前缀,还可以利用一条指令传送一批数据。

需要特别注意的是:当方向标志位 DF=0 时使用"＋",当方向标志位 DF=1 时使用

"一",该指令不影响条件码。串操作指令使用前要建立方向标志位 DF,当 DF＝0,表示在执行串操作指令时可使地址自动增量;当 DF＝1,表示在执行串操作指令时可使地址自动减量。

2. 数据串装入指令 LODS

数据串装入指令 LODS 的格式如下:

　　LODS 源串

指令功能:把数据段中以 SI 作为指针的串元素传送到 AL(字节操作)或 AX(字操作)中,同时修改 SI,使它指向一串中的下一个元素,SI 的修改量由方向标志位 DF 和源串的类型确定。

该指令使用重复前缀没有意义,这是因为每重复传送一次数据,累加器中的内容就被改写,执行重复传送操作后,只能保留最后写入的那个数据。

3. 数据串存储指令 STOS

数据串存储指令 STOS 的格式如下:

　　STOS 目的串

指令功能:将累加器 AL 或 AX 中的一个字节或字传送到附加段里以 DI 为目标指针的目的串中,同时修改 DI,以指向串中的下一个单元。

STOS 指令与 REP 重复前缀连用,即执行指令 REP STOS,能方便使用累加器中的一个常数。

4. 字符串比较指令 CMPS

字符串比较指令 CMPS 的格式如下:

　　CMPS 目的串,源串

指令功能:从 SI 作为指针的源串中减去由 DI 作为指针的目的串数据,相减后的结果反映在标志位上,但不改变两个数据串的原始值。同时,操作后源串指针和目的串指针会自动修改,指向下一对待比较的串。

常用这条指令来比较两个串是否相同,并由加在 CMPS 指令后的一条条件转移指令根据 CMPS 执行后的标志位值来决定程序的转向。

在 CMPS 指令前可以加重复前缀,即:

　　REPE　CMPS

或者:

　　REPZ　CMPS

这两条指令的功能相同,执行过程是,若比较结果为 CX≠0(指定的长度还未比较完)和 ZF＝1(两串相等),则重复比较,直至 CX＝0(比完了)或 ZF＝0(两串不相等)时才停止操作。

也可以改用重复前缀 REPNE 或 REPNZ,它们表示:若 CX≠0(串没有结束)和 ZF＝0

（串不等），则重复比较，直至 CX＝0 或 ZF＝1 时才停止比较。

5. 字符串扫描指令 SCAS

字符串扫描指令 SCAS 的格式如下：

SCAS 目的串

指令功能：从 AL(字节操作)或 AX(字操作)寄存器的内容减去附加段中以 DI 为指针的目的串元素，结果反映在标志位上，但不改变源操作数。同时，操作后目的串指针会自动修改，并指向下一个待搜索的串元素。

利用 SCAS 指令，可在内存中搜索数据。被搜索的数据也称关键字。执行前，必须事先将 SCAS 指令保存在 AL(字节)或 AX(字)中，才能使用 SCAS 指令进行搜索。SCAS 指令前也可以加重复前缀。

5.3.6 处理器控制指令

1. 标志操作指令

程序状态寄存器的条件标志位记录着程序运行的状态信息。IBM PC 中除了算术运算指令、逻辑运算指令及移位指令等在执行中会影响标志位外，还专门提供了一组用于设置或清除标志位的指令。标志操作指令只影响自身的标志位，而不影响其他标志位。

（1）清进位标志指令 CLC。

清进位标志指令 CLC 的格式为：CLC

该指令使进位标志为 0，也就是说，CF＝0。

（2）置进位标志指令 STC。

置进位标志指令 STC 的格式为：STC

该指令使进位标志为 1，也就是说，CF＝1。

（3）进位标志取反指令 CMC。

进位标志取反指令 CMC 的格式为：CMC

该指令使进位标志取反。如果 CF 为 1，则使 CF 为 0；如果 CF 为 0，则 CF 为 1。

（4）清方向标志指令 CLD。

清方向标志指令 CLD 的格式为：CLD

该条指令使方向标志 DF 为 0。也就是说，执行串操作指令时，使地址按递增方式变化。

（5）置方向标志指令 STD。

置方向标志指令 STD 的格式为：STD

该条指令使方向标志 DF 为 1。也就是说，执行串操作指令时，使地址按递减方式变化。

（6）清中断允许标志指令 CLI。

清中断允许标志指令 CLI 的格式为：CLI

该条指令使中断允许标志 IF 为 0。也就是说，CPU 不响应来自外部装置的可屏蔽中断，但对不可屏蔽中断和内容中断都没有影响。

（7）置中断允许标志指令 STI。

置中断允许标志指令 STI 的格式为：STI

该条指令使中断允许标志 IF 为 1。也就是说,CPU 可以响应可屏蔽中断。

2. 其他处理器控制指令

(1) 空操作指令 NOP。

空操作指令 NOP 的格式为:NOP

指令功能:本指令不执行任何操作,它的机器码占用一个字节单元。通常用在调试程序时替代被删除指令的机器码而无须重新汇编连接。

(2) 停机指令 HLT。

停机指令 HLT 的格式为:HLT

指令功能:本指令使处理器暂停工作,等待一次外部中断,中断处理结束后继续执行后续指令。该指令只有 BESET(复位)、NMI(非屏蔽中断请求)、INTR(中断请求)信号可以使其退出暂停状态。

(3) 等待指令 WAIT。

等待指令 WAIT 的格式为:WAIT

指令功能:该指令使处理器处于空转等待状态,等待期间不断检测 TEST 引脚,若为 1,则继续等待;若为 0,则结束等待。

(4) 换码指令 ESC。

换码指令 ESC 的格式为:ESC　MEM

指令功能:MEM 用于指出一个存储单元。执行 ESC 指令时,处理器放权,由协处理器执行指令流中的浮点数运算指令。处理器把该存储单元的内容送到数据总线上完成其任务。

(5) 封锁指令 LOCK。

封锁指令 LOCK 的格式为:LOCK

指令功能:LOCK 是指令前缀,当它与其他指令配合时,用来维持总线的控制权不为其他处理机占有,直到与其配合的指令执行完为止。这些指令可以控制处理机状态。它们都不影响标志位。

5.3.7　中断指令

1. 中断概念

计算机在执行正常的程序的过程中,由于某些事件发生,需要暂时中止当前程序的运行,转到中断服务程序去为临时发生的事件服务,中断服务程序执行完毕后,又返回正常程序继续运行,这个过程称为中断。

CPU 每响应一次中断,首先不但要像过程调用指令那样,把 CS 和 IP 寄存器的值即断点送到堆栈保护起来,还要将标志寄存器的值入栈保护,以便在中断服务程序执行完后,能正确恢复 CPU 的状态。然后找到中断服务程序的入口地址,转相应的中断服务程序。中断服务程序结束时,通过执行中断返回指令 IRET,从堆栈中恢复中断前 CPU 的状态和断点,返回正常程序继续执行。

2. 中断指令 INT

中断指令 INT 的格式为:INT n 或 INT

指令功能:该指令将产生一个软件中断,把控制转向一个类型号为 n 的软中断。该中断服务处理程序入口地址在 n×4 处的两个存储器字中。

执行的操作如下。

(1) 将标志寄存器的内容压栈:SP←SP−2,(SP+1,SP)←(FLAGS)。

(2) 将中断允许标志位 IF 清零,将单步中断标志位 TF 清零:IF←0,TF←0。

(3) 将现行程序的 CS 和 IP 的内容压入栈:

```
SP←SP- 2,(SP+ 1,SP)←CS
SP←SP-2,(SP+ 1,SP)←(IP)
```

(4) 将中断服务程序的代码段地址和偏移地址分别送入 CS 和 IP:

```
IP←(n×4+ 1,n×4)
CS←(n×4+ 2,n×4+ 3)
```

说明:n 是中断类型号,它是一个立即数,范围为 00～FF。它可以在编程时安排在程序中的任何位置上,因此也称为陷阱中断。CPU 执行 INT n 指令时,先把标志寄存器的内容推入堆栈,再把当前断点的段基地址 CS 和偏移地址 IP 进行入栈保护,并清除中断标志位 IF 和单步中断标志位 TF。然后将中断类型号 n 乘以 4,找到中断服务程序的入口地址表的表头地址,从中断矢量表中获得中断服务程序的入口地址,将其置入 CS 和 IP 寄存器中,CPU 就自动转到相应的中断服务程序去执行。该指令影响标志位 IF、TF。

3. 溢出中断指令 INTO

溢出中断指令 INTO 的格式为:INTO

指令功能:该指令用于检测 OF 标志位,当 OF=1 时,将立即产生一个中断类型为 4 的中断;当 OF=0 时,则本指令不起作用。

执行的操作如下。

若 OF=1,则:

(1) 将标志寄存器的内容压入栈:SP←SP−2,(SP+1,SP)←(FLAGS)。

(2) 将中断允许标志位 IF 清零,将单步中断标志位 TF 清零:IF←0,TF←0。

(3) 将现行程序的 CS 和 IP 的内容压入栈。

① SP←SP−2,(SP+1,SP)←CS

② SP←SP−2,(SP+1,SP)←(IP)

(4) 将 10H 地址的第一个字送入 CS,将 10H 地址的第一个字送入 IP。

① IP←(10H)。

② CS←(12H)。

4. 中断返回指令 IRET

中断返回指令 IRET 的格式为:IRET

指令功能:用于中断处理程序中,返回被中断的程序的断点处继续执行程序。

执行的操作为:从堆栈中取出被中断的程序的代码段地址、偏移地址和标志状态,并分别送入 CS、IP 和标志寄存器 FLAGS。

① IP←(SP+1,SP),SP←SP+2

② CS←(SP+1,SP),SP←SP+2

③ (FLAGS)←(SP+1,SP)

④ SP←SP+2

5.4 RISC

1975 年,IBM 公司开始研究指令系统的合理性问题,该公司的 John Cocke 提出了精简指令系统的想法。后来美国加州伯克莱大学的 RISC Ⅰ 机和 RISC Ⅱ 机、斯坦福大学的 MIPS 机的成功研究,为精简指令系统计算机(Reduced Instruction Set Computer,RISC)的诞生与发展起了很大作用。

1983 年以后,一些中型、小型公司开始推出 RISC 产品,由于它的高性价比,所以市场占有率不断提高。1987 年,SUN 微系统公司使用 SPARC 芯片构成工作站,从而使其工作站的销售量居于世界首位。当前一些大公司,如 IBM、DEC、Intel、Motorola 等都将其部分力量转到 RISC 方面,RISC 已成为当前计算机发展的不可逆转的趋势。一些发展较早的大公司转向 RISC 是很不容易的,因为 RISC 与 CISC 指令系统不兼容,因此,这些公司首先要考虑的是在 CISC 上开发的大量软件如何转到 RISC 平台上。而且这些公司的操作系统专用性强且比较复杂,这给软件的移植带来了困难。如 SUN 微系统公司,以 UNIX 操作系统作为基础,软件移植比较容易,因此其工作站的重点很快从 CISC(使用 68020 微处理器)转移到 RISC(使用 SPARC 微处理器)。

5.4.1 RISC 的特点

RISC 主要强调计算机结构的简单性和高效性。RISC 设计是从足够的不可缺少的指令集开始的,其速度比那些传统复杂指令组计算机结构的机器的速度要快得多。而且,由于 RISC 的设计比较简洁,故其研发周期也短。RISC 结构一般具有如下特点。

● 单周期执行:RISC 结构统一使用单周期指令,这从根本上解决了 CISC 指令周期数有长有短、运行中偶发性不确定、运行失常等问题。

● 采用高效的流水线操作:使指令在流水线中并行地操作,从而提高了处理数据和指令的速度。

● 无微代码的硬连线控制:微代码的使用会增加 RISC 的复杂性和每条指令的执行周期。

● 指令格式的规格化和简单化:为了与流水线的结构相适应且提高流水线的效率,指令的格式必须趋于简单化和固定的格式。比如指令采用 16 位或 32 位的固定长度,并且指令中的操作码字段、操作数字段都尽可能有统一的格式。此外,尽量减少寻址方式,从而简化硬件逻辑部件和缩短译码时间,同时也提高了机器的执行效率和可靠性。

● 采用面向寄存器堆的指令:RISC 结构采用大量的寄存器操作指令,使指令系统更加精简,控制部件更为简化,大大提高了指令的执行速度。由于 VLSI 技术的迅速发展,使得在一个芯片上做大量的寄存器成为可能,这也促成了 RISC 结构的实现。

● 采用装入/存储指令结构:在 CISC 结构中采用大量的存储器操作指令,频繁地访问内存,可降低指令的执行速度。在 RISC 结构的指令系统中,只有装入/存储指令可以访问内存,其他指令均在寄存器之间处理数据。用装入指令从内存中将数据取出,送到寄存器中;在寄存器之间对数据进行快速处理,并将它暂存在那里,以便有需要时不必再次访问内存,在适当的时候,使用存储指令再将这个数据送回内存。采用这种方法可以提高指令的执行速度。

● 采用优化的编译程序,力求有效地支持高级语言程序。

5.4.2　RISC 与 CISC 对比

自计算机诞生以来,人们一直沿用 CISC(Complex Instruction Set Computer,复杂指令系统计算机)指令集方式。早期的桌面软件是按 CISC 设计的,并一直延续到现在。为了编写一些复杂功能的指令而专门推出 CISC,在 CISC 里有一些能够完成复杂功能的指令。通过对 CISC 进行测试,各种指令的使用频率相差悬殊,最常使用的是一些比较简单的指令,仅占指令总数的 20%,但在程序中出现的频率为 80%。而较少使用的占指令总数 20% 的复杂指令,为了实现其功能而设计的微程序代码却占总代码的 80%。

复杂的指令系统必然增加硬件实现的复杂性,这不仅延长了研制周期,增加了成本以及设计失误的可能性,而且,由于复杂指令需要进行复杂的操作,与功能较简单的指令同时存在于一台机器中,很难实现流水线操作,从而降低了机器的速度。另外,还较难将基于 CISC 技术的高档微型机的全部硬件集成在一个芯片上,或者将大型、中型机的 CPU 装配在一块板上,而对电路的延迟时间来讲,芯片内部、芯片之间与插件板之间的电路,其延迟时间差别很大,这也会影响 CISC 的速度。

RISC 技术是在 CISC 基础上发展起来的,目前的发展趋势也比较迅猛。正是因为这一点,在 CISC 市场上占有率最高的 Intel 公司和 Motorola 公司目前也已经进军 RISC 领域。

RISC 指令集和 CISC 指令集的对比如表 5-3 所示。

表 5-3　RISC 指令集和 CISC 指令集的对比

比较内容	CISC	RISC
指令系统	复杂、庞大	简单、精简
指令数目	一般大于 200	一般小于 100
指令格式	一般大于 4	一般小于 4
寻址方式	一般大于 4	一般小于 4
指令字长	不固定	等长
可访存指令	不加限制	只有取数/存数指令
各种指令使用频率	相差很大	相差很大
各种指令执行时间	相差很大	绝大多数在一个周期内完成
优化编译实现	很难	较容易
程序源代码长度	较短	较长
控制器实现方式	绝大多数为微程序控制	绝大多数为硬布线控制
软件系统开发时间	较短	较长

习 题 五

一、填空题

1. 有关寄存器的内容如下：DS＝2000H，SS＝1000H，BX＝0BBH，BP＝02H，SI＝0100H，DI＝0200H，(200BBH)＝1AH，(201BBH)＝34H，(200CCH)＝68H，(10202H)＝78H，(10203H)＝67H，(21200H)＝2AH，(21201H)＝4CH，(21202H)＝0B7H，(201CCH)＝56H，(201BCH)＝89H，(200BCH)＝23H，写出下列指令中源操作数的寻址方式及 AX 的内容。

```
MOV AX,1200H
MOV AX,BX
MOV AX,[1200H]
MOV AX,[BX]
MOV AX,[BX+ 11H]
MOV AX,[BX+ SI]
MOV AX,[BX+ SI+ 11H]
MOV AX,[BP+ DI]
```

2. 指出下列语句的错误：

(1) MOV [SI],34H

(2) MOV 45H,AX

(3) INC 12

(4) MOV [BX],[SI＋BP＋BUF]

3. 假定下面的程序段用来清除数据段中从偏移地址 1000H 到 0000H 号字存储单元中的内容。试将下列语句填写完整。

```
MOV SI,1002H
NEXT:_____
MOV WORD PTR[SI],0
CMP SI,_____
JNE NEXT
```

二、简答题

1. 已知 DS＝2000H，(21000H)＝2234H，(21002H)＝5566H，试区别以下 3 条指令。

```
MOV SI,[1000H]
LEA SI,[1000H]
LDS SI,[1000H]
```

2. 用一条指令完成下列各题。

(1) AL 内容加上 12H，结果送入 AL。

(2) 使用 BX 寄存器间接寻址方式把存储器中的一个内存单元加上 AX 的内容，并加上 CF 位，结果送入该内存单元。

（3）AX 的内容减去 BX 的内容，结果送入 AX。

（4）将用 BX、SI 构成的基址变址寻址方式所得到的内容送入 AX。

（5）将变量 BUF1 中头两个字节的内容送入寄存器 SI 中。

3. 简述堆栈的性质；如果 SS＝9B9Fh，SP＝200H，连续执行两条 PUSH 指令后，栈顶的物理地址是多少？SS、SP 的值如何？再执行一条 POP 指令后，栈顶的物理地址又是多少？SS、SP 的值又是多少？

4. 写出把 FLAGS 中的 SF 位置 1 的两条指令。

5. 下面的程序段执行后，DX、AX 的内容是什么？

```
MOV DX,0EFADH
MOV AX,1234H
MOV CL,4
SHL DX,CL
MOV BL,AH
SHL AX,CL
SHR BL,CL
OR DL,BL
```

6. 写出下面的指令序列中各条指令执行后的 AX 内容。

```
MOV AX,7865H
MOV CL,8
SAR AX,CL
DEC AX
MOV CX,8
MUL CX
NOT AL
AND AL,10H
```

三、编程题

1. 寄存器 BX 中有 4 位 0～9 的十六进制数，编写程序段，将其转换为对应字符（即 ASCII 码），按从高到低的顺序分别存入 L1、L2、L3、L4 这 4 个字节单元中。

2. 如果要将 AL 中的高 4 位移至低 4 位的位置，有几种方法？请分别写出实现这些方法的程序段。

第 6 章　中央处理器

中央处理器(CPU)由运算器和控制器两部分组成。前面已经学习了运算器,本章主要介绍控制器。控制器的主要功能是指挥、协调机器各大部件的工作。本章将介绍 CPU 的功能和基本组成、指令周期的概念、计算机中时序系统和时序产生器的组成、微程序控制的基本原理和控制器的实现。

6.1　中央处理器概述

6.1.1　CPU 的基本组成

从功能来讲,传统 CPU 主要由控制器和运算器两大部件组成,其逻辑结构如图 6-1 所示。

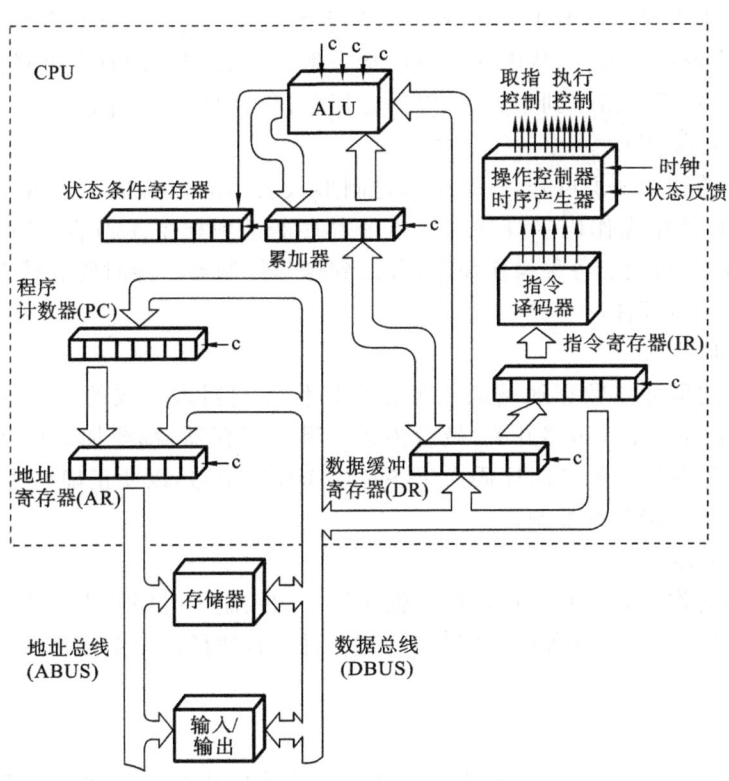

图 6-1　传统 CPU 的逻辑结构图

1. 控制器

控制器作为整个系统的指挥中心,它主要由程序计数器(PC)、数据缓冲寄存器(DR)、指令寄存器(IR)、指令译码器(ID)、操作控制器和时序产生器组成,用于指挥和协调整个系统的工作。

(1) 程序计数器(PC)。

PC可以由具有自动递增功能的计数器构成,也可以由普通的寄存器构成。它的作用是保存下一条要执行的指令地址,以实现程序自动连续执行的功能。当用计数器构成PC时,CPU从主存取走当前的指令到指令寄存器后,PC自动增量进行修改;当用普通的寄存器构成PC时,则由ALU进行修改并指向下一条要执行的指令地址。在程序开始执行前,它保存的是程序的首地址。在程序执行的过程中,当程序为顺序寻址时,它总是由简单的PC+1即可得到下一条要执行的指令地址;当程序为转移寻址时,它的下一条指令地址通过转移指令,经运算得到。

(2) 数据缓冲寄存器(DR)。

数据缓冲寄存器是CPU与主存和外设交换信息的中转站,主要用来暂存从内存送给CPU的一条指令或一个数据字。当CPU要将运算后的结果送往内存时,也必须通过数据缓冲寄存器暂存,其目的是解决两个部件之间的速度差异问题。

(3) 指令寄存器(IR)。

指令寄存器用来保存当前正在执行的一条指令代码。执行一条指令时,首先根据地址寄存器(AR)的内容访问内存,从内存中将该指令取出经数据缓冲寄存器送到指令寄存器,一直到该指令结束、后继指令到来为止,以保证指令译码的稳定可靠。

(4) 指令译码器(ID)。

由指令系统的相关知识可知,一条由二进制形式表示的机器指令是由操作码和地址码两大字段构成的,其中操作码字段就是从指令寄存器送到指令译码器,经指令译码器的分析、测试得到该指令功能的各种操作命令,并送到操作控制器。经时间和状态的协调后将各操作命令发送各执行部件。

(5) 操作控制器。

在各寄存器之间建立数据通路的任务是由操作控制器来完成的。信息从什么地方开始,中间经过哪个寄存器或多路开关,最后传送到哪个寄存器,都要加以控制。操作控制器的功能就是根据指令操作码和时序码产生各种操作控制信号,以便正确地建立数据通路,从而完成取指令和执行指令的控制。

(6) 时序产生器。

时序产生器的作用就是对各种操作实施时间上的控制。时序产生器用于产生计算机运行时所需要的时序信号,对各种操作实现时间上的控制,使任何一个操作必须在规定的时间内完成。

2. 运算器

相对控制器而言,运算器是一个执行部件。运算器所执行的全部操作都是在控制器发出各种控制命令的指挥下进行的,它主要由以下各部件构成。

(1) 算术逻辑单元(ALU)。

ALU的主要功能是实现加、减、乘、除等算术运算和与、或、非、异或逻辑运算,产生各种运算特征并送给状态条件寄存器。

（2）累加寄存器（AC）。

累加寄存器通常也叫累加器，用来暂存参加 ALU 运算前的一个操作数以及运算后的结果。例如，执行一个加法运算时，先将一个操作数暂存在累加器中，再从主存储器中取出另一个操作数，将两者在 ALU 中相加所得到的和回送到累加器中，而累加器中原来的操作数则被结果所代替。显然，运算器中至少要有一个累加器。目前 CPU 中使用的多个累加器结构已演变成通用寄存器组的结构，其中任何一个寄存器均可用来存放源操作数或目的操作数，此时，在指令格式中需对寄存器进行编址，以决定本操作所使用的具体是哪一个寄存器。

（3）状态条件寄存器（PSW）。

状态条件寄存器用来保存由算术指令和逻辑指令运行的结果建立的各种标志，供 CPU 进行判断，或者在测试后进行相应的处理，如运算结果进位标志（C），运算结果溢出标志（V），运算结果为零标志（Z），运算结果为负标志（N）等。此外，状态条件寄存器还用于保存中断和系统工作状态等的信息，以便使 CPU 和系统能及时了解机器的运行状态和程序的运行状态。因此，状态条件寄存器是一个由各种状态条件标志组合而成的寄存器。

6.1.2　时序控制方式

在微操作序列的例子中，曾假定采用定长的状态周期，即取指令周期、取操作数周期及指令执行周期的持续时间都是相同的。实际上，指令执行周期和取指令周期、取操作数周期所需要的时间是不相同的。CPU 的工作速度比存储器的速度快，故指令执行周期实际所需的时间比取指令周期、取操作数周期所需的时间要短。若要指令执行周期与取指令周期、取操作数周期相同，则只能迁就存储器的工作速度，以存储器的工作周期作为机器周期。此外，不同类型的指令，其指令执行周期也不相同。若要指令执行周期相同，则有的指令执行时太浪费时间，即有的节拍要为空等。因此，应当考虑如何将两个操作速度不同的部件或两条执行时间不同的指令放在一起，以便使计算机能协调工作。这里，涉及部件之间的通信控制方式及时序控制方式的问题，我们统称为控制方式问题。按时序信号与操作的关系进行分类，控制方式可以分为同步控制方式、异步控制方式及联合控制方式等三种。下面分别介绍它们。

1. 同步控制方式

同步控制方式，又称固定时序方式。其基本思想是，选取部件中最长的操作时间作为统一的标准时间间隔，使所有的部件都在这个标准时间间隔内启动并完成操作。通常采用同步的时序发生器，产生固定的周而复始的周期电位、节拍电位。使用这些统一的时序信号，对各种操作定时，实现同步控制。例如，对于指令执行周期来说，如果各种指令的执行周期微操作序列能事先准确地知道，则可将其中执行时间最长的指令作为标准，确定执行周期的节拍数，所有其他指令都按这个统一的标准时间间隔安排它们的操作。又例如，对于指令机器周期来说，选取存储器的工作周期作为标准时间间隔，这样，取指令周期、取操作数周期、指令执行周期所需的时间均相等，使 CPU 与存储器同步工作。同步控制方式的优点是，时序关系比较简单，控制器设计方便。其缺点是以牺牲速度为代价。

2. 异步控制方式

异步控制方式，又称可变时序控制方式。其基本思想：系统不设立统一的标准时间间隔

(基准时钟除外),各部件按本身的速度需要占用时间,各部件可以设置各自的时序系统,或者使用同一时钟系统按不同的需要来选择时间;不采用统一的周期和节拍,分别实现各自的时序控制;时间上的衔接通过应答通信方式(又称握手方式)实现。应答通信方式本身是一种约定。假定三个部件的速度均不相同,那么部件 A 操作完毕的结束信号可作为部件 B 的启动信号,部件 B 操作完毕的结束信号又可作为部件 C 的启动信号。因此,每个部件都可按需要的速度延长时间,两个部件在交接处按应答通信方式的约定进行联络,使它们协调工作。

3. 联合控制方式

异步控制方式的优点:每个部件都按各自实际需要的时间工作,没有快者等待慢者的过程,从而提高了系统的速度。但是,异步控制方式的时序控制比较复杂。例如,对于指令执行周期来说,采用异步控制方式时,每条指令的执行时间需要多少节拍,就占用多少节拍;一条指令执行完发送一个回答信号,控制器接收到回答信号就开始执行下一条指令。这样,每条指令都能在实际需要的时间内完成,不存在等待。但是,由于不同的指令所需的时间不同,因而使控制器的设计很复杂。为此,提出了联合控制的思想。联合控制方式的基本思想:将同步控制方式与异步控制方式相结合,使计算机处于同步与异步交替工作方式。例如,指令周期的时序控制,通常采用联合控制方式。具体实现时,对于大多数需要节拍数相近的指令,可使用相同的节拍数来完成,即采用同步控制方式;而对于少数需要节拍数多的指令或节拍数不固定的指令,时间可以给予必要的延长,即采用异步控制方式。由于这种情况只对少数指令,是局部性的,故又称局部性异步控制。实现局部性异步控制的方法有:节拍数可变周期法,即不同的机器周期采用不同的节拍数,由周期状态触发器来控制;节拍数固定周期法,即不同的机器周期采用相同的节拍数,对需要延长的周期,采用节拍插入法或周期延长法来调整。

6.1.3 控制器分类

1. 微程序控制器

微程序控制器结构主要由控制存储器、微指令寄存器和地址转移逻辑三大部分组成。

(1) 控制存储器。控制存储器用来存放实现全部指令系统的微程序,它是一种只读存储器。一旦微程序固化,机器运行时则只读不写。其工作过程是:每读取一条微指令,则执行这条微指令;接着读取下一条微指令,再执行这条微指令。读取一条微指令并执行这条微指令的时间总和称为一个微指令周期。通常,在串行方式的微程序控制器中,微指令周期就是只读存储器的工作周期。控制存储器的字长就是微指令字的长度,其存储容量由机器指令系统确定,即取决于微程序的数量。对控制存储器的要求是,速度要快,读取周期要短。

(2) 微指令寄存器。微指令寄存器用来存放由控制存储器读取的一条微指令信息。其中微地址寄存器用来决定要访问的下一条微指令的地址,而微指令寄存器则用于保存一条微指令的操作控制字段和判断测试字段的信息。

(3) 地址转移逻辑。微指令由控制存储器读取后直接给出下一条微指令的地址,这个微地址中的信息存放在微地址寄存器中。当微程序出现分支时,表示微程序出现了条件转移。此时,地址转移逻辑通过判断测试信息,修改微地址寄存器中的微地址。

2. 硬布线控制器

硬布线控制器是早期推出的一种设计计算机的方法。硬布线控制器所产生的控制计算机各部分操作所需的控制信号是由直接连线的逻辑电路生成的,所以又称组合逻辑控制器。这种方法将控制部件作为生成专门固定时序控制信号的逻辑电路,而此逻辑电路则以使用最少的元件和取得最快的操作速度为设计目标。因为该逻辑电路是由门电路和触发器构成的复杂树形网络,所以称为硬布线控制器。

这种控制部件构成后不能改变,如果想增加新的控制功能,就必须重新设计和重新布线。当执行不同的机器指令时,硬布线控制器是通过激励一系列彼此很不相同的控制信号来实现对指令的解释,其结果使控制器的结构很复杂,因而硬布线控制器的设计和调试也非常复杂。因此,硬布线控制器被微程序控制器取代。但是,在同样的半导体工艺条件下,硬布线控制器的速度要比微程序控制器的速度快,随着 VLSI 工艺的迅猛发展以及计算机技术的不断进步,组合逻辑设计思想受到了人们的高度重视,现代新型计算机体系结构如 RISC 中多采用硬布线控制逻辑。

6.1.4 CPU 与外部设备的信息交换

CPU 通过主板与外部设备交换信息。主板是计算机系统中最大的一块电路板,它的英文名字叫 Mainboard 或 Motherboard,简称 M/B。主板上布满了各种电子元件、插槽、接口等。它为 CPU、内存和各种功能(声、图、通信、网络、TV、SCSI 等)卡提供安装插座(槽);为各种磁存储设备、光存储设备、打印和扫描等 I/O 设备以及数码相机、摄像头、猫(Modem)等多媒体和通信设备提供接口,实际上,计算机通过主板将 CPU 等各种器件和外部设备有机地结合起来形成一套完整的系统。计算机在正常运行时对系统内存、存储设备和其他 I/O 设备的操控都必须通过主板来完成,因此,计算机的整体运行速度和稳定性在相当程度上取决于主板的性能。不同的 CPU 需要搭配不同的主板,根据主板上所设置的 CPU 安装插座类型(如 Slot 架构和 Socket 架构)。将声卡、显卡安装到主板上,将 CPU、部分内存安装到主板上,接上电源、显示器、键盘和软(硬)盘就组成了一台最基本的计算机。主板上有键盘、鼠标、扫描仪等输入设备的接口。输入设备是人与计算机系统之间进行信息交换的主要部件之一。

输出设备是计算机向用户传送计算、处理信息结果的部件。输出设备的功能是输出处理结果,把计算机对信息进行加工、处理的结果显示或打印出来。常见的输出设备有显示器、打印机、绘图仪等。

6.2 中央处理器模型

6.2.1 CPU 设计步骤

1. 设计定义和可综合的 RTL 代码

设计定义描述芯片的总体结构、规格参数、模块划分、使用的接口等。然后设计者根据硬件设计所划分出的功能模块进行模块设计,通常使用硬件描述语言在寄存器传输级描述电路的行为,采用 Verilog/VHDL 描述各个逻辑单元的连接关系,以及输入/输出端口和逻辑单元之间的连接关系。

2. 逻辑综合

构建和设计逻辑综合工具,将 RTL 源代码输入逻辑综合工具中,例如 Design Compiler。给设计加上约束,再对设计进行逻辑综合,得到满足设计要求的门级网表。门级网表可以 ddc 的格式存放。电路的逻辑综合一般由三步组成:转化、逻辑优化和映射。首先,将 RTL 源代码转化为通用的布尔等式(GTECH 格式);其次,逻辑优化的过程是尝试完成库单元的组合,使组合成的电路能更好地满足设计的功能、时序和面积的要求;最后使用目标工艺库的逻辑单元映射成门级网表,映射线路图的时候需要半导体厂商的工艺技术库来达到延迟每个逻辑单元的目的。综合后的结果包括了电路的时序和面积。

3. 版图规划

在得到门级网表后,把结果输入 JupiterXT 中进行版图规划的设计。版图规划包含宏单元的位置摆放、电源网络的综合和分析、可布通性分析、布局优化和时序分析等。

4. 单元布局和优化

单元布局和优化主要用于定义每个标准单元的摆放位置,并根据摆放的位置进行优化。电子设计自动化(Electronics Design Automation,EDA)工具广泛支持物理综合,即将布局和优化与逻辑综合统一起来,引入真实的连线信息,减少时序收敛所需的迭代次数。把设计的版图规划和门级网表输入物理综合工具,例如 Physical Compiler 进行物理综合和优化。在 PC 中,可以对设计在时序、功耗、面积和可布线性进行优化,达到最佳的效果。

5. 静态时序分析、形式验证和可测性电路插入

静态时序分析是一种穷尽分析方法,通过对提取电路中所有路径的延迟信息进行分析,计算出信号在时序路径上的延迟,找出违背时序约束的错误,如建立时间和保持时间是否满足要求。在后端设计的很多步骤完成后都要进行静态时序分析,如逻辑综合之后、布局优化之后、布线完成之后等。形式验证是逻辑功能上的等效性检查,根据电路的结构判断两个设计在逻辑功能上是否相等,用于比较 RTL 代码之间、门级网表与 RTL 代码之间,以及门级网表之间在修改之前与修改之后的功能是否一致。通常,逻辑电路采用扫描链的可测性结构;芯片的输入/输出端口采用边界扫描的可测性结构,以增加电路内部节点的可控性和可观测性,一般在逻辑综合或物理综合之后进行扫描电路的插入和优化。

6. 后布局优化,时钟树的综合和布线设计

在物理综合的基础上,可以采用 Astro 工具进一步进行后布局优化。在优化布局的基础上,进行时钟树的综合和布线设计。在设计的每一个阶段,Astro 都同时考虑时序、信号、功耗的完整性和面积的优化、布线的拥塞等问题。其能把物理优化、参数提取、分析融入布局布线的每一个阶段,解决了设计中由于超深亚微米效应产生的相互关联的复杂问题。

6.2.2　模型机的指令系统

1. 数据传送指令

数据传送指令用来实现寄存器和存储器间的字节或字的数据传送。数据传送指令如表 6-1 所示。

表 6-1　数据传送指令

通用数据传送指令	标注位传送指令
MOV　字节或字的传送	LAHF　标志寄存器低字节装入 AH
PUSH　入栈指令	SAHF　　AH 内容装入标志寄存器低字节
POP　出栈指令	PUSHF　标志寄存器入栈指令
XCHG　交换字或字节指令	POPF　栈顶数据出栈到标志寄存器
XLAT　表转换指令	
地址目标传送指令	输入/输出指令
LEA　装入有效地址	IN　输入
LDS　装入数据段寄存器	OUT　输出
LES　装入附加段寄存器	

2. 算术运算类指令

算术运算类指令包括加法指令、减法指令、乘法指令、除法指令等。算术运算类指令具体如表 6-2 所示。

表 6-2　算术运算类指令

加　法　指　令	减　法　指　令
ADD　常规加法指令	SUB　常规减法指令
ADC　带进位的加法指令	SBB　带进位的减法指令
INC　自加 1 的指令	DEC　自减 1 指令
	NEG　取补指令
	CMP　比较指令
乘　法　指　令	除　法　指　令
MUL　无符号数乘法指令	DIV　无符号数除法指令
IMUL　有符号数乘法指令	IDIV　有符号数除法指令

3. 逻辑运算与移位指令

8086/8088 逻辑运算指令有逻辑与（AND）、测试（TEST）、逻辑或（OR）、逻辑异或（XOR）、逻辑非（NOT）运算。逻辑运算与移位指令如表 6-3 所示。

表 6-3 逻辑运算与移位指令

逻辑运算指令	算术逻辑移位指令	循环移位指令
NOT 逻辑非指令	SHL 逻辑左移指令	ROL 循环左移指令
AND 逻辑与指令	SHR 逻辑右移指令	ROR 循环右移指令
OR 逻辑或指令	SAL 算术左移指令	RCL 带进位的循环左移指令
XOR 逻辑异或指令	SAR 算术右移指令	RCR 带进位的循环右移指令
TEST 测试指令		

4. 转移指令

8086/8088 提供了 4 种转移指令:无条件转移指令、条件转移指令、循环指令和程序调用指令。下面分别介绍这 4 种指令,如表 6-4 所示。

表 6-4 转移指令

无条件转移指令和程序调用指令	条件转移指令	循 环 指 令
JMP 取反指令	JZ/JC 等 10 条指令 直接标志位转移	LOOP 循环指令
CALL 程序调用	JA/JNBE 等 8 条指令 间接标志转移	LOOPZ 相等循环指令
RET 过程返回		LOOPNZ 不相等循环指令

6.2.3 模型机的组成与数据通路

一台计算机的各功能部件要互相连接,信号要能够顺利传送。被传送的信号包括数据和控制信号两大类。实际上,控制器部件中的由操作部件产生的所有命令都必须连接到被操作部件。通常把从一个功能部件向另一个功能部件传送数据所经过的功能部件、总线等称为数据通路。数据通路是一个很重要的概念。正确理解数据通路,能帮助理解指令的执行过程,也就是计算机总体的运行过程。

下面以图 6-2 为例对数据进行解释。在图 6-2 中,MUX1、MUX2 分别是两个多路数据选择器,用它们来选择当前的哪两组数据送到 ALU 中。MUX1 数据有 3 个来源:通用寄存器的输出、指令中的相对位移量和常数"0";MUX2 数据也有 3 个来源:通用寄存器的输出、程序计数器的输出和数据寄存器的输出。ALU 的输出信息通过内部数据总线送到通用寄存器中。

假设这个通用寄存器组有两个输出端 RA 和 RB、有一个输入端口 RI。寄存器中的数据以补码表示,并假设寄存器组中的寄存器 1 用 R_1 表示,寄存器 2 用 R_2 表示,寄存器 3 用 R_3 表示,运算之前,$R_1=0110$,$R_2=1100$,Z、N、C、V 标志位全为 0,进行下面的操作后,标志位 Z、N、C、V 和 R_3 的值如何?第一种操作:R_1 加 R_2,结果送 R_3;第二种操作,0 减 R_1,结果送 R_3,即求与 R_1 相补的数;第三种操作,利用运算器计算操作数地址或转移地址;第四种操作,利用移位操作。

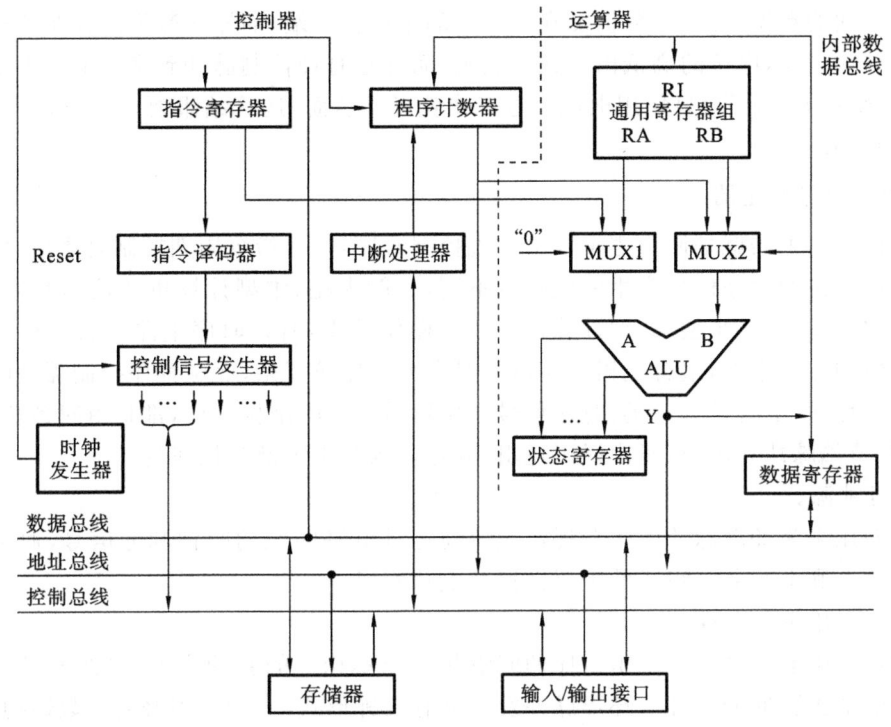

图 6-2　中央处理器简图

6.3　组合逻辑控制方式

6.3.1　组合逻辑控制器时序系统

1. 时序信号的作用与体制

计算机之所以能准确、迅速、有条不紊地工作,除根据每条指令的操作码经译码产生指令所需要的各种控制信号去打开或关闭相应的操作部件外,这些信号的有效电平还必须在时序(即时间的先后)和时间的长短方面加以严格限制。对时序和时间的限制是通过使用一个叫时序产生器电路来实现的。

(1) 时序信号的作用。

时序信号的第一个作用就是区分指令与操作数。由于放在内存中的程序指令、数据或地址均为二进制数码,所以,当执行程序时,CPU 取得的一组二进制数码是数据还是指令,就是根据数码的时刻来区分的,当将一个指令周期的第一个 CPU 周期作为取指令周期时,从内存取出的一组数码一定会送到指令寄存器中,而不会送到地址寄存器或数据寄存器中。反之,在其他 CPU 周期取出的数码绝不会送入指令寄存器中。时序信号的第二个作用就是保证地址信号或数据信号在各器件之间有序、协调地传送,完成各自不同的操作。

(2) 时序信号的体制。

组成计算机硬件的元件特性决定了时序信号最基本的体制是电位-脉冲制。例如:当实现寄存器之间的数据传送时,数据加在触发器的电位输入端,而输入数据的控制信号加在触发器的时钟输入端,电位的高低由 1 或 0 表示,而且在时钟控制脉冲到来之前必须稳定。当然,算术逻辑单元(ALU)只使用电位信号工作就可。然而,运算结果要送回累加器,因此还需要时钟脉冲的配合。

2. 时序信号产生器

时序信号产生器就是使用逻辑电路实现控制时序,产生指令周期控制时序信号的部件。不同种类计算机的时序信号产生的电路也不同,一般大型、中型计算机涉及的操作较多,其时序电路比较复杂;而小型、微型计算机涉及的操作较少,所以时序电路比较简单。从设计操作控制器的方法来看,组合逻辑控制器的时序电路比较复杂,而微程序控制器的时序电路比较简单。然而,不管是哪一类,时序信号产生器最基本的结构一样,都是由时钟源、环形脉冲发生器、节拍脉冲和读/写时序译码逻辑、启停控制逻辑等部分构成的。

(1)时钟源。

时钟源用来为环形脉冲发生器提供频率稳定且电平匹配的时钟脉冲信号,通常采用石英晶体振荡器和由与非门组成的正反馈振荡电路构成。

(2)环形脉冲发生器。

形脉冲发生器用来产生一组有序的间隔相等或不相等的脉冲序列,以便通过译码电路产生需要的节拍脉冲的部件。环形脉冲发生器有两种形式,一种采用普通计数器构成,另一种采用循环移位寄存器构成。

(3)节拍脉冲和读/写时序译码逻辑。

(4)启停控制逻辑。

由于计算机的启动和停机都是随机的,所以启停控制逻辑必须符合以下要求:当计算机启动时,一定要从第一个节拍脉冲前沿开始工作,而停机时一定要在第四个节拍脉冲结束后关闭时序信号产生器。只有这样,才能使发送出去的脉冲都是完整的脉冲。

6.3.2 指令流程与操作时间表

1. 取指令阶段

取指令(Instruction Fetch,IF)阶段是将一条指令从主存取到指令寄存器的过程。程序计数器(PC)中的数值用来指示当前指令在主存中的位置。当一条指令被取出后,PC 中的数值将根据指令字的长度而自动递增:若为单字长指令,则(PC)+1àPC;若为双字长指令,则(PC)+2àPC,依此类推。

2. 指令译码阶段

取出指令后,计算机立即进入指令译码(Instruction Decode,ID)阶段。

在指令译码阶段,指令译码器按照预定的指令格式对取回的指令进行拆分和解释,识别出不同的指令类别以及各种获取操作数的方法。在组合逻辑控制的计算机中,指令译码器对不同的指令操作码产生不同的控制电位,以形成不同的微操作序列;在微程序控制的计算机中,指令译码器使用指令操作码查找到执行该指令的微程序的入口,并从此入口开始执行。在传统的设计里,CPU 中负责指令译码的部分是无法改变的。但是,在众多运用微程序控制技术的新型 CPU 中,微程序有时是可重写的,可以通过修改成品 CPU 来改变 CPU 的译码方式。

3. 指令执行阶段

在取指令阶段和指令译码阶段之后,接着进入指令执行(Execute,EX)阶段。

此阶段的任务是完成各指令所规定的各种操作,具体实现各指令的功能。为此,CPU 的不同部分被连接起来,以执行所需的操作。例如,如果要求完成一个加法运算,算术逻辑单元(ALU)将被连接到一组输入和一组输出,输入端提供需要相加的数值,输出端将包含最后的运算结果。

4. 访存取数阶段

根据指令需要,有可能要访问主存,读取操作数,这样就进入了访存(Memory,MEM)取数阶段。此阶段的任务是:根据指令地址码获得操作数在主存中的地址,并从主存中读取该操作数用于运算。

5. 结果写回阶段

结果写回(Writeback,WB)阶段是把指令执行阶段的运行结果数据"写回"到某种存储形式,如结果数据经常被写入 CPU 的内部寄存器中,以便后续指令快速存取;有些情况下,结果数据也可写入廉价且容量较大的主存中。许多指令还会改变程序状态字寄存器中标志位的状态,这些标志位标志着不同的操作结果,可用来影响程序的操作。在指令执行完毕、结果数据写回之后,若无意外事件(如结果溢出等)发生,计算机就接着从程序计数器(PC)中获取下一条指令地址,开始新一轮的循环,下一个指令周期将顺序取出下一条指令。

6.3.3　微命令的综合与产生

1. 字段直接编译法

计算机中的各个控制门在任一微周期内不可能同时打开,而且大部分是关闭的(相应的控制位为"0")。所谓微周期,就是指一条微指令所需的执行时间,如果有若干个(一组)微命令,在每次选择使用它们的微周期内,只有一个微命令起作用,那么这若干个(一组)微命令是互斥的。例如,向主存储器发送的读命令和写命令是互斥的;又如,在 ALU 部件中,送往 ALU 两个输入端的数据来源往往不是唯一的,而每个输入端在任一微周期中只能输入一个数据,因此控制该输入门的微命令是互斥的。选出互斥的微命令,并将这些微命令编成一组,成为微指令字的一个字段,用二进制编码来表示,就是字段直接编译法。例如,将 7 个互斥的微命令编成一组,用三位二进制码分别表示每个微命令,那么在微指令中,该字段就从 7 位减成 3 位,缩短了微指令长度。而在微指令寄存器的输出端,为该字段增加一个译码器,该译码器的输出即为原来的微命令。一般每个字段要留出一个代码,表示本段不发送任何微命令,因此,当字段长度为 3 位时,最多只能表示 7 个互斥的微命令,通常代码 000 表示不发送微命令。

2. 字段间接编译法

字段间接编译法是在字段直接编译法的基础上,进一步缩短微指令字长的一种编译法。

在字段直接编译法中,如果还规定一个字段的某些微命令要兼由另一字段中的某些微命令来解释,则称为字段间接编译法。本方法虽然进一步缩短了微指令长度,但很可能会削弱微指令的并行控制能力,因此,通常只作为字段直接编译法的一种辅助方法。当前正在执行的微指令,称为现行微指令,现行微指令所在的控制存储器单元的地址称为现行微地址,现行微指令执行完毕后,下一条要执行的微指令称为后继微指令,后继微指令所在的控存单元地址称为后继微地址。所谓微程序流的控制是指当前微指令执行完毕后,怎样控制产生后继微指令的微地址。与程序设计相似,在微程序设计中,除了顺序执行微程序外,还存在转移功能、微循环程序和微子程序等,这将影响下址的形成。

6.4 微程序控制方式

6.4.1 微程序控制的基本原理

微程序控制的基本原理如图 6-3 所示。微程序控制器主要由控制存储器、微指令寄存器和微指令地址形成部件三部分组成。控制存储器用来存放指令系统所对应的全部微程序,要求读取时间快,常由双极型半导体只读存储器构成,其容量视指令系统而定,其字长视控制命令的多少、微指令的编码格式及下址字段的宽度而定。微指令寄存器用来存放从控制存储器读取的一条微指令的信息,由下址字段和控制字段构成,下址字段指出将要执行的下一条微指令的地址,控制字段则保存一条微指令中的操作控制命令。微指令地址形成部件又称微指令地址发生器,用来形成将要执行的下一条微指令的地址(简称为微地址)。一般情况下,下一条微指令的地址由上一条微指令的下址字段直接决定。但当微程序出现分支时,将由状态条件的反馈信息去形成转移地址。当取指令公共操作完成后,可以用操作码去形成执行阶段的微指令入口地址。图 6-3 仅示出了上述三种微指令地址的形成方式,根据计算机规模的不同,还可以有更多的微地址形成方式。

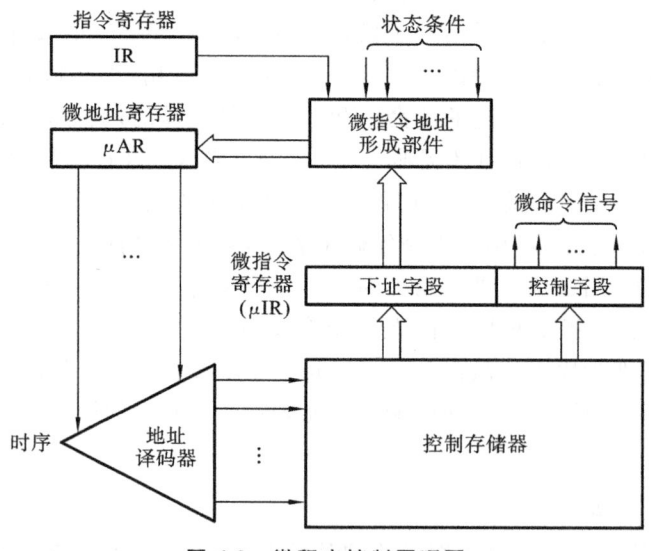

图 6-3　微程序控制原理图

6.4.2　微指令的编码方式与微地址的形成方式

1. 微指令的编码方式

微指令的编码方式,即对微指令中的操作控制字段采用的表示方法,通常有以下三种方法。

（1）直接表示法。

直接表示法的特点是操作控制字段中的每一位代表一个微命令。这种方法的优点是简单直观,其输出直接用于控制。其缺点是微指令字较长,因而使控制存储器容量较大。

（2）编码表示法。

编码表示法是把一组相斥性的微命令信号组成一个小组（即一个字段）,然后通过小组（字段）译码器对每个微命令信号进行译码,译码输出作为操作控制信号。采用字段译码的编码表示法,可以用较小的二进制信息位表示较多的微命令信号,例如 3 位二进制位译码后可表示 7 个微命令,4 位二进制位译码后可表示 15 个微命令。与直接表示法相比,字段译码的编码表示法可使微指令字大大缩短,但由于增加了译码电路,稍稍减慢了微程序的执行速度。目前在微程序控制器设计中,字段直接译码法使用较普遍。

（3）混合表示法。

混合表示法是把直接表示法与编码表示法结合起来使用,以便能综合考虑指令字长、灵活性、执行微程序速度等方面的要求。另外,在微指令中,还可附设一个常数字段。该常数可作为操作数送入 ALU 进行运算,也可作为计数器初值用来控制微程序的循环次数。

2. 微地址的形成方式

微指令执行的顺序控制问题,实际上是如何确定下一条微指令的地址问题。通常,产生后继微地址有以下两种方式。

（1）计数器方式。

计数器方式与使用程序计数器产生机器指令地址的方法类似。在顺序执行微指令时,后继微地址由现行微地址加上一个增量来产生;在非顺序执行微指令时,必须通过转移方式,使现行微指令执行后,转去执行指定后继微地址的下一条微指令。在这种方式中,微地址寄存器通常改为计数器。为此,顺序执行的微指令序列就必须安排在控制存储器的连续单元中。计数器方式的基本特点是:微指令的顺序控制字段较短,微地址产生的机构简单,但是多路并行转移功能较弱,速度较慢,灵活性较差。

（2）多路转移方式。

一条微指令具有多个转移分支的能力称为多路转移。在多路转移方式中,当微程序不产生分支时,后继微地址直接由微指令的顺序控制字段给出;当微程序出现分支时,有若干"候选"微地址可供选择,即按顺序控制字段的"判别测试"标志和"状态条件"信息来选择其中一个微地址。"状态条件"有 n 位标志,可实现微程序 2 的 n 次方路转移,涉及微地址寄存器的 n 位。多路转移方式的特点是:能以较短的顺序控制字段配合,实现多路并行转移,速度较快,但转移地址逻辑需要使用组合逻辑方法设计。

6.4.3 模型机微指令格式

微指令的编译方法是决定微指令格式的主要因素。考虑到速度、成本等因素,在设计计算机时可采用不同的编译法。因此,微指令的格式大体可分为两类:水平型微指令和垂直型微指令。

1. 水平型微指令

一次能定义并执行多个并行操作微命令的微指令,叫水平型微指令。水平型微指令的一般格式如下:

控制字段	判断测试字段	下地址字段

按照控制字段编码方法的不同,水平型微指令又可分为三种:一种是全水平型(不译法)微指令,第二种是字段译码法水平型微指令,第三种是直接和译码相混合的水平型微指令。

2. 垂直型微指令

在微指令中设置微操作码字段,采用微操作码编译法,由微操作码实现指令的功能,称为垂直型微指令。垂直型微指令的结构类似于机器指令的结构。它的操作码在一条微指令中只有 1～2 个微操作命令,每条微指令的功能简单,因此,实现一条机器指令的微程序要比水平型微指令编写的微程序长得多,它是采用较长的微程序结构去换取较短的微指令结构。

下面采用 4 条垂直型微指令的格式加以说明。设微指令字长为 16 位,微操作码为 3 位。

(1) 寄存器-寄存器传送型微指令。

15	13	12	8	7	3	2	0
000		源寄存器编址		目标寄存器编址		其 他	

其功能是把源寄存器中的数据送入目标寄存器中,13～15 位为微操作码(下同),源寄存器编址和目标寄存器编址各为 5 位,可指定 31 个寄存器。

(2) 运算控制型微指令。

15	13	12	8	7	3	2	0
001		左输入源编址		右输入源编址		ALU	

其功能是选择 ALU 的左、右两个输入源信息,按 ALU 字段所指定的运算功能(8 种操作)进行处理,并将结果送入暂存器中。左输入源编址和右输入源编址可指定 31 种信息源。

(3) 访问主存微指令。

15	13	12	8	7	3	2	1	0
010		寄存器编址		存储器编址		读/写		其 他

其功能是将主存中一个单元的信息送入寄存器或将寄存器中的数据送入主存。存储器编址是指按规定的寻址方式进行编址。第 1、2 位用于指定读操作或写操作(取其一)。

3. 两种微指令的比较

(1) 水平型微指令并行操作能力强,效率高,灵活性强;垂直型微指令并行操作能力弱,效率低,灵活性弱。在水平型微指令中,设置有控制信息传送通路(门),以及执行所有操作的微命令,因此,在进行微操作设计时,可以同时定义比较多的并行操作微命令来控制尽可能多的并行信息传递,从而使水平型微指令具有效率高及灵活性强的优点。在垂直型微指令中,一般只能完成一个操作,控制一两条信息传送通路,因此,微指令的并行操作能力弱,效率低。

(2) 水平型微指令执行一条指令的时间短,垂直型微指令一条指令的执行时间长。因为水平型微指令的并行操作能力强,因此与垂直型微指令相比,可以用较少的微指令数来实现一条指令的功能,从而缩短了指令的执行时间。而且当执行一条微指令时,水平型微指令的微命令一般直接控制对象,而垂直型微指令的微命令要经过译码,会影响速度。

(3) 由水平型微指令解释指令的微程序,具有微指令字较长而微程序短的特点。垂直型微指令则相反,微指令字较短而微程序长。

(4) 水平型微指令用户难以掌握,而垂直型微指令与指令类似,相对来说比较容易掌握。水平型微指令与机器指令的差别很大,一般要很精通机器的结构、数据通路、时序系统以及微命令才能设计。

6.4.4　模型机微程序设计

1. 常规微程序设计

微程序设计技术有静态微程序设计和动态微程序设计两种。

(1) 静态微程序设计。

对应于一台计算机的机器指令只有一组微程序,而且这一组微程序设计好之后,一般无须改变而且也不好改变,这种微程序设计技术称为静态微程序设计。

(2) 动态微程序设计。

当采用 EPROM 作为控制存储器时,还可以通过改变微指令和微程序来改变机器的指令系统,这种微程序设计技术称为动态微程序设计。采用动态微程序设计时,微指令和微程序可以根据需要加以改变,因而可在一台机器上实现不同类型的指令系统。这种技术又称仿真其他机器指令系统,以便扩展机器的功能。

2. 毫微程序设计

毫微程序设计又称二级微程序设计,其目的是增加微程序的通用性,使微程序便于修改,节省存储空间。通常,第一级采用垂直型微程序,第二级采用水平型微程序。当执行一条指令时,首先进入第一级微程序,由于它是垂直型微指令,所以并行操作的功能并不强,需要时可由它来调用第二级微程序(即毫微程序),执行完毕后再返回第一级微程序。

毫微程序设计的基本原理如图 6-4 所示,图中有两个控制存储器。第一级垂直型微程序是根据应完成的任务编制的,它有严格的顺序结构,由它确定后继微指令的地址。第二级水平型微指令是由第一级调用的,并具有并行操作控制能力,由它输出微命令解释执行第一级的垂直型微指令。若干条内容相同的垂直型微指令可以调用同一条毫微指令,所以在控制存储器中,每条毫微指令都是不相同的。

二级微程序设计的方法将微程序的顺序控制与发出微操作命令完全分离开来。其主要

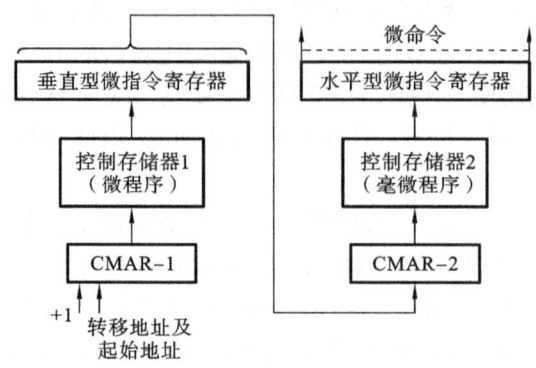

CMAR：控制存储器的地址寄存器

图 6-4　毫微程序设计原理图

优点在于通过使用少量的控制存储器空间,可达到高度的并行性。一方面,对于很长的微程序,可让它们以垂直格式编码存放在一个短字长的控制存储器中;另一方面,毫微程序使用了高度并行的水平格式,使毫微存储器字长很长,但由于没有重复的毫微指令,毫微程序本身通常很短,所以占用存储容量相对较少。采用二级微程序设计的主要缺点是一条微指令要访问两次控制存储器。

6.5　典型 CPU 简介

1. Intel 8086 CPU

Intel 8086(以下简称 8086)的中央处理器是一种 16 位处理器。CPU 从功能上来说可分成两大部分:总线接口单元(BIU),它负责与存储器和外围设备接口;执行单元(EU),它负责指令的执行。

8086 的中央处理器有 8 个 16 位通用寄存器,其中 4 个(AX、BX、CX、DX)既可以处理 16 位数据,又可以分解成两个 8 位数据寄存器;另外 4 个(SP、BP、SI、DI)只能处理 16 位数据,但它们除了可作为数据寄存器外,每个通用寄存器还有其他用途。堆栈指针(SP)用来指示堆栈操作时栈顶的位置,SP 必须与堆栈段寄存器(SS)一起使用;BP(基数指针)、SI(源变址)、DI(目的变址)用来增加几种寻址方式,从而能更灵活地寻找操作数。指令指针(IP)的功能相当于机器的程序计数器(PC),但是 IP 要与代码段寄存器(CS)配合才能形成真正的物理地址。状态标志寄存器由 9 个标志位组成,用来反映操作结果的某些状态或机器运行状态。8086 中有 4 个 16 位的段寄存器 CS、DS、SS、ES,分别用于存放可执行代码的代码段、数据段、堆栈段和附加段。

通过把某个段寄存器左移 4 位低位补零后与 16 位偏移地址相加的方法可形成 20 位长度的实际地址,从而可使主存具有 1 兆字节(2 的 20 次方字节)的寻址能力。取指令时,CPU 自动选择代码段寄存器(CS),将其左移 4 位后,再加上 IP 的 16 位偏移量,从而形成取指令所需的 20 位主存物理地址。进行堆栈操作时,CPU 自动选择堆栈段寄存器(SS),同样左移 4 位,再加上 SF 的 16 位偏移量,从而形成堆栈操作所需要的 20 位物理地址。当要存取一个操作数时,CPU 自动选择数据段寄存器(DS)或附加段寄存器(ES),左移 4 位后,再加上相应的 16 位偏移量,便得到操作数的 20 位物理地址。此处的 16 位偏移量,既可以是包含在指令中的直接地址,也可以是某一个 16 位地址寄存器的值,还可以是指令中的偏移量加上 16 位地址寄存器的值,这要取决于指令的寻址方式。由于段内地址均为 16 位,所以在不改变段寄存器值的情况下,寻址的最大范围是 64 KB。

2. Intel Pentium CPU

传统的 CPU 都是由运算器和控制器两大部件组成的,而现代的 CPU 已有了很大变化。就 80x86 系列的 Pentium CPU 来说,主频由过去 8086 的 4.77 MHz 提高到现在 Pentium Ⅳ 的 3.4 GHz。在组成结构上,除运算器和控制器外,CPU 内部还集成有浮点运算器和高速缓冲存储器。由于 CPU 内部的主要寄存器的宽度为 32 位,故可认为它是一个 32 位的微处理器。但它通向存储器的外部数据总线宽度为 64 位,每次总线操作可以同时传输 8 个字节。CPU 外部地址总线宽度为 36 位,故可寻址的物理地址空间达 64 GB。控制器采用 2 条指令流水线,可在 1 个时钟周期内发射 2 条简单的整数指令,也可发射 1 条浮点指令。控制器采用硬布线控制和微程序控制相结合的方式。大多数简单指令用硬布线控制实现,在 1 个时钟周期内执行完毕。对于用微程序实现的指令,也在 2~3 个时钟周期内执行完毕。

虽然 Pentium CPU 仍采用非固定长度的指令格式,但是在 1 个时钟周期内仍能执行 2 条指令,因此它具有 CISC 和 RISC 所共有的特性。不过,它具有的 CISC 特性更多一些,因此可把它看成是一个 CISC 结构的处理器。

习　题　六

一、选择题

1. CPU 是指(　　　　)。

A. 控制器　　　　　　　B. 运算器和控制器　　C. 运算器、控制器和主存

2. 指令周期是(　　　　)。

A. CPU 执行一条指令的时间

B. CPU 从主存中取出一条指令的时间

C. CPU 从主存中取出一条指令加上执行这条指令的时间

3. 指令寄存器的位数取决于(　　　　)。

A. 存储器的容量　　B. 指令字长　　　　　　C. 机器字长

4. 程序计数器属于(　　　　)。

A. 运算器　　　　　　B. 存储器　　　　　　C. 控制器　　　　　　　　D. I/O 接口

5. 计算机执行乘法指令时,由于其操作较复杂,需要更长的时间,通常采用(　　　　)控制方式。

A. 延长机器周期内节拍数的　　　　　　　　B. 异步　　　　C. 中央与局部控制相结合的

二、填空题

1. CPU 的性能指标主要有_____、_____、_____、_____、_____等几项。

2. CPU 是 Central Processing Unit(中央处理器)的缩写,它是计算机中最重要的部

件,主要由_____和_____组成,主要用来进行分析、判断、运算并控制计算机各部件协调工作。

3. CPU 的物理结构可以分为_____、_____、_____、_____及_____五部分。

4. CPU 采用的扩展指令集有 Intel 公司的_____、_____和 AMD 公司的_____等几种。

5. CPU 的功能主要有三种:一是_____;二是_____;三是_____。

第7章 输入/输出设备

在计算机硬件系统中,不属于主机的设备均属于外部设备,简称外设。外设是计算机主机与外界交换信息的桥梁。它包括输入设备、输出设备、输入/输出设备、外部(辅)存储器、数据通信设备、终端设备等。本章主要介绍输入设备、显示设备、存储设备这几类设备。

7.1 输入/输出设备概述

7.1.1 输入/输出设备的一般功能

输入/输出系统是计算机主机与外界交换信息时需要的硬件设备和软件设备的总称,简称 I/O 系统。一般来说,I/O 系统的硬件由以下两个方面组成。

(1) 外部设备:围绕主机而设置的各种信息媒体转换和传递的设备。

(2) 设备控制器与接口:控制主机与外部设备之间的信息格式转换、交换过程以及外部设备运行状态的硬件、软件,也称设备适配器,它与外部设备的特性有关。

本章主要介绍计算机输入/输出系统的组成原理。

7.1.2 输入/输出设备的类型

I/O 设备也称外部设备,是指在计算机系统中,除主机外,直接或间接与计算机交换数据、改变媒体或载体形式的装置。

对外部设备进行严格的分类是困难的。现代技术的集成性特点形成了"你中有我,我中有你"的局面,使人无法用一种规则就能描述出某种设备与其他设备的明显区别。比如:

(1) 按照器件性质,外部设备可以分为机电设备、电子机械设备、光电设备、磁电设备等。但实际上又很难完全区分清楚,因为磁、光、机械都离不开电,现在任何设备又都离不开电子。

(2) 按照设备与主机之间的关系,外部设备可以分为输入设备和输出设备,可是有些设备既有输入功能又有输出功能,如触摸屏、网卡等。

(3) 按照服务对象,外部设备可以分为人-机交互设备(如显示器、打印机、数码相机等)、机-机通信设备(如网卡、A/D 转换器与 D/A 转换器等)和计算机信息存储设备(如磁盘、光盘和闪存),但是有些设备,如条码阅读器是哪种类型,目前还不太清楚。

(4) 按照处理的对象,外部设备可以分为字符设备、图形/图像设备、声音设备、影视设备、虚拟现实设备等,但大多数设备现已集成有多种功能。计算机作为扩展与延伸人的大脑的智力工具,主要还是由人直接使用的。

现在我们意识到,人-机界面是除硬件和软件之外的组成计算机系统的第三大要素。迄今为止,计算机人-机界面技术已经形成符号界面技术—图形界面技术—多媒体界面技术—

虚拟现实技术等多层次的系列技术。

① 符号界面技术。

在计算机刚刚出现时,人们只能使用机器语言,利用纸带、卡片穿孔机和光电输入机实现"0"、"1"码的输入,用一列特定位置处的有孔和无孔的组合表示不同的字符,进而再用字符组成命令。不管问题难易,都要先在纸带上穿孔;出现问题要仔细辨认哪个位置上的孔被穿错。这种基于机器端的人-机界面的全手工操作方式与计算机处理的先进性极不适应,严重耗费了技术人员的精力。于是人们开始开发直接的符号式人-机界面技术。先是汇编语言的诞生,接着是高级语言,同时研制出了与之相适应的面向符号处理的人-机交互设备,如打印机、键盘和显示器。

② 图形界面技术。

对于打印和显示来说,符号处理实际上就是简单的图形处理。所以,图形设备几乎与字符设备同步发展。1950 年,美国麻省理工学院使用一个类似于示波器的阴极射线管(CRT)显示计算机处理的简单图形,是最早的计算机图形设备,也是计算机图形学研究的开始。

由于 CAD、CAM、CAI 以及艺术、商业、科研等方面的需要,自 20 世纪 60 年代起,计算机图形学进入了蓬勃发展的时期,图形外部设备也得到了迅速发展。到 20 世纪 70 年代中期,出现了廉价的固体电路随机存储器、基于电视技术的光栅扫描图形显示器,计算机图形技术与电视技术衔接,使图形更加形象、逼真。与此同时,先后出现了光笔、图形输入板、操纵杆、跟踪球、鼠标、拇指轮等定位/拾取设备,以及坐标数字化仪、绘图仪、扫描仪等。

③ 多媒体界面技术。

相比语言,图形所包含的信息量要大得多。从信息论的角度,信息是再现的差异,它能消除人在特定方面的不确定性。人通过感觉获得信息,感觉过程是外部对人的感官的刺激过程,刺激的强度取决于信息的强度以及人的感官与信息的连接性,即人与接收的信息的匹配状况。除人的兴趣因素外,不同的感官有不同的信息接收百分比。据统计,人类通过感觉器官收集到的全部信息中,视觉约占 65%,听觉约占 20%,触觉约占 10%,味觉约占 2%,即大部分信息要靠视觉和听觉接收。一般来说,在大多数感觉器官中,视觉由于与大脑中枢最靠近,神经最发达,所以接收信息的百分比最高,其次是听觉的。研究证实,在其他条件相同的情况下,让视觉和另一个感官分别接收不同的信息,当两个信息矛盾时,大部分人实际接收到的是视觉信息;而当人的几个不同的感官,尤其是视觉和听觉协同接收相关信息时,人与该信息的连接性要比单独用一个感官的高得多。进入 20 世纪 80 年代后,人们开始致力于将文本、声音、图形和图像进行综合处理,建立多种信息媒体的逻辑连接,使之具有人-机交互性,并将之称为多媒体计算机技术(Multimedia Computing)。

多媒体计算机技术的核心包括以下几个方面。

● 开发具有视觉、听觉和说话能力的外部设备,如全屏幕及全运动的视频图像、高清全电视信号及高速真彩色图形的显示设备和摄像设备,高保真度的音响等。

● 高速、大容量的计算机系统。

● 视频数据和音频数据的压缩与解压缩技术。多媒体计算机能实时地综合处理声、图、文本信息。数字化后的图像数据量是非常大的,例如,一幅 640 像素×480 像素的图画中等分辨率的彩色图像(24 比特像素)的数据量约为 7.37 MB;如果是运动图像,则要以 30 帧/

秒或 25 帧/秒的速度播放。视频信号的传输速率为 220 Mb/s,将其保存在 600 MB 的 CD 光盘中只能播放 20 s。而对于音频信号,以激光数字唱盘为例,如果采样频率为 45.1 kHz, 量化为 16 比特的双声道立体声,那么 600 MB 的 CD 光盘只能保存播放 1 小时的数据,其传输速率为 150 Kb/s。

④虚拟现实技术。

虚拟现实技术是仿真技术的一个重要方向,是仿真技术与计算机图形学、人机接口技术、多媒体技术、传感技术、网络技术等多种技术的集合,是一门富有挑战性的交叉技术前沿学科。虚拟现实(VR)技术主要包括模拟环境、感知、自然技能和传感设备等。模拟环境是由计算机生成的、实时动态的三维立体逼真图像。感知是指理想的虚拟现实技术应该具备人所具有的感知。除计算机图形技术所生成的视觉感知外,还有听觉、触觉、力觉、运动等感知,甚至还包括嗅觉和味觉等感知,也称为多感知。自然技能是指人的头部转动、眼睛、手势或其他人体行为动作,由计算机来处理与参与者的动作相适应的数据,对用户的输入信息做出实时响应,并分别反馈到用户的五官。

7.1.3 输入/输出设备与主机系统间的信息交换

主机和外部设备之间的信息交换控制,在不同的系统结构中有不同的方式。一般有以下几种方式。

1. 程序直接控制方式

程序直接控制(Program Direct Control)方式是通过由 I/O 指令所编写的程序来控制主机与外设之间的信息传送。其过程简述如下:先由主机通过启动指令来启动外设工作,启动后主机使用测试指令不断地查询外设工作是否完成,一旦外设工作完成,就可进行数据传送。这种方式控制简单,但是主机和外设是串行工作的。当外设工作的速度很慢时,主机大量的时间被消耗在测试等待中,使主机不能充分发挥其作用。

2. 程序中断控制方式

在程序中断控制(Program Interrupt Control)方式中,主机启动外设后不需要等待查询,而是继续执行程序。当外设工作完成后,便向 CPU 发送中断请求信号。CPU 接到中断请求信号后,当响应条件满足时,由 CPU 执行中断服务程序以完成外设和主机之间的一次信息传送,完成信息传送后主机又继续执行主程序。程序中断控制方式的优点是可以使 CPU 和外设并行工作,而且可使多台外设同时工作,使 CPU 的效率大大提高。其缺点是程序中断传送使 CPU 增加了额外开销,所以适用于工作速度不快的外设与主机之间的信息传送。高速设备采用程序中断控制方式会造成数据丢失。

3. 直接存储器存取方式

直接存储器存取(Direct Memory Access,DMA)方式是在外设和主存之间开辟的一条直接数据通道,当高速设备的数据准备好后,可由专门的 DMA 控制器来替代 CPU 实现传送控制。CPU 除了数据块开始传送和结束传送时需要进行适当处理外,在数据块传送过程中无须 CPU 的干预,每传送一个数据只需要占用一个主存周期,这样数据传送的速度上限就由主存的工作速度来决定。但 DMA 控制器只对少量同类设备进行控制,由于中型机、大型机外设种类很多,若采用 DMA 方式进行控制,不但会造成硬件接口多、不经济,而且会造成访存冲突,从而降低系统效率。

4. I/O 通道控制方式

I/O 通道控制(I/O Channel Control)方式中的"通道"不是一般概念的 I/O 通道,它是一个专用的名称。通道能独立地执行用通道命令编写的输入/输出控制程序,产生相应的控制信号,并发送给由它管辖的设备控制器,继而完成复杂的输入/输出过程。通道是一种通用性和综合性都较强的输入/输出方式,它代表了现代计算机组织向功能分布发展的初始发展阶段。I/O 通道具有自己的指令系统,并能执行指令所控制的操作,所以 I/O 通道已具备处理机的功能。但它仅仅是面向外围设备的控制和数据的传送,其指令系统也仅仅是几条简单的与 I/O 操作有关的命令。它要在 CPU 的 I/O 指令的指挥下启动、停止或改变工作状态。在 I/O 处理过程中,有一些操作,如码制转换、数据块的错误检测与校正,仍由 CPU 完成。因此,I/O 通道不同于一个完全独立的处理机,它只是从属于 CPU 的一个专用 I/O 处理器。它的进一步发展引入了专用的输入/输出处理机。

5. 外围处理机方式

输入/输出处理机通常称为外围处理机(Peripheral Processor Unit,PPU)。这种外围处理机的结构更接近一般的处理机,甚至是一般小型通用的计算机。它可完成 I/O 通道所要完成的 I/O 控制,还可完成码制变换、格式处理、数据块的检错和纠错等操作。它有相应的运算处理部件、缓冲部件。有了外围处理机,不但可简化设备控制器,而且可用它作为维护、诊断、通信控制、系统工程显示与人机联系的工具。

外围处理机基本上独立于主机工作。在大多数系统中,可以设置多台外围处理机,分别完成 I/O 控制、通信、维护、诊断等任务。有了外围处理机后,计算机系统结构有了质的飞跃,由功能集中式发展为功能分散的分布式系统。

7.2　键盘及接口

7.2.1　键盘的类型

字符输入设备的实质是将要输入的字符转换成相应的 0、1 码。目前,键盘是最重要的字符输入设备。

按照工作的物理性质,键盘一般可分为以下三种。

(1) 触点式键盘:借助金属将两个触点接通或断开以输入信号。

(2) 无触点式键盘:借助霍尔效应开关(利用磁场变化)和电容开关(利用电流和电压变化)产生输入信号。

(3) 激光式虚拟键盘:在任意平面上投影出全尺寸的计算机键盘,当手指按下投影片键盘时,会阻断该位置的红外线,使反射后通过感知器接收到反射的坐标,由此得知按下的是什么键。

7.2.2　键盘及接口电路

键盘的基本组成元件是按键开关。这些开关在线路板上排列成行、列矩阵的格式,如图 7-1 所示。使用硬件或软件对行、列分别扫描,就可以确定被按下键的位置。在对键盘位置进行扫描的过程中所产生的用于确定按键位置的码,称为键盘的扫描码。有了键盘扫描码后,键盘处理器使用其与只读存储器(ROM)内的字符映射表进行比对,就可以得到相应的内码。例如,字符映射表会告诉处理器单独按下 A 键得到的扫描码对应小写字母 a,而同时按下 Shift 键和 a 键得到的扫描码对应大写字母 A。

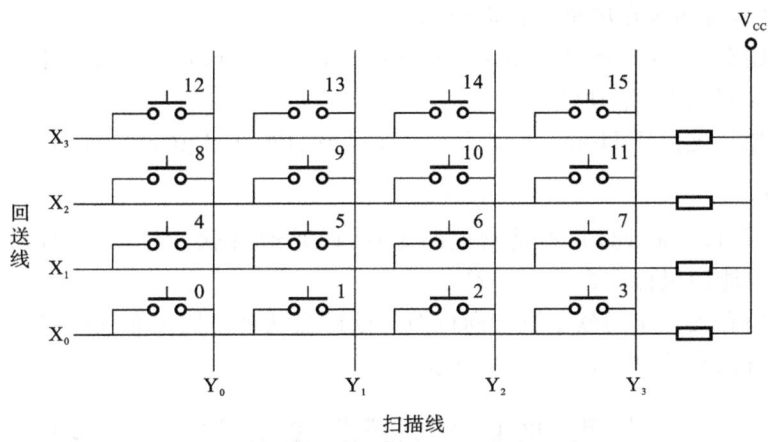

图 7-1　由键盘组成的开关矩阵

可以使用不同的字符映射表取代键盘中原来使用的映射表。不同的语言输入法有不同的字符映射表。

按下一个键时,键盘内的处理器会对键盘矩阵进行分析,并将确定的字符保存在自己的缓冲区内,然后才发送这些字符。因此,一个键盘要由下列部件组成。

(1)开关矩阵。

(2)键盘处理器。

(3)字符映射表。

(4)键盘缓冲区。

因按键时会使键产生机械抖动,为了防止由此造成的错误判断,在键盘控制电路中含有硬消除抖动影响的或软消除抖动影响的机制。

1. 键盘上的按键类型

键盘是在打字机(Typewriter)的基础上发展而来的,其按键数曾出现过 83 键、87 键、93 键、96 键、101 键、102 键、104 键、107 键等。104 键的键盘是在 101 键的键盘基础上为 Windows 9X 平台增加了 3 个键(有 2 个是重复的),所以也叫 Windows 9X 键盘。

不管键盘的形式如何变化,按键排列还是基本保持不变的,可以分为主键盘区、数字键区、功能键区、控制键区。对于多功能键,增添了快捷键区。

计算机的键盘通常与打字机的键相同,按照 QWERTY 的顺序排列。除此之外,其他键盘布局还包括 ABCDE、XPeRT、QGERTZ 和 AZERTY。每种布局都是由键盘的前几个字母来命名的。其中，QGERTZ 和 AZERTY 键盘的排列方式应用广泛。打字机上的数字键原来是在键盘最上方的。计算机键盘最初也是这样一种布局。后来，随着计算机在商务环境中的应用，为了能快速录入数据并进行简单计算，开始将这些数字键组织成一个相对独立的区间或制作成一个独立小键盘。现在，数字小键盘上的 17 个键是在 10 个数字键上添加了四则运算符以及 Enter、Del 和 NumLock，并采用计算器上的布置。1986 年，IBM 公司对基本键盘进行了扩展，增加了功能键和控制键。应用程序和操作系统可以向功能键指定特定的命令，控制键还可以提供光标和屏幕控制。4 个箭头键呈倒 T 形分布在输入键和数字小键盘的中间，可用来在屏幕上移动光标。

常规键盘还有 Caps Lock 键（用于字母大小写锁定）、Num Lock 键（用于数字小键盘锁定）、Scroll Lock 键（用于滚动锁定）。

其他常用控制键包括 Home、End、Insert、Delete、PgUp、PgDn、Ctrl、Alt、Esc。

2. 软键盘

软键盘（Soft Keyboard）并不是物理的键盘，而是通过软件显示在"屏幕"上的模拟键盘。这种键盘只能用鼠标点击输入字符。

软键盘盘面有固定布局软键盘和随机布局软键盘两种。固定布局软键盘一般用于便携智能设备，如手机、平板电脑，如图 7-2 所示。

图 7-2　固定布局软键盘

随机布局软键盘常用于银行的客户端上要求输入账号和密码的地方。由于软键盘是随机生成的，所以每次键盘上数字的顺序都不同，除非使用快速截取屏幕或者监听网络数据包的方法，否则很难记录输入的字符，这样可以防止木马记录键盘输入的密码，如图 7-3 所示。

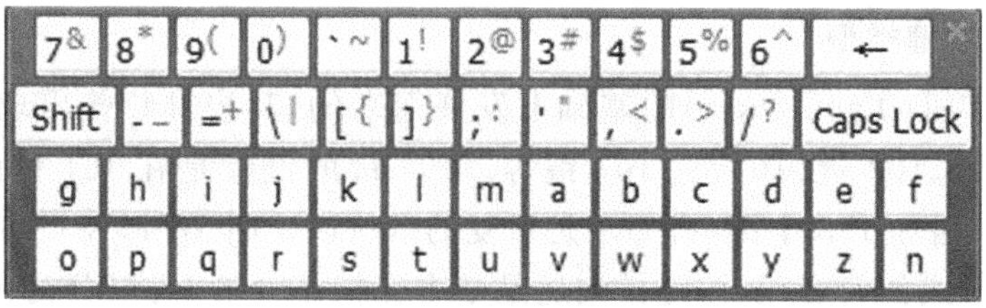

图 7-3　随机布局软键盘

3. 虚拟激光键盘

虚拟激光键盘(Virtual Laser Keyboard, VLK)也称虚拟键盘, 它是由光投照所形成的影像键盘, 如图 7-4 所示。几乎能在任意平面上投影出全尺寸的影像键盘, 并且在不使用时会完全消失。

图 7-4　激光投影键盘

激光投影键盘系统主要由三个部分组成, 其工作原理如图 7-5 所示。

(1) 投影模块 A: 该模块由高效的全息光学元件发出红色可见光源而投影出全息键盘。

(2) 传感器模块 B: 内含定制的硬件, 能够实时确定反射光的位置。

(3) 红外线模块 C: 可以产生与界面表面平行的红外线光照平面, 光线照在物体表面几毫米处。注: 肉眼不可见。

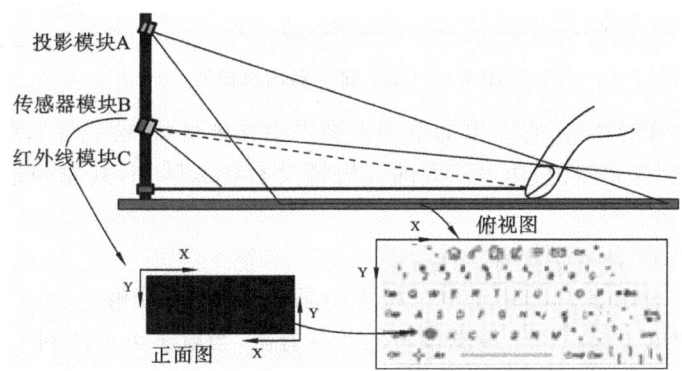

图 7-5　激光投影键盘的工作原理

当手指敲击虚拟激光键盘时, 手指会遮挡由红外模块发出的红外线。传感器模块 B 可以精确地感知手指的动作和所敲击的按键位置, 从而完成键入动作。

7.3　显示设备及接口

7.3.1　显示方式

显示设备是将各种电信号变为视觉信号的一种设备, 是目前计算机给人传送信息的有效设备之一。

计算机系统中的显示设备种类很多, 目前计算机系统中使用最广泛的是阴极射线管

(Cathode Ray Tube,CRT)、等离子体显示器(Plasma Display,PDP)、液晶显示器(Liquid Crystal Display,LCD)和发光二极管(Light Emitting Diode,LED)等。

7.3.2 成像原理

1. CRT 显示器

尽管显示器的新品层出不穷,但 CRT 的基本工作原理沿用了几十年,直到今天也没有太大的变化。如图 7-6 所示,显示器是一种复杂的设备,其扩展性和可靠性也十分惊人,在这一方面,电子控制起了很大作用。任何机械都会有磨损,唯有使用电子元件才能延长寿命,甚至能适应数千小时的工作。

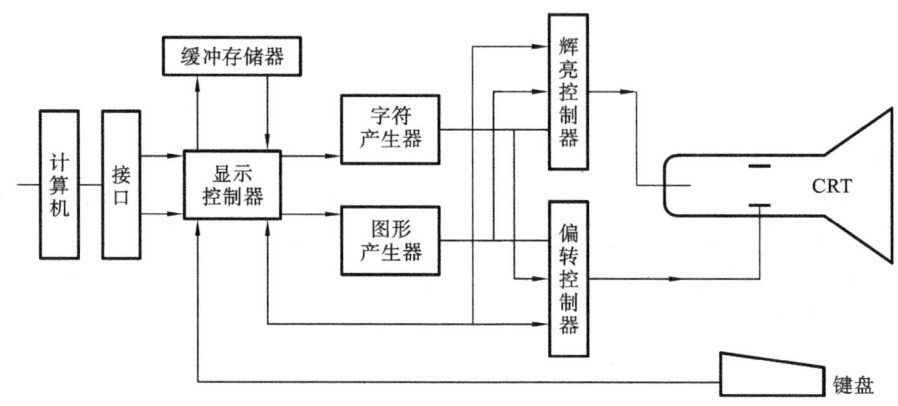

图 7-6　CRT 显示器的原理图

电子枪是显像管的核心,它发出的电子束会击中光敏材料(荧光屏),刺激荧光粉产生图像。实际上,电子枪与大体积、功率强大的二极管没有什么区别,其原理也适用于电视机和示波器。

(1)生成图像。

偏转线圈(Deflecting Coil)用于电子枪发射器的定位,它能够产生一个强磁场,通过改变磁场强度来移动电子枪。由于线圈偏转的角度有限,当电子束传播到一个平坦的表面时,能量会轻微地偏移目标,仅有部分荧光粉被击中,四边的图像都会产生弯曲现象,因此,为了解决这个问题,显示器生产厂家将显像管制造成球形,让荧光粉充分地接收到能量,其缺点是屏幕会变弯。电子束射击从左至右、从上至下的过程称为刷新,不断重复地刷新能保持图像的持续性。

(2)混合颜色。

旧式的显示器只有单一的电子枪,只能产生黑白两种颜色,也就是传说中的单色显示器(Monochrome Monitor)。新一代显示器有三只电子枪,每只电子枪都有独立的偏转线圈,分别发出 RGB(Red、Blue、Green(红、蓝、绿))三束光线,混合光线可以产生 1600 万种颜色,或者说真彩色。某些显示器能用一个电子枪发出三束光线,经过混合也能生成其他颜色。生成彩色图像电子枪要扫描屏幕三次,其过程要比黑白图像复杂得多。

(3)回转变压器(Flyback Transformer)。

回转变压器类似发动机点火线圈,在特定时间内发送一个低能量信号给回转磁线圈,并生成磁场。当低能量源关闭后,磁线圈的能量转移到高能量输出中,最后传送到电子枪并发送出电子束。依照 CRT 尺寸的不同,产生的能量也各有差异,通常在 10000 伏至 50000 伏之间。当电子枪完成一条线的扫描后,回转变压器会释放出能量,关闭电子枪并消去磁场,强制光束发送到屏幕的其他位置,就能画出下一条线。当显示器开启时,请不要直接触摸 CRT,因为它带有上万伏的电压。

（4）垂直同步信号和水平同步信号。

垂直同步信号和水平同步信号是 CRT 中两个基本的同步信号。水平同步信号可以决定 CRT 画出一条跨越屏幕线的时间线;垂直同步信号可以决定 CRT 从屏幕顶部到底部再返回原始位置的时间,垂直同步也可称为刷新率。显卡把这两个参数提供给显示器,显示器使用它们来驱动内部振荡电路,以确定显示器与当前显卡的设置相同。标准电视机的水平同步信号为 525 线/帧×30 帧/秒,那么得到水平方向扫描图像为 15.75 kHz,显示器的水平同步信号可任意调节,幅度在 15.75 kHz～95 kHz。把水平同步信号反转能够得出扫描一条线的时间,即 1/15.75 kHz＝63.5 μs。垂直折回脉冲使电子枪关闭后,电子枪会返回原来位置,电视机扫描一帧图像要返回 525 次。因为 CRT 的频繁开闭和扫描切换,在屏幕上实际表现出来的线数要比 525 少,一般为 399～428 条线。

（5）交错和非交错。

显示器表现的是静态画面,并以连续的画面来组成动画。由于计算机画面是随机的,无法预先录制,所以在玩 3D 游戏时就会感受到画面的停顿现象。为了追求显示画面的速度,需要采用两种不同的扫描方式。电视机采用的是交错（Interlace）扫描,其本身刷新速度不足,每一帧都要刷新两次,因为人眼的视觉暂停原理,所以感受到的是连续播放的画面。显示器的隔行扫描与之类似,但有少许不同。早期的 CRT 并不能保持刷新率不变,磁偏转线圈常影响着电子束的发射,有时还会减弱电子束,限制荧光粉的发热时间,导致上半部分屏幕比下半部分屏幕更亮,所以我们不能再沿用电视机的技术,必须有所突破。后来,人们采用了分线刷新法,第一次扫奇数行、第二次扫偶数行。分线刷新法的缺点是每做一件工作要刷新两个周期,显示器的反应较慢,但也因此而增加了显示器的刷新速度,以 30 fps 的帧率实现 60 fps 的帧率的图像也成为可能,避免了显像管负荷过重而烧毁。幸运的是,在荧光粉发热时间和稳定性增加,以及电子枪得到重大改进的今天,上述问题亦不复再现。

（6）金属隔板技术。

点状阴罩（Shadow Mask）是指在电子枪和荧光屏之间放置一个金属隔板,上面有许多小洞可让电子通过。其作用是防止荧光点加热时传导到附近的点,分离显示器的色彩。在阴罩技术方面,有两点最重要:一是如何使用更薄的金属来制造隔板,并缩小点与点之间的位置（Dot Pitch,点距）,让它与屏幕上的点一一对应;二是如何修正电子束的颜色,让它更符合要求。

阴罩的第一个缺点是金属隔板会随着能量的变化而发生弯曲,特别是在高亮度的情况下,需要更多的能量来战胜阴罩的阻抗,弯曲也会更加严重。金属隔板的变形会使电子束偏离原定目标,显示的画面也会模糊不清。为此,人们只好不断寻找适合制造阴罩的金属,目前效果最好的是 INVAR（不胀铜）,它是镍/铁合金,膨胀率几乎为零。阴罩的第二个缺点是屏幕弯曲时会产生刺眼的眩光,可用 AGC(Anti Glare Coatings,防眩光涂层)解决这个问题。

Aperture Grills(栅条式金属板)的原理和阴罩的原理差不多,只是将圆孔换成了垂直的栅条,增加了电子束的穿透率。由于栅条是垂直的,所以可以使用柱面显像管,在垂直方向实现完全平面。其缺点是金属板过热会导致栅条间隔变小,显示图像模糊。除此之外,栅条的微小振动也会导致画面颤抖。Sony 的 Trinitron(特丽珑)采用了两条水平金属线来固定栅条的位置,虽然在高亮度时可以见到若隐若现的金属线,但并不影响画面的完整。

Slot Mask(槽状阴罩)是 NEC 公司和 Panasonic 公司开发的新技术,它结合了传统阴罩和栅条金属板的优点,以垂直长方形栅条代替旧式的圆点,增加了电子束的穿透率。不过,它仍然无法避免金属板的变形,唯有沿用原有的球状显像管。另外,槽的形状还要尽量接近电子束的外形,防止荧光粉受到过多的能量照射。

CRT 显示器具有清晰度高、实时性好、可进行动态显示等优点;其缺点是体积大、笨重、能耗高,还需要高压供电。

2. 液晶显示器

液晶显示器由两块板构成,厚约 1 mm,其间由包含液晶材料 5 μm 的均匀间隔隔开。因为液晶材料本身不发光,所以在显示屏下边设有作为光源的灯管。在液晶显示器屏背面有一块背光板(或称匀光板)和反光膜,背光板由荧光物质组成,可以发射光线,其作用主要是提供均匀的背光源。

背光板发出的光线在穿过第一层偏振过滤层之后进入包含成千上万液晶液滴的液晶层。液晶层中的液滴保存在细小的单元格中,由一个或多个单元格构成屏幕上的一个像素。在玻璃板与液晶材料之间是透明的电极,电极分为行和列,在行与列的交叉点上,通过改变电压来改变液晶的旋光状态。液晶显示器使用液态晶体作为显示材料。液晶即液态晶体,是一种很特殊的物质,是一种具有规则性分子排列的有机化合物,它介于固体与液体之间,既能像液体一样流动,又具有晶体的某些光学性质。液晶分子的排列不像固态晶体分子的排列那样牢固,它柔软易变,当受电场、磁场、温度、应力等外部条件作用时,液晶分子就会重新排列,并且具有各向异性的光学特性。

液晶通常有三种不同的分子结构:沾土状液晶(Sinactic)、细柱状液晶(Nematic)和软胶状液晶(Cholestic)。液晶显示器中使用的沾土状液晶是一种向列液晶,其分子的形状为细长棒形,在不同的电场作用下,液晶分子会按照规则旋转 90° 排列,产生光散射效应、旋光效应、双折射效应等,形成透光度的差别,这样,在电源的开关作用下产生明暗的区别,以此原理控制每个像素便可构成所需图像。液晶显示器多采用偏光器控制光线的透过率。当有环境光或背面光时,可通过光的投射而显示文字或图形。色彩则由与每个像素点对应的红绿蓝三个色彩过滤器过滤控制。

如图 7-7 所示,通常在两片玻璃基板上安装取向膜,液晶会沿着沟槽配向。当玻璃基板的配向沟槽偏离 90° 时,液晶中的分子就会在同一平面内像百叶窗一样一条一条地整齐排列,而分子的向列从一个液面过渡到另一个液面时会逐渐扭转 90°,也就是说,两层分子排列的相位相差 90°。

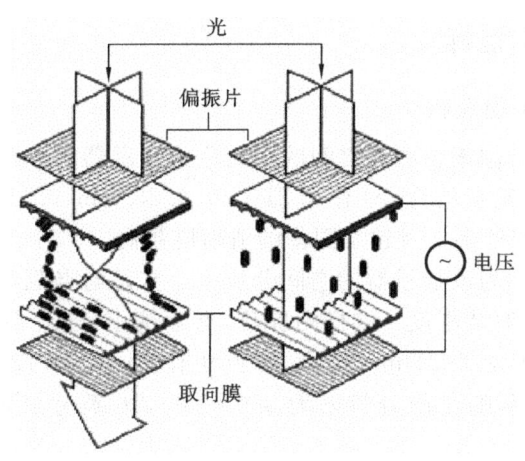

光

偏振片

电压

取向膜

图 7-7　液晶显示器的原理

液晶显示器虽然克服了 CRT 体积庞大、耗电和闪烁的缺点,但也同时带来了造价过高、视角不广以及彩色显示不理想等问题。CRT 可选择一系列分辨率显示,而且能按屏幕要求加以调整;但液晶显示器只包含固定数量的液晶单元,在全屏幕中只能使用一种分辨率显示(每个单元就是一个像素)。

CRT 通常有三个电子枪,射出的电子束必须精确聚焦,否则就得不到清晰的图像。但液晶显示器不存在聚焦问题,因为每个液晶单元都是单独开关的。液晶显示器也不必关心刷新频率和闪烁,液晶单元要么开,要么关,所以在 40～60 Hz 这样的低刷新频率下显示的图像不会比 75 Hz 下显示的图像更闪烁。不过,液晶显示器屏幕的液晶单元会很容易出现瑕疵。对于 1024 像素×768 像素的屏幕来说,每个像素都由三个单元构成,分别负责红色、绿色和蓝色的显示。所以,总共需要 240 万个单元(1024×768×3＝2359296)。很难保证所有这些单元都能完好无损。最有可能的是,其中一部分已经短路(出现"亮点")或者断路(出现"黑点")。

随着技术的日新月异,液晶显示器的技术也在不断发展创新。各大液晶显示器生产厂商纷纷加大了对液晶显示器的研发费用,力求突破液晶显示器的技术瓶颈,进一步加快液晶显示器的产业化进程,降低生产成本,达到用户可以接受的价格水平。

LED 显示器也属于液晶显示器的一种,LED 液晶技术是一种高级的液晶解决方案,它用 LED 代替了传统的液晶背光模组。亮度高,而且可以在寿命范围内实现稳定的亮度和色彩表现功能。更宽广的色域(超过 NTSC 和 EBU 色域),能实现更艳丽的色彩。实现 LED 功率控制功能很容易,不像传统的 CCFL 的最低亮度有一个门槛。因此,无论在明亮的户外还是全黑的室内,用户都很容易把显示设备的亮度调整到最佳状态。在以 CCLF 冷阴极荧光灯作为背光源的液晶显示器中,其中不能缺少的一个主要元素就是汞,这也是大家所熟悉的水银,这种元素是对人体有害的。因此,众多液晶面板生产厂商都在无汞面板生产上投入了很多精力,如我国台湾 IT 厂商华硕采用的不含汞 LED 背光技术就通过了 ROHS 认证,使 MS 系列产品比传统的 CCFL 显示器节能 40%以上。

7.3.3 显示器的技术指标

1. 点距、分辨率和可视面积

显示屏幕上相邻两个像素中心点之间的距离称为显示器的点距（dot pitch）。目前市场上显示器的点距（也称像素点的直径）有 0.21 mm、0.25 mm、0.28 mm，0.31 mm 和 0.39 mm，其中以 0.28 mm 的较多。点越小图像的清晰度越高。

显示的像素点数目称为该显示器的空间分辨率。它是与点距和屏幕大小都有关的一项指标，表示了显示器的相对清晰度。同样的屏幕，点距越小，分辨率越高，同样的点距，屏幕越大，分辨率越高。例如，对 0.31 mm 像素，每英寸有 80 素，则 12 英寸屏幕的空间分辨率为 640 * 480，14 英寸屏幕的空间分辨率为 800 * 600，16 英寸屏幕的空间分辨率为 1024 × 768。

显示屏的分辨率可以用软的或硬的方法在一定范围内进行设置。在最高分辨率下，一个发光点对应一个像素。如果设置低于最高分辨率则一个像素可能覆盖多个发光点。

每个像素可以有不同的灰度和颜色。灰度和颜色也称显示器的颜色分辨率，要用二进制码控制。例如，用 1 位二进制码控制，只能控制该像素为黑或白；用 4 位二进制码控制，则能控制该像素为 16 种不同的灰度或颜色；用 8 位二进制码控制，就能控制该像素为 256 种不同的灰度或颜色；用 2 个字节（16 位）的二进制码控制，则能控制该像素 $64 * 2^{10}$ 种不同的灰度或颜色；用 3 个字节（24 位）的二进制码控制，则能控制该像素为 $1677 * 2^{20}$ 种不同的灰度或颜色，这时的色彩已基本上表达了大自然的所有人眼所能分辨的颜色，看上去与高清晰度照片相差无几，故称为"真彩色"。

为了表达显示器的空间分辨率和颜色分辨率，就要求有一定的显示存储量。如理论上对 1024 * 768 的空间分辨率，用 3 位二进制码表示的颜色等级，需要的显示存储器为 1024 * 768 * 3 ＝230.4 KB。

一个屏幕的显示面积与点距和分辨率有关。例如，15 英寸液晶显示器，当点距为 0.279 mm，分辨率为 1024 * 768 时，可视面积为 285.7 mm * 214.3 mm。

2. 显示模式

显示模式指所符合或采用的视屏显示标准，这些标准给出了显示器的最大颜色数和最大分辨率，

3. 屏幕比例

屏幕比例是其宽度与高之比。目前标准的屏幕比例是 4∶3（1.33）和 16∶9（1.78），笔记本计算机的屏幕比例多为 15∶9 或者 16∶10。

4. 可视角度

可视角度指人能清晰地看见屏幕图像的最大角度。目前，LCD 显示器的可视角度可以达到 170°，但是要分水平可视角度和垂直可视角度，其水平可视角度左右对称，垂直可视角度则上下不对称。CRT 显示器的可视角度 180°，其上下、左右对称。

5. 响应时间

响应时间是用来表示液晶显示器个像素点对输入信号的反应速度，也就是液晶由暗转

亮(上升)到由亮到暗(下降)所需的时间,单位是 ms。响应时间是上升时间和下降时间之和。响应时间超过 40 ms,就会出现拖尾现象。现在大多数 LCD 显示器的响应时间在 2～8 ms之间。

6. 亮度和对比度

亮度是人眼所感觉到的颜色的明暗程度。对 LCD 显示器来说,其亮度指光源通过液晶透射出的光强度,单位是坎(cd/m2)。一般 LCD 显示器的亮度 300 cd/m^2。

对比度是屏幕上最亮处与最暗处亮度的比值。人眼可分辨的对比度约为 100∶1,当显示器的对比度超过 120∶1 时,才可以给人以生动、丰富的感觉。目前液晶显示器的对比度已经可以超过到 80000∶1。

7. 接口标准

接口可以分为模拟接口和数字接口两大类。液晶显示器的数字接口标准有 D-Sub (VGA)、LVDS、TDMS、GVIF、P&D、DVI 和 DFP 等。其中 DVI(digital visual interface) 既可以传输数字信号也可以传输模拟信号。

7.3.4 显示适配器

显卡(video card、display card、graphics card)又称为显示适配器(video adapter),是连接显示器和计算机的重要元件。早期的 CRT 显示器采用模拟信号驱动显示,而计算机中采用数字信号,因此显卡的基本作用是进行 D/A 转换,把计算机提供的数字输出信号,转换为模拟的 R、G、B 信号以及行扫描、场同步信号。现代显卡的主要功能主要是进行图形处理,以降低 CPU 的负担。例如,要输出一个圆,CPU 只需向显卡发出圆的大小和色彩的命令,具体如何画则由显卡实现。

显卡由 GPU(GraPhic Processing Unit,图形处理器)、显示 BIOS、显示内存、RAMDAC (Random Access Memory Digital-to-Analog Converter,随机存取数字/模拟转换器)、输出接口和连接主板总线等组成。GPU 是一个专门的图形核心处理器。显示 BIOS 是 CPU 与驱动程序之间的控制程序,并储存有显示卡的型号、规格、生产厂家及出厂时间等信息。显示内存的主要功能就是暂时储存显示芯片要处理的数据和处理完毕的数据。RAMDAC 用于将显示存储器中数字信号转换为显示器能使用的 RGB 模拟信号。

显卡的主要技术参数有如下几个。

1. 核心频率

显卡的核心频率是指显示核心的工作频率。在同样级别的芯片中,核心频率高的则性能要强一些,提高核心频率就是显卡超频的方法之一。

2. 显存频率

显存速度一般以 ns(纳秒)为单位。常见的显存速度有 7 ns、6 ns、5.5 ns、5 ns、4 ns、3.6 ns、2.8 ns 以及 2.2 ns。

3. 显存容量

显存容量也叫显示内存容量,是指显卡上的显示内存的大小。显示内存的主要功能在将显示芯片处理的数据暂时储存在显示内存中,然后再将显示资料映像到显示屏幕上,显卡达到的分辨率越高,屏幕上显示的像素点就越多,所需的显示内存也就越多。

4. 显存位宽

显存位宽是显存在一个时钟周期内所能传送数据的位数,位数越大则瞬间所能传输的数据量越大,这是显存的重要参数之一。目前市场上的显存位宽有 6 位、128 位和 256 位 三种,人们习惯上叫的 64 位显卡、128 位显卡和 256 位显卡就是指其相应的显存位宽。显存位宽越高,性能越好,价格也就越高。

7.4 打印设备及接口

打印机(Printer)是计算机的输出设备之一,用于将计算机处理的结果打印在相关介质上。衡量打印机好坏的指标有三项:打印分辨率、打印速度和噪声。打印机的种类很多,按打印元件对纸是否有击打动作,可分为击打式打印机与非击打式打印机。按打印字符结构,可分为全形字打印机和点阵字符打印机。按一行字在纸上形成的方式,可分为串式打印机与行式打印机。按所采用的技术,可分为柱形打印机、球形打印机、喷墨式打印机、热敏式打印机、激光式打印机、静电式打印机、磁式打印机、发光二极管式打印机。

7.4.1 打印机的性能指标

下面讨论打印机所共有的主要性能指标。

1. 打印分辨率

打印分辨率是衡量打印机质量好坏的一项重要技术指标。打印机分辨率一般是指最大分辨率,分辨率越大,打印质量越好。由于分辨率对输出质量有重要影响,因此打印机通常是以分辨率(Resolution)的高低来衡量其档次的。计算单位是 dpi(Dot Per Inch),其含义是指每英寸内打印的点数。例如一台打印机的分辨率是 600 dpi,表示其打印输出每英寸打600 个点。dpi 值越高,打印输出的效果越好,越逼真,当然输出时间也越长,售价越贵。

一般针式打印机的分辨率为 180 dpi,最高可达 360 dpi;喷墨式打印机的分辨率为 720 DPI,稍高的可达 1440 dpi,近期推出的喷墨式打印机的分辨率已达 2880 DPI;激光式打印机的分辨率为 300 dpi、600 dpi,高的可达 1200 dpi,甚至可达 2400 dpi;染料升华式热转印打印机的分辨率高达 1800 dpi。

2. 打印幅面

打印幅面是衡量打印机输出图文页面大小的指标。

针式打印机中一般给出行宽,用一行中能打印多少个字符(字符/行或列/行)表示。常用的针式打印机有 80 列和 132/136 列两种。

激光式打印机常用单页纸的规格表示,按打印幅面可以将打印机分为 A3、A4、A5 等幅面打印机。打印机的打印幅面越大,打印的范围也越大。

喷墨式打印机也常用单页纸的规格表示。通常喷墨式打印机的打印幅面为 A3 或 A4大小。

3. 首页输出时间

这是激光式打印机特有的术语,即在执行打印命令后,多长时间可以输出打印的第一页内容。一般的激光式打印机在 15 秒内可以完成首页的输出工作,测试的基准是打印分辨率为 300 dpi、A4 打印幅面、5％的打印覆盖率、黑白打印。

4. 介质类型

激光式打印机可以处理的介质有普通打印纸、信封、投影胶片、明信片等。

喷墨式打印机可以处理的介质有普通纸、喷墨纸、光面照片纸、专业照片纸、高光照相胶片、光面卡片纸、T 恤转印介质、信封、透明胶片、条幅纸等。

针式打印机可以处理的介质有普通打印纸、信封、蜡纸等。

5. 输入数据缓冲区

为了提高打印机的速度,应要求输入数据缓冲区足够大。24 针打印机的输入数据缓冲区的范围一般为(2～40)KB,也有达 128 KB 的;喷墨式打印机的输入数据缓冲区的范围为(10～64)KB;激光式打印机的输入数据缓冲区的范围为(1～8)MB,有的可达 66 MB。

6. 网络打印功能

网络打印功能是指能够通过网络实现打印服务的能力,支持该功能的激光式打印机不仅可以帮助用户提高效率,而且可以节省用户采购设备的开支。由于激光式打印机主要应用在公司、企业或机关单位,所以激光式打印机在网络打印功能方面的性能也是不能忽视。

7.4.2　点阵针式打印机

针式打印机是通过打印头中的 24 根针击打复写纸,从而形成字体,在使用过程中,用户可以根据需求来选择多联纸,一般常用的多联纸有 2 联、3 联、4 联、6 联等。只有针式打印机能够一次性快速打印完成多联纸,喷墨式打印机、激光式打印机无法实现多联纸打印。

针式打印机的主要部件是打印头,通常所讲的 9 针、16 针和 24 针打印机就是打印头上的打印针的数目。打印头按击针方式可分为螺管式打印机、拍合式打印机、储能式打印机、音因式打印机和压电式打印机。下面以 24 针打印机 LQ-1600K 和 AIz3240 的打印头为例说明其工作原理。

图 7-8 所示的是针式打印机的原理图,它属于储能式打印头。在每根打印针的后面(从打印针的后面向前看)有一个环形扼铁,环形扼铁的四周排列着 24 个消磁线圈、24 个衔铁弹簧片和 24 根打印针。24 根打印针在环行圆周上均匀排列,并沿导向板上的导向槽从打印头顶部穿出,形成两列平行排列的打印针。

从图 7-8 中可以看出,储能式打印头的工作原理是用永久磁铁作用于弹簧,使打印针缩在打印头内处于储能状态,即打印针储存了击打能量,当消磁线圈通电后,产生与永久磁铁磁场方向相反的磁场,即减少了永久磁铁的磁通量,抵消了永久磁铁对打印针后部衔铁和弹簧片的吸引,使弹簧片驱动打印针向前飞行,完成打印动作。此种打印头的优点是功耗低和打印速度快。

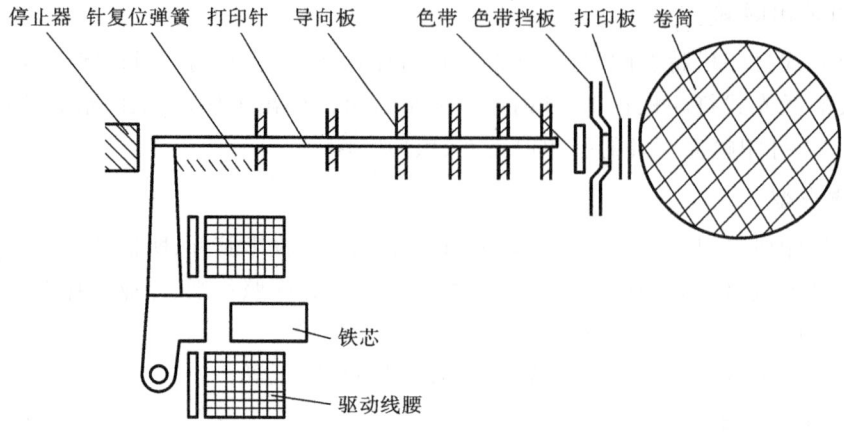

图 7-8　针式打印机的原理图

7.4.3　激光式打印机

激光式打印机起源于 20 世纪 80 年代末的激光照排技术，流行于 20 世纪 90 年代中期。它是将激光扫描技术和电子照相技术相结合的打印输出设备。其基本工作原理是由计算机传送的二进制数据信息通过视频控制器转换成视频信号，再由视频接口/控制系统将视频信号转换为激光驱动信号，然后由激光扫描系统产生载有字符信息的激光束，最后由电子照相系统使激光束成像并转印到纸上。相较于其他打印设备，激光式打印机有打印速度快、成像质量高等优点。

激光式打印机的工作原理如图 7-9 所示，激光式打印机由激光发生器发射出的激光束经反射棱镜射入声光偏转调制器，与此同时，由计算机发送的二进制图文点阵信息，从接口送至字形发生器，形成所需字形的二进制脉冲信息，由同步器产生的信号控制高频振荡器，再经频率合成器及功率放大器加至声光偏转调制器上，再由反射棱镜射入的激光束进行调制。调制后的光束射入多面转镜，再经广角聚焦镜将光束聚焦后射至光导鼓（硒鼓）表面上，使角速度扫描变成线速度扫描，完成整个扫描过程。

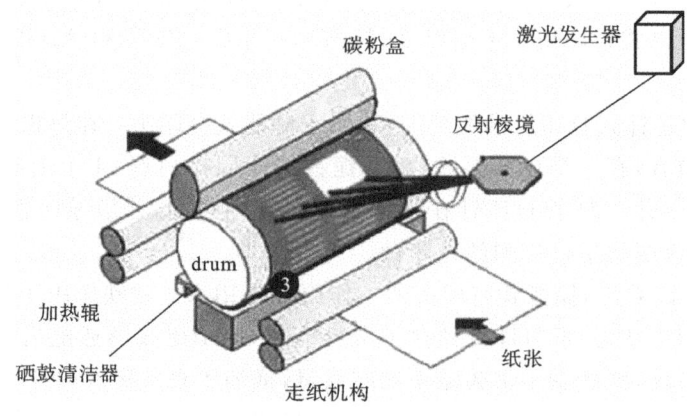

图 7-9　激光式打印机的原理图

激光式打印机的硒鼓工作状况如图 7-10 所示,硒鼓表面先通过充电极充电,使其获得一定电位后经载有图文映像信息的激光束曝光,便在硒鼓的表面形成静电潜像,经过磁刷显影器显影,潜像即转变成可见的墨粉像,经过转印区时,在转印电极的电场作用下,墨粉便转印到普通纸上,最后经预热板及高温热滚定影,即在纸上熔凝出文字及图像。在打印图文信息后,辊会清除未转印走的墨粉,消电灯会清除鼓上残余的电荷,再经清洁纸系统进行彻底的清洁,即可进入新的一轮工作周期。

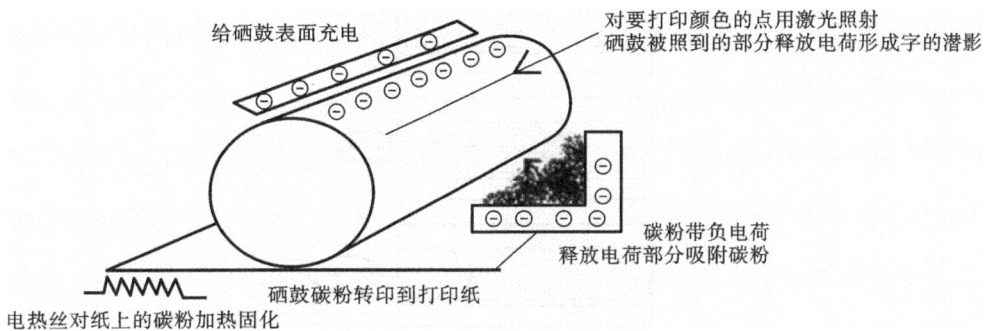

给硒鼓表面充电

对要打印颜色的点用激光照射
硒鼓被照到的部分释放电荷形成字的潜影

碳粉带负电荷
释放电荷部分吸附碳粉

硒鼓碳粉转印到打印纸

电热丝对纸上的碳粉加热固化

图 7-10　激光式打印机的硒鼓工作状况

彩色激光式打印机的成像原理和黑白激光式打印机的相似,都是利用激光扫描,在硒鼓上形成电荷潜影,然后吸附墨粉,再将墨粉转印到打印纸上,只是黑白激光式打印机只有一种黑色墨粉,而彩色激光式打印机要使用黄、品、青、黑四种颜色的墨粉。

彩色打印要进行四个打印循环,即基于 CMYK 色系,每次处理一种颜色。这四个打印循环有两种处理方法:一种方法是利用转印胶带,每处理一种颜色,将墨粉从硒鼓转到转印胶带上,然后硒鼓清洁器再处理下一种颜色,最后在转印胶带上形成彩色图像,再一次性地转印到纸张上,经加热固定;还有一种方法是某些惠普彩色激光式打印机所使用的方法,每处理完一种色彩,墨粉就吸附在硒鼓上,接着处理下一种色彩,最后一次性地转印到打印纸上。

7.4.4　喷墨式打印机

喷墨式打印机的实质是喷色。所喷之色可以是固体形式,也可以是液体形式。目前大量使用的是液体喷色——液体喷墨。

打印机在打印图像时,打印机喷头在快速扫过打印纸的过程中,其上面的大量喷嘴(一般有 48 个或 48 以上)就会喷射出大量小墨滴,组成图像中的像素。除墨滴的大小外,墨滴的形状和浓度都会对图像的质量产生重大影响。因此,墨滴的喷射控制是喷墨式打印机的关键技术。目前广泛采用的液体喷墨技术有热泡式喷墨技术与液体微压电式喷墨技术。

热泡式喷墨技术的原理如图 7-11 所示,通过墨水在短时间内的加热、膨胀、压缩,将墨水喷射到打印纸上形成墨点,增加墨滴色彩的稳定性,实现速度快、质量好的打印效果。而墨水在高温下产生墨点的方向和形状均不容易控制,所以高精度的墨滴控制十分重要。热泡式喷墨打印的原理是将墨水装入一个非常微小的毛细管中,通过微型的加热垫迅速将墨水加热到沸点,这样就生成一个非常微小的蒸汽泡,蒸汽泡扩张后就将一滴墨水喷射到毛细管的顶端。停止加热,墨水冷却,导致蒸汽凝结并收缩,使墨水停止流动,直到下一次再产生蒸汽并生成墨滴。

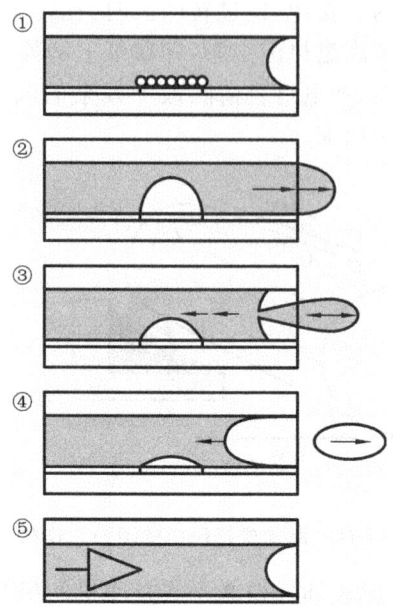

图 7-11 热泡式喷墨技术的原理图

液体微压电式喷墨技术的原理如图 7-12 所示,液体微压电式喷墨技术将喷墨过程中的墨滴控制分为三个阶段:喷墨操作前,压电元件首先在信号的控制下微微收缩;然后,元件产生一次较大的延伸,将墨滴推出喷嘴;最后,在墨滴马上就要飞离喷嘴的瞬间,元件又会进行收缩,干脆利索地将墨水液面从喷嘴进行收缩。这样,墨滴液面得到了精确控制,每次喷出的墨滴都有完美的形状和正确的飞行方向。

采用微电压的变化来控制墨点的喷射,不仅避免了热泡式喷墨技术的缺点,而且能够精确控制墨点的喷射方向和形状。液体微压电式喷墨的打印头在微型墨水储存器的后部安装了一块压电晶体。对压电晶体施加电流,就会使它向内弹压。当电流中断时,压电晶体反弹回原来的位置,同时将一滴微量的墨水通过喷嘴射出去。当电流恢复时,压电晶体又向后拉伸,进入喷射下一滴墨水的准备状态。

图 7-12 微压电式喷墨技术的原理图

热泡式喷墨技术的不足之处:其打印头由于墨水在高温下易发生化学变化,不稳定,墨水微粒的方向性与体积大小也不好控制,打印线条边缘容易参差不齐,一定程度上影响了打印质量;需要在每个墨盒中安装喷墨嘴,这样会增加墨盒的成本。微压电式喷墨技术的优点:其晶体在加压时由于具有放电的特性,所以常温下就可稳定地将墨水喷出;对墨滴控制力较强,产生的墨点也没有彗尾,从而使打印的图像更清晰;容易实现高达 1440 dip 高精度的打印质量;由于微压电式喷墨无需加热,墨水不会发生化学变化,故大大降低了对墨水的要求;其打印头固定在打印机中,因此只需要更换墨盒就可。

不论是采用加热方式还是采用振动方式来产生墨滴,结果都一样:将微小的墨点附着到纸上。墨点越小,打印图像的分辨率越高,色彩的效果就越好。

7.4.5　打印机适配器

打印机接口类型指的是针式打印机与计算机系统采用何种方式进行连接。目前打印机常见的接口类型有并口(也有称为 IEEE 1284、Centrics 的)、串口(也有称为 RS-232 的)和 USB 接口。

7.5　磁盘存储器及接口

磁盘存储器(Magnetic Disk Storage)是以磁盘为存储介质的存储器。它是利用磁记录技术在涂有磁记录介质的旋转圆盘上进行数据存储的辅助存储器。其具有存储容量大、数据传输率高、存储数据可长期保存等特点。

在计算机系统中,磁盘存储器常用于存放操作系统、程序和数据,是主存储器的扩充。发展趋势是提高存储容量,提高数据传输率,节省存取时间。磁盘存储器通常由磁盘、磁盘驱动器(或称磁盘机)和磁盘控制器构成。

7.5.1　磁表面存储器的存储原理

磁表面存储器是目前使用最广泛的外部存储器。所谓磁表面存储,是用某些磁性材料薄薄地涂在金属铝或塑料表面作为载磁体来存储信息。根据记录载体的外形,磁表面存储器有磁鼓、磁带、磁盘、磁卡等。

磁表面存储器是在不同形状(如盘状、带状等)的载体上涂有磁性材料层,工作时,依靠载磁体高速运动,由磁头在磁层上进行读/写操作,信息被记录在磁层上,这些信息的轨迹就是磁道。磁盘的磁道是一个个同心圆,如图 7-13 所示。

为了写入不同的信息,磁化电流按一定的编码方法呈现波形并随时间的变化而变化。在写入或读取过程中,记录介质与磁头之间的相对运动,一般是记录介质运动而磁头不动。为此,采用分解的方法对不同时刻的电流变化、磁化状态、剩磁状况、读取的感应电势等进行分析。

7.5.2　读/写原理

磁表面存储器通过磁头和记录介质的相对运动完成读/写操作。

图 7-14 是磁头的原理性示意图。

磁头由高导磁材料构成,上面绕有线圈,其中有个线圈兼为写入磁化与读取磁化,或分设读磁头与写磁头,如图 7-15 所示。磁头面向记录介质的部分有间隙,称为磁头间隙,简称

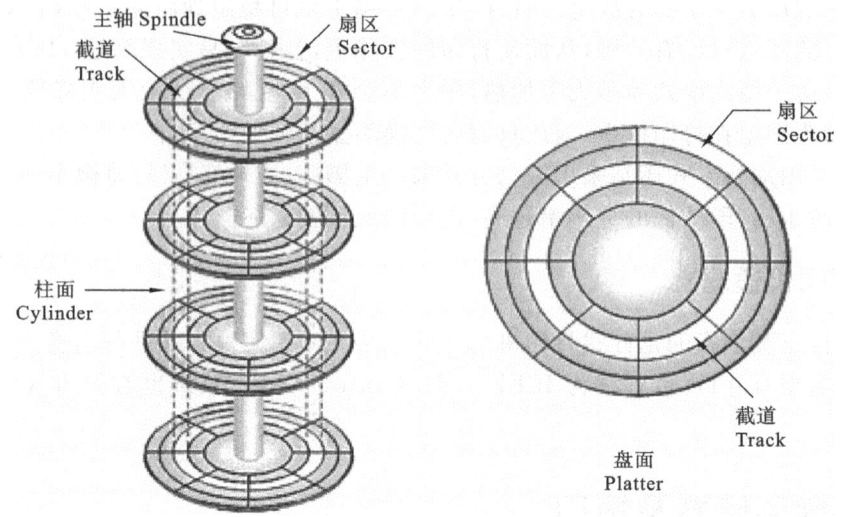

图 7-13　磁盘的磁道示意图

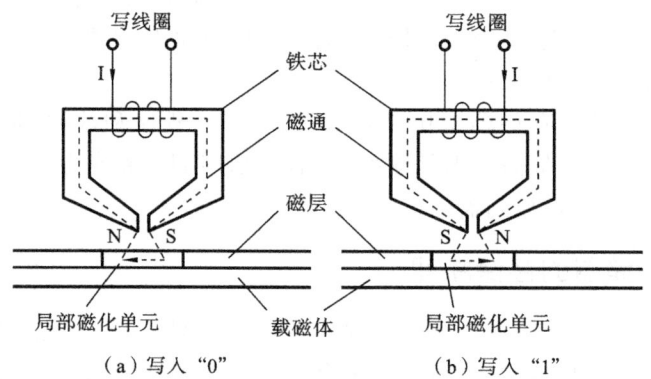

（a）写入"0"　　　　　（b）写入"1"

图 7-14　磁头的原理图

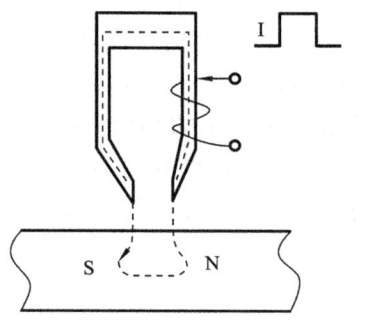

图 7-15　磁头的结构示意图

头隙。如果没有这个间隙,磁化电流产生的磁通只在闭合磁路中流过,对记录介质没有作用。大部分磁通流经头隙所对应的记录介质局部区域,使该区域留下某种磁化状态。读取时,记录信息的介质经过磁头,而对着磁头的区域中存在磁化状态翻转,若由正向饱和变为负向饱和,或由负向饱和变为正向饱和,则会使磁头的磁路中发生磁通变化。读取线圈会产生感应电势,即读取信号。因此,磁头部分的形状与尺寸至关重要,磁头的磁路部分既可做成环状,也可做成马蹄形,影响不大。

在磁盘或磁带进行读/写时,记录介质运动而磁头不动,磁头在记录介质上的磁化区形成磁道。磁化后,磁道中心部分达到磁饱和,磁道两侧的边缘部分磁化不足。写入后,常将两侧进行清洗,称为夹缝清除。

读/写过程示意图如图 7-16 所示。

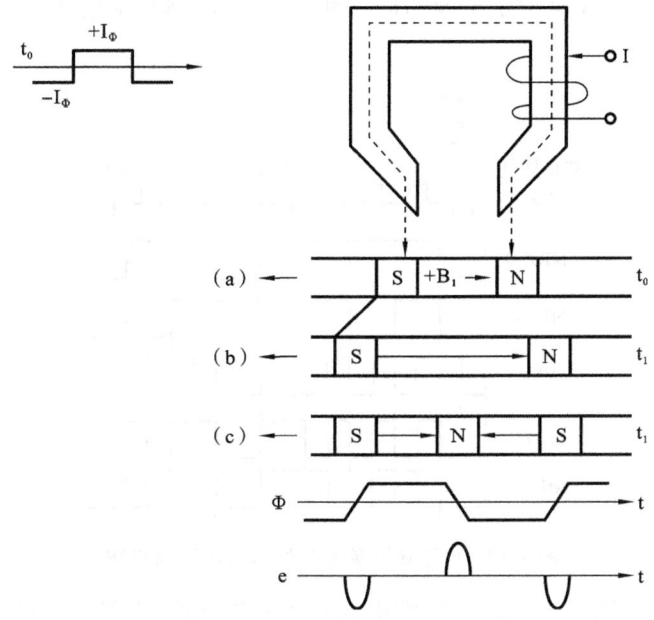

图 7-16　读/写过程示意图

t→t₁时,线圈中流过正向电流,磁头下方将出现一个与此相对应的磁化区。磁通进入磁层的一侧为 S 极,离开磁层的一侧为 N 极。如果磁化电流足够大,则 S 极与 N 极之间被磁化到正向磁饱和,以后将留下剩磁,用箭头表示。由于磁层是拒磁材料,所以剩磁的电流大小与饱和磁感应强度相差无几。

t=t₁(电流方向变化前)时,由于记录磁层向左运动,而磁化电流维持不变,相应地出现图 7-16(b)所示的磁化状态,即 S 极左移一段距离,而 N 极仍位于磁头作用区右侧不变。

t→t₂时,磁化电流改变方向,相应地,磁层中的磁化状态也出现翻转,如图 7-16(c)所示。移出磁头作用区的 S 极以及一段区,维持原来的磁化状态不变(剩磁)。而磁头作用区中会出现新的磁化区,左侧为 N 极,右侧为 S 极,N—S 之间是负向磁饱和区,用箭头表示。

于是,在记录磁层中留下一个对应的位单元,它的起始处与结束处两侧各有一个磁化状态的转变区。根据转变区的存在及其性质(位置、方向、频率等)来体现所存储的信息。

读取时,磁头线圈不加磁化电流,作为读取线圈时使用。当已经磁化的记录磁层位于磁头下方时,由于铁芯部分的磁阻远小于头隙磁阻,所以记录磁层与磁头铁芯会形成一个闭合磁路。大部分磁通将流经铁芯再回到磁层。如果记录磁层在磁头下方运动,则各位单元将依次经过磁头下方。每当转变区经过磁头下方时,铁芯中的磁通方向也将随之改变,于是在读取线圈时会产生相应的感应电势。

感应电势 e 即读取信号,它的方向取决于记录磁层转变区的方向(由 N 变为 S,或者由 S 变为 N),其幅值大小则与值有关(最大变化量)。

如果记录磁层中没有转变区,维持一种剩磁状态,则磁层经过磁头下方时,铁芯中磁通没有变化,也就没有读取信号。

磁记录方式又称编码方式,它是按某种规律将一串二进制数字信息转换成磁表面相应的磁化状态。磁记录方式对记录密度和可靠性都有很大影响,常用的记录方式有 6 种,如图 7-17 所示。

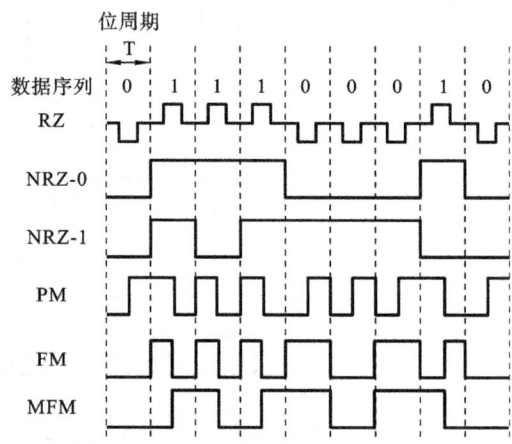

图 7-17 6 种磁记录方式的写入电流波形图

图 7-17 中的波形既代表了磁头线圈中的写入电流波形,也代表了磁层上相应位置所记录的理想磁通变化状态。

1. 归零制(RZ)

归零制记录"1"时,通以正向脉冲电流;记录"0"时,通以反向脉冲电流。这样使其在磁表面形成两个不同极性的磁饱和状态,分别表示"1"和"0"。由于两位信息之间的驱动电流归零,故称为归零制记录方式。这种方式在写入信息时很难覆盖原来的磁化区域,所以,为了重新写入信息,在写入前,必须先抹去原存信息。这种记录方式的优点是原理简单,实施方便。其缺点是由于两个脉冲之间有一段间隔没有电流,相应地,该段磁介质未被磁化,即该段空白,故记录密度不高,目前很少使用。

2. 不归零制(NRZ-0)

不归零制记录信息时,磁头线圈始终有驱动电流,不是正向,便是反向,不存在无电流状态。这样,磁表面层不是正向被磁化,就是反向被磁化。当连续记录"1"或"0"时,其写电流方向不变,只有当相邻两信息代码不同时,写电流才改变方向,故称为"见变就翻"的不归零制。

3. 不归零-1 制(NRZ-1)

"见 1 就翻"的不归零制在记录信息时,磁头线圈也始终有电流。但只有在记录"1"时电流才改变方向,使磁层磁化方向发生翻转;记录"0"时,电流方向保持不变,磁层的磁化方向也维持原来状态,因此称为"见 1 就翻"的不归零制。

4. 调相制(PM)

调相制又称相位编码,其记录规则为:记录"1"时,写电流由负变正;记录"0"时,写电流由正变负;当电流变化出现在一位信息记录时间的中间时刻,它以相位差为 180° 的磁化翻转方向来表示"1"和"0"。因此,当连续记录相同信息时,在每两个相同信息的交界处,电流方向都要变化一次;若相邻信息不同,则两个信息位的交界处的电流方向维持不变。调相制在磁带存储器中用得较多。

5. 调频制(FM)

调频制的记录规则是:以驱动电流变化的频率不同来区别记录"1"还是记录"0"。当记录"0"时,在一位信息的记录时间内电流保持不变;当记录"1"时,在一位信息记录时间的中间时刻使电流改变一次方向。无论记录"0"还是"1",在相邻信息的交界处,线圈电流均变化一次。因此,写"1"时,在位单元的起始和中间位置都有磁通翻转;写"0"时,仅在位单元起始位置有翻转。显然,记录"1"的磁翻转频率为记录"0"的两倍,故又称倍频制。调频制记录方式广泛应用在硬磁盘和软磁盘中。

6. 改进型调频制(MFM)

这种记录方式基本上与调频制的类似,即记录"0"时,在位记录时间内电流不变;记录"1"时,在位记录时间的中间时刻电流发生一次变化。两者不同之处在于,改进型调频制只有当连续记录两个或两个以上的"0"时,才在每位的起始处改变一次电流,不必在每个位起始处都改变电流方向。由于改进型调频制的这一特点,当写入同样数据序列时,比磁翻转次数少,在相同长度的磁层上可记录的信息量将会增加,从而提高了磁记录密度。

7.5.3 硬盘存储器

世界上第一台硬盘存储器是由 IBM 公司于 1956 年发明的,其型号为 IBM350RAMA。这套系统的总容量只有 5 MB,共使用了 50 个直径为 24 英寸的磁盘。

21 世纪初,硬盘的面密度已经达到每平方英寸 100 GB 以上,是容量最大、性价比最高的一种存储设备。因此,在计算机的外部存储设备中,还没有一种存储设备能够对其统治地位提出挑战。硬盘不仅用于各种计算机和服务器中,在磁盘阵列和各种网络存储系统中,它也是基本的存储单元。

硬盘存储器是指记录介质为硬质圆形盘片的磁表面存储器,其逻辑结构如图 7-18 所示。该图中未反映出寻址机构,而只表示了存取功能的逻辑结构,它主要由磁记录介质、磁盘控制器、磁盘驱动器三大部分组成。

硬盘控制器即磁盘驱动器适配器,是计算机与磁盘驱动器的接口设备。它接收并解释计算机发送来的命令,向磁盘驱动器发出各种控制信号。检测磁盘驱动器的状态,按照规定的磁盘数据格式将数据写入磁盘和从磁盘读取数据。磁盘控制器类型很多,但其基本组成和工作原理大体上是相同的,主要由与计算机系统总线相连的控制逻辑电路、微处理器、完成读取数据分离和写入数据补偿的读/写数据解码与编码电路、数据检错和纠错电路,根据

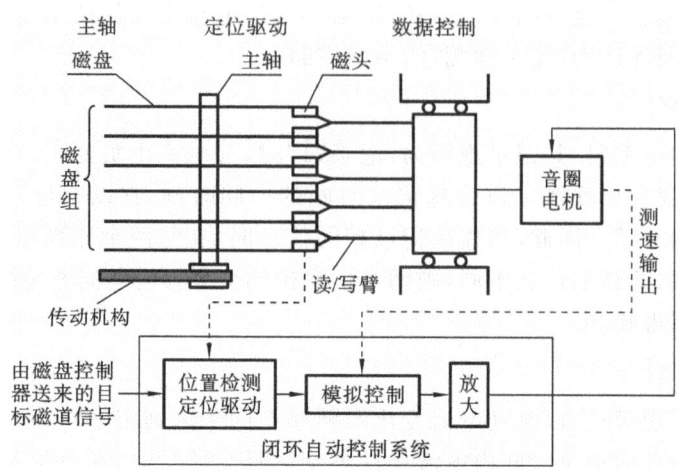

图 7-18　硬盘存储器的逻辑结构图

计算机发送来的命令对数据传递、串并转换以及格式化等进行控制的逻辑电路,存放磁盘基本输入/输出程序的只读存储器和用于数据交换的缓冲区等组成。通常使用 IDE 和 SCSI 两种类型的控制器,IDE 是 Integrated Drive Electronics(集成设备电路)的缩写,SCSI 是 Small Computer Systems Interface(小型计算机系统接口)的缩写。

　　盘片的上下两面都能记录信息。通常把磁盘片表面称为记录面,记录面上的一系列同心圆称为磁道。每个盘片表面通常有几十个到几百个磁道,每个磁道又分为若干个扇区,如图 7-19 所示。

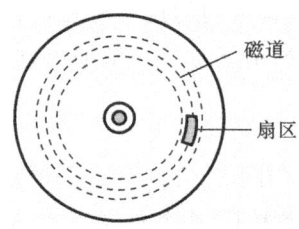

图 7-19　磁道、扇区示意图

　　磁道的编址是从外向内依次编号的,最外一个同心圆叫 0 磁道,最里面一个同心圆叫 n 磁道,n 磁道里的圆面积并不用来记录信息。扇区的编号有多种方法,可以连续编号,也可以间隔编号。磁盘记录面通过这样的编址后,就可用 n 磁道 m 扇区的磁盘地址找到实际磁盘上与之相对应的记录区。除磁道号和扇区号外,还有记录面的面号,用来说明本次处理是在哪一个记录面上,例如对活动头磁盘组来说,磁盘地址是由记录面号(也称磁头号)、磁道号和扇区号三部分组成的。

　　在磁道上,信息是按区存放的,每个区中存放一定数量的字或字节,且每个区存放的字或字节数是相同的,为了进行读/写操作,要求确定磁道的起始位置,这个起始位置称为“索引”。索引标志在传感器检索下可产生脉冲信号,再通过磁盘控制器进行处理,便可确定磁道的起始位置。

　　磁盘存储器的每个扇区用来记录定长的数据,因此读/写操作是以扇区为单位一位一位串行进行的,每个扇区用于记录一个记录块。

每个扇区开始时由磁盘控制器产生一个扇标脉冲,扇标脉冲的出现即标志一个扇区的开始。两个扇标脉冲之间的一段磁道区域即为一个扇区。每个扇区由头部空白段、序标段、数据段、校验字段及尾部空白段组成。其中空白段用于留出一定的时间作为磁盘控制器的读/写准备时间,序标段用来作为磁盘控制器的同步定时信号。序标段后即为本扇区所记录的数据段;数据段后是校验字段,它用来校验磁盘读取的数据是否正确。

磁盘存储器的主要技术指标有以下几个。

1. 记录密度

记录密度通常是指单位长度内所存储的二进制信息量。磁盘存储器用道密度和位密度表示;磁带存储器则用位密度表示。磁盘沿半径方向单位长度的磁道数为道密度,单位是tpi(Track Per Inch,道每英寸)或 tpm(道每毫米)。为了避免干扰,磁道与磁道之间需保持一定的距离,相邻两条磁道中心线之间的距离称为道距,因此道密度 D_t 等于道距 P 的倒数,即

$$D_t = \frac{1}{P}$$

单位长度磁道能记录二进制信息的位数,称为位密度或线密度,单位是 bpi(Bits Per Inch,位每英寸)或 bpm(位每毫米)。磁带存储器主要用位密度来衡量,常用的磁带有 800 bpi、1600 bpi、6250 bpi 等。对于磁盘,位密度可按下式计算:

$$D_b = \frac{f_t}{\pi d_{min}}$$

其中:f_t 为每道总位数;d_{min} 为同心圆中的最小直径。

在磁盘各磁道上所记录的信息量是相同的,而位密度不同。一般所指的磁盘位密度是指最内圈磁道上的位密度(最大位密度)。

2. 存储容量

存储容量是指外存所能存储的二进制信息总数量,一般以位或字节为单位。以磁盘存储器为例,存储容量可按下式计算:

$$C = n \times k \times s$$

其中:C 为存储总容量;n 为存放信息的盘面数;k 为每个盘面的磁道数;s 为每条磁道上记录的二进制代码数。

磁盘有格式化容量和非格式化容量两个指标。非格式化容量是磁表面可以利用的磁化单元总数。格式化容量是指按某种特定的记录格式所能存储信息的总量,即用户可以使用的容量,它一般为非格式化容量的 60%～70%。

3. 平均寻址时间

由存取方式的分类可知,磁盘采取直接存取方式。寻址时间可分为两个部分:一是磁头寻找目标磁道的平均寻道时间 t_s;二是找到磁道后,磁头等待欲读/写的磁道区段旋转到磁头下方所需要的平均等待时间 t_w。由于从最外圈磁道找到最里圈磁道和寻找相邻磁道所需的时间不相等,而且磁头等待不同区段所花的时间也不相等,因此取其平均值,称为平均

寻址时间 T_a，它是平均寻道时间 t_s 和平均等待时间 t_w 之和：

$$T_a = t_{sa} + t_{wa} = \frac{t_{smax} + t_{smin}}{2} + \frac{t_{wmax} + t_{wmin}}{2}$$

平均寻址时间是磁盘存储器的一个重要指标。硬磁盘的平均寻址时间比软磁盘的平均寻址时间短，所以硬磁盘存储器的速度比软磁盘存储器的速度快。

磁带存储器按照顺序存取方式，磁头不动，磁带移动，不需要寻找磁道，但要考虑磁头寻找记录区段的等待时间，所以磁带寻址时间是指磁带空转到磁头应访问的记录区段所在位置的时间。

4. 数据传输率

数据传输率 D_r 是指单位时间内磁表面存储器向主机传送数据的位数或字节数，它与记录密度 D_b 和记录介质的运动速度 V 有关：

$$D_r = D_b \times V$$

此外，辅存和主机的接口逻辑应有足够快的传送速度，用来完成接收/发送信息的任务，以便主机与辅存之间正确无误地传送。

5. 误码率

误码率是衡量磁表面存储器出错概率的参数，它等于从辅存读取时的出错信息位数和读取信息的总位数之比。为了减少出错率，磁表面存储器通常采用循环冗余码来发现并纠正错误。

【例 7.1】 磁盘组有 8 个盘片（顶部、底部的两个面为保护面）的存储区域，其中内径为 20 cm，外径为 30 cm，道密度为 1000 道/厘米，内圈位密度为 30000 位/厘米，转速为 5400 转/分。求：

（1）共有几个存储面？

（2）每个盘面上有多少条磁道？

（3）磁盘总容量是多少？

（4）数据传输速率是多少？

解 （1）$2 \times 8 - 2 = 14$（面），共有 14 个存储面。

（2）$1000 \times \dfrac{30 - 20}{2} = 5000$（条），每个盘面上有 5000 条磁道。

（3）$30000 \times 3.14 \times 20 \times 5000 \times 14 = 131880000000$ 位 ≈ 15.353 GB，磁盘总容量为 15.353 GB。

（4）$30000 \times 3.14 \times 20 \times 5400 = 10173600000$ 位/分 $= 20.213$ Mb/s，数据传输速率为 20.213 Mb/s。

7.6 光盘存储器

光盘存储器即高密度光盘（Compact Disc），是近代发展起来不同于完全磁性载体的光学存储介质（例如，磁光盘也是光盘），使用聚焦的氢离子激光束处理记录介质的方法存储和再生信息，又称激光光盘。

光盘是以光信息作为存储的载体并用来存储数据的一种辅助存储器。现在光盘可以分为以下几类。

(1) CD：CD 为 Compact-Disc 的缩写,是存储数字音频信息的不可擦写光盘,标准系统使用 12 厘米盘,能记录 60 分钟的数字音频。

(2) CD-ROM：CD-ROM 为 Compact-Disc-Read-Only-Memory 的缩写,为只读光盘。1986 年,SONY 公司、Philips 公司一起制定了黄皮书标准,用来定义档案资料格式。标准使用 12 厘米的盘,能存储 650 MB 信息。

(3) CD-R：CD-R 为 Compact-Disc-Recordable 的缩写。1990 年,Philips 公司发布多段式一次性写入光盘数据格式。属于橘皮书标准。在光盘上添加一层可一次性记录的染色层,可进行刻录。

(4) CD-RW：在光盘上添加一层可改写的染色层,通过激光可在光盘上反复多次写入数据。

(5) DVD：DVD(Digital-Versatile-Disk,数字多用光盘)以 MPEG-2 为标准,拥有 4.7 GB 的大容量,可储存 133 分钟的高分辨率全动态影视节目。

(6) DVD-R：可刻录 DVD,类似 DVD 光盘,用户只能向盘内写入一次数据。

(7) DVD-RW：可复写 DVD,类似 DVD 光盘,用户可以向盘内多次写入数据。

7.6.1 光盘存储器的读 / 写原理

当聚焦成微米大小的激光光束照射到存储介质上时,根据有无物化标志,其光束的反射率会产生变化,由光检测元件将反射光的强度转变为电信号,从而判断介质上有无存储标志。

光盘上的信息数据是沿着盘面螺旋形状的光轨道以一系列凹坑和凸区的形式存储的。当数据写入光盘时,以数据信号串行调制在激光光束上,再转换成光盘上长度不等的凹坑和凸区。凹凸交界的正负跳变沿均代表数码"1",两个边缘之间代表数码"0","0"的个数是由边缘之间的长度决定的。

当从光盘上读取数据时,激光束沿光轨道扫描;当遇到凹坑边缘时,反射率发生跳变,表示二进制数字"1",在凹坑内或凸区上均为二进制数字"0",通过光学探测器产生光电检测信号,从而读取 0、1 数据。

图 7-20 所示的为光盘读/写原理图,光盘读/写系统包括写入通道和读取通道。向光盘写入数据由写入通道实现,激光器发出的光束经过光分离器,高能量的光束在光调制器中受到写入信号的调制后,被跟踪反射镜导向聚焦镜,聚焦成 1 μm 的光点,对光盘存储区域进行物化反应,再进行数据信号的写入操作。

光盘读取技术主要包括以下几方面。

(1) CLV 技术:为恒定线速度(Constant-Linear-Velocity)读取方式。在低于 12 倍速的光驱中使用的技术。它是为了保持数据传输率不变,而随时改变旋转光盘的速度。读取内沿数据的旋转速度比外沿数据的要快得多。

(2) CAV 技术:为恒定角速度(Constant-Angular-Velocity)读取方式。它是使用同样的速度来读取光盘上的数据。但光盘上的内沿数据的传输速度比外沿数据的传输速度低,

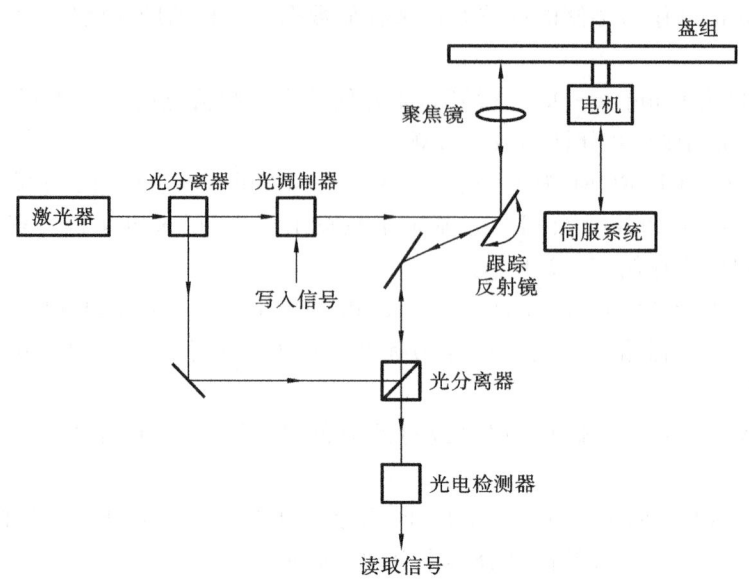

图 7-20 光盘读/写原理图

越往外,越能体现光驱的速度,倍速指的是最高数据传输率。

(3) PCAV 技术:为区域恒定角速度(Partial-CAV)读取方式。它是融合了 CLV 和 CAV 的一种新技术,它在读取外沿数据时采用 CLV 技术,在读取内沿数据时采用 CAV 技术,能提高整体数据传输的速度。

7.6.2 光盘存储器的特性

从主要结构来讲,CD、DVD 光盘的结构是一致的,只是它们的厚度和用料有所不同。它们都由以下几层构成,如图 7-21 所示。

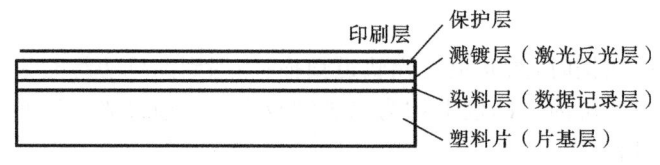

图 7-21 光盘结构示意图

1. 片基层

一般来说,基板是无色透明的聚碳酸酯板,在整个光盘中,它不仅是沟槽等的载体,而且是整个光盘的物理外壳。CD 光盘的基板厚度为 1.2 mm、直径为 120 mm,中间有孔,呈圆形,它是光盘的外形体现。光盘之所以能够随意取放,主要取决于基板的硬度。

2. 数据记录层

数据记录层也称染料层,是烧录时刻录信号的地方,其主要工作原理是在基板上涂抹上专用的有机染料,以供激光记录信息。由于烧录前后的反射率不同,经由激光读取不同长度的信号时,通过反射率的变化形成 0 与 1 信号,借以读取信息。2013 年,市场上就已存在三大类有机染料:花菁(Cyanine)、酞菁(Phthalocyanine)及偶氮(AZO)。

一次性记录的 CD-R 光盘主要采用(酞菁)有机染料,当此光盘在进行烧录时,激光就会对基板上涂抹的有机染料进行烧录,直接烧录成一个接一个的"坑",这样,有"坑"和没有"坑"的状态就形成了"0"和"1"的信号,这一个接一个的"坑"是不能恢复的,也就是当烧成"坑"之后,将永久性地保持现状,这也意味着此光盘不能重复擦写。这一连串的"0"、"1"信息就组成了二进制代码,表示特定的数据。

这里需要特别说明的是,对于可重复擦写的 CD-RW 而言,涂抹的不是有机染料,而是某种碳性物质,当激光烧录时,不是烧成一个接一个的"坑",而是改变碳性物质的极性,通过改变碳性物质的极性来形成特定的"0"、"1"代码序列。这种碳性物质的极性是可以重复改变的,表示此光盘可以重复擦写。

3. 激光反射层

激光反射层也称溅镀层,是光盘的第三层,它是反射光驱激光光束的区域,借反射的激光光束读取光盘片中的资料。其材料是纯度为 99.99% 的纯银金属。

此层也代表镜子的银反射层,光线到达此层,就会反射回去。一般来说,光盘可以当成镜子用,就是因为有这一层的缘故。

4. 保护层

它主要用来保护光盘中的激光反射层及染料层的信号被破坏。材料为光固化丙烯酸类物质。市场使用的 DVD+/-R 系列还需在以上工艺中加入胶合部分。

5. 印刷层

印刷层是印刷盘片的客户标志、容量等相关资讯的地方。它不仅可以标明信息,还可以起到一定的保护光盘的作用。

7.6.3　光盘驱动器

光盘驱动器主要由激光头组件、主轴电机、光盘托架、伺服控制机构四部分组成。

1. 激光头组件

激光头组件包括光电管、聚焦透镜等部分,主要配合运行齿轮机构和导轨等机械组成部分,在通电状态下根据系统信号确定、读取光盘数据并通过数据带将数据传输到系统。

2. 主轴电机

主轴电机为光盘运行的驱动力,在光盘读取过程中可提供快速的数据定位功能。

3. 光盘托架

光盘托架为在开启和关闭状态下的光盘承载体。

4. 伺服控制机构

伺服控制机构用于控制光盘托架的进出和主轴电机的启动。当通电运行时,启动机构将使包括主轴马达和激光头组件的伺服机构都处于半加载状态中。

习 题 七

1. 简述计算机外设的一般功能。

2. 简述喷墨打印机的工作原理。

3. CRT 显示适配器中有一个刷新存储器,请说明其功能。若显示分辨率为 1024 像素×768 像素,颜色深度为 24 位,刷新频率为 75 Hz,求:

(1) 刷新存储器的存储容量是多少?

(2) 刷新存储器的带宽是多少?

4. 某磁盘存储器的转速为 5400 转/分,每个记录面道数为 200 道,平均寻道时间为 60 ms,每道存储容量为 96 KB,求池畔的存取时间与数据传输速率?

5. 某磁盘存储器的转速为 7200 转/分,共有三个盘片,其中顶部和底部的两个面为保护面,每道记录信息为 12288 B,最小磁道直径为 230 mm。共有 275 道。求:

(1) 共有几个记录面?

(2) 磁盘存储器的总容量是多少?

(3) 磁盘的数据传输速率是多少?

(4) 平均等待时间是多少?

6. 光盘存储器的结构如何?

7. 常用光盘存储器可分为多少种?

第8章 输入/输出系统

计算机输入/输出系统简称为 I/O 系统,它包括主机与外部设备的连接模式、总线类型、接口工作方式,等等。I/O 系统的性能会直接影响到计算机系统的可扩展性、兼容性、性价比等。本章介绍了接口的功能和分类、系统总线、外部设备与计算机之间信息通信的控制方式。

8.1 概述

计算机有各种用途,但不论用于何种场合,都离不开信息处理。所处理的信息,甚至包括完成信息处理的程序本身,均要由输入设备提供;而处理后的结果数据,则要发送给输出设备,以各种形式报告给用户。这些输入/输出设备统称为计算机的外部设备,简称外设或 I/O 设备。为了让这些外部设备按计算机的要求有次序地输入数据或接收数据,计算机的 CPU 还要能控制输入/输出设备的启动或停止,以及了解它们的当前工作状态,并据此发送出相应的控制命令。通常,我们把计算机与外设间的这种交换数据、状态和控制命令的过程统称为通信(Communication)。

CPU 与外部设备交换信息的过程,和它与存储器交换数据那样,也是在控制信号的作用下通过数据总线来完成的。但后者要简单得多,因为存储器芯片的存取速度与微处理器的时钟频率在同一数量级,而且存储器本身又具有数据缓冲的能力,因此,CPU 可以通过数据总线很方便地与存储器进行数据交换。

8.1.1 主机与外部设备的连接模式

计算机通过外部设备同外部世界通信或交换数据,称为"输入/输出"。随着计算机性能的不断提高,输入/输出设备也更加复杂多样,当计算机用于监测与过程控制时,还需要模/数转换器(ADC)和数/模转换器(DAC),以及 I/O 通道中的一些专用设备。当要把这些外设与主机相连时,就需要配上相应的电路。

对于主机,接口提供外部设备的工作状态和数据;对于外部设备,接口电路寄存了主机发送给外部设备的命令和数据,使主机和外部设备之间协调一致地工作。主机与外部设备连接的示意图如图 8-1 所示。

8.1.2 总线类型与总线标准

总线是一种数据通道,是在部件与部件之间、设备与设备之间传送信息的一组公用信号线。在主控设备(部件和设备)的控制下,将发送设备(部件和设备)发出的信息准确地传送给某个接收设备(部件和设备)。总线的一个很重要的特征是传输媒质由总线上的所有部件所共享,可以将计算机系统内的多个部件连接到总线上。通常,总线是由多条通信路径或线

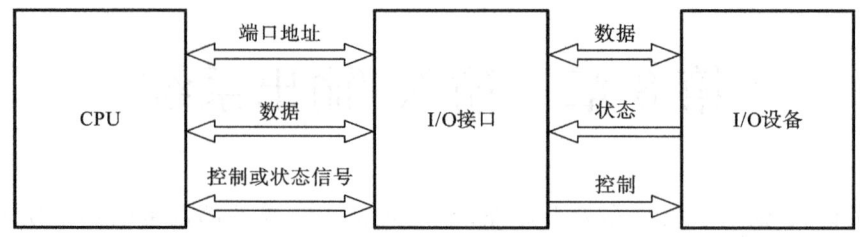

图 8-1 主机与外部设备的连接

路组成的,而每一条信号线仅能传送二进制的 0 或 1 信号。

1. 总线标准的特性

总线标准具有以下四个特性。

(1) 物理特性。物理特性指的是总线的物理连接方式,包括总线的根数、总线的插头、插座是什么形状、引脚是如何排列的等。例如,IBM PC/XT 机的总线共有 62 根,分两排编号,在插线板插到槽中后,左面是 B 面,A 面是元件面。

(2) 功能特性。功能特性描写的是这一组总线中每一根线的功能是什么。从功能上看,总线分成三组,即地址总线、数据总线和控制总线。地址总线的宽度指明总线能够直接访问存储器的地址范围。数据总线的宽度指明访问一次存储器或外部设备最多能够交换数据的位数。控制总线一般包括 CPU 与外界联系的各种控制命令。

(3) 电器特性。电器特性用于定义每一根线上信号的传递方向及有效电平范围。一般规定,送入 CPU 的信号叫 IN(输入信号),从 CPU 送出的信号叫 OUT(输出信号)。

(4) 时间特性。时间特性定义了每根线上的信号在什么时间有效。

2. 总线分类

从总线的不同使用层次可以分为以下几类。

(1) 内部总线。

内部总线是微处理器内部各个部件之间传送信息的通路。由于受制造芯片的面积和芯片引脚的限制,内部总线有的采用单总线结构,有利于集成度及成品率的提高。有的微处理器内部采用双总线或三总线结构,有利于加快内部数据的传送速度。内部总线是由微处理器芯片厂家生产设计的。

(2) 元件级总线。

元件级总线是连接计算机系统中两个主要部件的总线。元件级总线包括地址总线(Address Bus)、数据总线(Data Bus)和控制总线(Control Bus)三种。

① 地址总线。地址总线是 CPU 用来向存储器或 I/O 端口传送地址的,是三态单向总线。地址总线的位数决定了 CPU 可直接寻址的内存容量。16 位微型机的地址总线是 20 位,最大寻址范围为 1 MB。32 位微型机的地址总线是 32 位,可寻址空间达 4 GB。

② 数据总线。数据总线是 CPU 与存储器及外设交换数据的通路,是三态双向总线,为 8 位、16 位、32 位、64 位等。Intel 8088 CPU 的内部字长为 16 位,外部数据总线为 8 位,称为准 16 位微处理器。

③ 控制总线。控制总线是用来传输控制信号的,传送方向就具体控制信号而定,如

CPU 向存储器或 I/O 接口电路输出读信号、写信号、地址有效信号,而 I/O 接口部件向 CPU 输入复位信号、中断请求信号和总线请求信号等。控制总线宽度是根据系统需要确定的,一般为 8 位。

（3）系统总线。

系统总线是微处理机机箱内的底板总线,用来连接构成微处理机的各个插线板。在 80x86 系列微机系统中,使用的系统总线主要有下列几种。

① ISA 总线:工业标准体系结构(Industry Standard Architecture)总线。它是由 IBM 公司推出的 16 位标准总线,它由 8 位的 PC 总线扩展而来,数据传输率为 8 MB/s,主要用于 IBMPC/XT、AT 及兼容机上,也可用在 80386/80486 机上。

② EISA 总线:扩展工业标准体系结构(Extended Industry Standard Architecture)总线。由 COMPAQ、HP、AST 等多家公司联合推出的 32 位标准总线,时钟频率为 8 MHz,数据传输率为 33 MB/s,用于 32 位微机。

③ VESA 总线:视频电子标准协会(Video Electronics Standards Association)联合多家公司推出的全开放通用局部总线。它是 32 位标准总线,数据传输速率为 133 Mb/s,时钟频率为 33 MHz,用于 80486 微机。

④ PCI 总线:外设互联(Peripheral Component Interconnect)总线。它是由 Intel 公司推出的 32/64 位标准总线。其数据传输速率为 132 Mb/s,用于 Pentium 微型计算机。PCI 总线是同步且独立于微处理器的,具有即插即用的特性。PCI 总线允许任何微处理器通过桥接口连接到 PCI 总线上。

⑤ PCI Express 总线:最新的总线和接口标准,是由 Intel 公司提出的下一代系统总线标准。PCI Express 总线采用了目前业内流行的点对点串行连接,相比 PCI 总线以及更早时期的计算机总线的共享并行架构,每个设备都有自己的专用连接,而不需要向整个总线请求带宽,并且可以把数据传输速率提升到一个很高的频率,达到 PCI 总线所不能到达的带宽。相对于传统 PCI 总线在单一时间周期内只能实现单向传输,PCI Express 的双/单工连接能够提供更高的传输速率和质量。PCI Express 的接口根据总线位宽的不同而有所差异,常用的包括 x1、x4、x8 以及 x16。PCI Express 规格支持从 1 条到 32 条通道连接,有非常强的伸缩性,以满足不同系统设备对数据传输带宽不同的需求。它的时钟频率为 100 MHz,传输速度为 250 Mb/s(x1)或者 4Gb/s(x16)。

（4）外部总线。

外部总线用于微处理机系统与系统之间,系统与外部设备之间的信息通路。这种总线数据的传送方式有并行方式和串行方式。例如,串行通信的 EIR-RS 232 总线,连接仪器仪表的 IEEE-488 总线等。

① USB:Universal Serial Bus(通用串行总线)。它在 1994 底由 Compaq、IBM、Microsoft 等多家公司联合提出。2001 年底又公布了 USB 2.0 规范。USB 的数据传输速率有三种:480 Mb/s、15 Mb/s 和 1.5 Mb/s。USB 的连接方式十分灵活,支持即插即用,不需要单独的供电系统,可支持多达 127 个外部设备同时连接到 USB 上。它采取集中控制策略,由 USB 主控制器引发所有的传输操作,不会产生冲突;占用资源少,USB 占用的微机系统资源(I/O 端口、地址、中断等)只相当于一个外部设备所需的资源。USB 通过一条 4 线串

行电缆访问 USB 设备。USB 接口应用广泛,可以用于键盘、声卡、游戏控制器、简单的图像检索设备、调制解调器、闪存盘、移动硬盘等。

② IEEE 1394:别名火线(Fire Wire)接口,是由 Apple 公司领导的联盟开发的一种高速传送接口,数据传输速率一般为 400 Mb/s 或 800 Mb/s。在有 IEEE 1394 以前,编辑电子影像必须利用特殊硬件把影片下载到硬盘上进行编辑。IEEE 1394 的设计是以其高速传输率、允许用户在计算机上直接通过 IEEE 1394 接口来编辑电子影像档案,以节省硬盘空间。此接口主要用于数字成像和广播电视领域,支持的产品包括数字相机或摄像机等。

3. 总线结构

随着微型计算机的发展,总线结构从面向系统的单总线结构发展到面向存储器的双总线结构。

(1)单总线结构。

单总线结构系统的内部存储器和 I/O 接口均挂在单总线上。CPU 与主存、CPU 与 I/O 接口、存储器与 I/O 接口及各个 I/O 接口之间的信息传送都通过总线进行。

单总线结构的优点是控制简单,易于扩充系统配置 I/O 设备,但是,由于系统所有的部件和设备都连在一组总线上,因此总线只能分时工作,使数据传输量受限。

(2)面向 CPU 的双总线结构。

面向 CPU 的双总线结构是在 CPU 和主存储器之间、CPU 与 I/O 设备之间分别设置的一组总线。双总线结构通过存储总线使 CPU 对主存储器进行读/写操作;而 CPU 与 I/O 设备之间的信息交换通过输入/输出总线,这样提高了微机系统的数据传输效率。双总线结构的缺点是外设与主存之间没有直接通路,要通过 CPU 进行信息交换,降低了 CPU 的工作效率。

(3)面向主存储器的双总线结构。

面向主存储器的双总线结构结合了以上两种总线结构的特点,所有的部件和设备均挂在总线上,可以通过总线交换信息,同时又在 CPU 与主存储器之间增加一组高速存储总线,使 CPU 与主存之间可直接高速交换信息。这种结构提高了总线的标准信息传输效率,同时也不降低 CPU 的工作效率,通常在 80286 以上的微型计算机中采用面向主存储器的双总线结构。

8.1.3　接口功能与接口分类

接口电路是专门为解决 CPU 与外设之间的不匹配、不能协调工作而设置的,它处在总线和外设之间,一般应具有以下基本功能。

(1)设置数据缓冲以解决两者速度差异所带来的不协调问题。

CPU 和外设之间速度不协调的问题可以通过设置数据缓冲来解决,也就是要事先准备传送的数据,在需要的时刻完成传送。经常使用锁存器和缓冲器,并配以适当的联络信号来实现这种功能。

例如,当快速的 CPU 要将数据传送到慢速的外设时,可事先把数据传送到锁存器中锁住,等外设做好接收数据的准备工作后再把数据取走。反之,若外设要把数据传送到 CPU 去,也可先把数据送入输入寄存器(它也是一种锁存器),再发送联络信号通知 CPU 来取走数据。当输入数据时,多个外设不允许同时把数据送到数据总线上,以免引起总线竞争而毁坏总线。为此,必须在输入寄存器和数据总线之间放一个缓冲器,只有 CPU 发送出的选通命令到达,特定的输入缓冲器被选通时,外设送来的数据才能抵达数据总线。

(2) 设置信号电平转换电路。

外设和 CPU 之间信号电平的不一致问题,可通过在接口电路中设置电平转换电路来解决。

(3) 设置信息转换逻辑以满足对各自格式的要求。

由于外设传送的信息可以是模拟信号,也可以是数字信号或开关信号,而计算机只能处理数字信号。因此,模拟信号必须经模/数转换(A/D)变换成数字信号后,才能送到计算机去处理。而计算机送出的数字信号也必须经数/模转换(D/A)变成模拟信号后,才能驱动某些外设工作。于是,就要使用包含 A/D 转换器和 D/A 转换器的模拟接口电路来完成这些功能。至于开关量,可以有两种状态,如开关的闭合和断开,阀门的打开和关闭等,也要被转换成用 0 或 1 表示的一位数字信号后,才能被计算机识别或接受它的控制。

虽然大多数外设使用的都是数字信号,但是,当它们与计算机通信时,仍然存在信号的转换问题。因为计算机的数据总线传送的通常是 8 位或 16 位的并行数据,而有些外设采用串行方式传送数据,所以必须将 CPU 送出的并行数据经过并变串电路转换成串行信息后,才能送给串行外设。反之,串行设备的数据,也必须经过串变并的转换后才能送给 CPU。即使是使用并行数据的外设,其数据长度和数据格式也可能与主机的不同,因此,也需要进行数据格式的转换。这些工作均由专门的接口电路来完成。

(4) 设置时序控制电路来同步 CPU 和外设的工作。

接口电路接收 CPU 送来的命令或控制信号、定时信号,实施对外设的控制与管理。外设的工作状态和应答信号也通过接口及时返回给 CPU,以握手联络(Handshaking)信号来保证主机和外部 I/O 操作实现同步。

(5) 提供地址译码电路。

CPU 要与多个外设打交道,一个外设又往往要与 CPU 交换几种信息,因此一个外设接口中通常包含若干个端口,而在同一时刻,CPU 只能与某一个端口交换信息。外设端口不能长期与 CPU 相连,只有被 CPU 选中的设备才能接收数据总线上的数据,或将外部信息送到数据总线上。这就需要有外设地址译码电路,使 CPU 在同一时刻只能选中某一个 I/O 端口。

此外,在接口电路中还有输入/输出控制、读/写控制及中断控制等逻辑。当然,并不是所有接口都具备上述全部功能,所控制的外设不同,接口电路的功能可能不完全一样。

因此,I/O 接口电路是外设和计算机之间传送信息的交接部件,它能使两者之间很好地协调工作,每个外设都要通过接口电路才能和主机相连。随着大规模集成电路技术的发展,出现了许多通用的可编程接口芯片,可用它们来方便构成接口电路。

8.2 系统总线

总线(Bus)是指计算机设备和设备之间传输信息的公共数据通道。总线由许多传输线或通路组成,每条线可一位一位地传输二进制代码,一串二进制代码可在一段时间内逐一传输完成。若干条传输线可以同时传输若干位二进制代码。总线连接多个部件,各部件共享传输介质。

在某一时刻,只允许有一个部件向总线发送信息,而多个部件可以同时从总线上接收相同的信息。

8.2.1 总线的分类

总线按连接部件划分,可分为片内总线、系统总线和通信总线。

1. 片内总线

片内总线是指芯片内部的总线,如在 CPU 芯片内部、寄存器与寄存器之间、寄存器与逻辑部件之间互联的总线。

2. 系统总线

系统总线是指 CPU、主存、I/O 设备各大部件之间的信息传输线。

按传输信息的不同,系统总线又可分为数据总线、地址总线和控制总线三大类。

(1)数据总线:用于传输各部件之间的数据信息,它是双向传输总线,其位数称为数据总线宽度,与机器字长、存储字长有关,一般为 8 位、16 位或 32 位。

(2)地址总线:用于指出数据总线上的源数据或目的数据在主存单元的地址或 I/O 设备的地址,也就是说,地址总线上的代码用来指明 CPU 欲访问的存储单元或 I/O 端口的地址,由 CPU 输出,单向传输。地址总线的位数与存储单元的个数有关,如果地址线为 20 根,则对应的存储单元个数为 220 个。

(3)控制总线:用于发出各种控制信号,通常对任一控制线而言,它的传输是单向的,如存储器的读/写命令都是由 CPU 发出的,但对控制总线总体而言,又可认为是双向的,如当某设备准备就绪时,便可通过控制总线向 CPU 发送中断请求。常用的控制信号有时钟、复位、总线请求、总线允许、中断请求、中断响应、主存读/写、I/O 读/写和传输响应等。

只有数据总线是双向传输的,地址总线和控制总线是单向传输的,都是从 CPU 发出的。总线的性能可直接影响整机系统的性能,而且任何系统的研制和外围模块的开发都必须依从所采用的总线规范。总线技术随着微机结构的改进而不断发展与完善。

3. 通信总线

通信总线用于计算机系统之间或计算机系统与其他系统之间的通信。按数据传输方式,通信总线又可分为串行通信和并行通信。

(1)串行通信:指数据在单条 1 位宽的传输线上,一位一位地按顺序分时传送,如 1 字节数据在串行传送中要通过一条传输线分 8 次由低位到高位按顺序逐位传送。

(2)并行通信:指数据在多条并行 1 位宽的传输线上,同时由源地址传送到目的地址,如 1 字节的数据在并行传送中要通过 8 条并行传输线,同时由源地址传送到目的地址。

8.2.2　总线的性能指标

1. 总线宽度

总线宽度是指数据总线的根数,用 bit(位)表示,如 8 位(8 根)、16 位(16 根)、32 位(32 根)、64 位(64 根)等。

2. 总线带宽

总线带宽可理解为总线的数据传输率,即单位时间内在总线上传输数据的位数,通常用每秒传输信息的字节数来衡量,单位可用 MB/s(兆字节每秒)表示。总线带宽＝总线工作频率×(总线宽度/8),如总线工作频率为 33 MHz,总线宽度为 16 位,则总线带宽＝33×(16÷8)＝66 MB/s。

3. 总线工作频率

总线工作频率是指总线上各种操作的频率等于总线周期的倒数,即总线工作频率＝1/总线周期。实际上是指一秒钟内传输几次数据。

4. 总线周期

总线周期即总线传输周,是指一次总线操作所需的时间(包括申请阶段、寻址阶段、传送阶段和结束阶段)。总线周期通常由若干个总线时钟周期构成。而总线时钟周期就是机器的时钟周期。

5. 总线时钟频率

总线时钟频率是指机器的时钟频率,即总线时钟频率＝1/总线时钟周期。

6. 同步/异步总线

总线上的数据与时钟同步工作的总线称为同步总线,与时钟不同步工作的总线称为异步总线。

7. 总线复用

一条信号线上分时传送两种信号称为总线复用。例如,在一组物理线路上可分时传输地址信号和数据信号。

8. 信号线数

地址总线、数据总线和控制总线三种总线数的总和称为信号线数。

9. 总线控制方式

总线控制方式有突发工作、自动配置、仲裁方式、逻辑方式和计数方式等。

【例 8.1】　设某系统总线在一个总线周期中并行传送 6 字节信息,总线时钟频率为 20 MHz,一个总线周期占用 2 个时钟周期,求该总线带宽。

解　总线时钟频率为 20 MHz,一个总线周期占用 2 个时钟周期,所以总线工作频率＝20 MHz/2＝10 MHz,总线的宽度＝6×8 位,所以总线带宽＝总线工作频率×(总线宽度/8)＝10 MHz×6B＝60 MB/s。

8.2.3 总线的信息传输方式

1. 串行传输方式

信息以串行方式传送时,只有一条传输线,且采用脉冲传送,即数据 0 或 1 按位顺序传送(以脉冲信号"有或无"的形式传送),每拍(次)传一位。其特点是线路成本低,传送速度慢。适用场合:主机与低速外设间的传送、远距离通信总线的数据传送、系统之间的数据传送。

串行传输信息的速率通常用波特率和比特率来表示。

波特率是指每秒钟传送的数据位数,比特率是指每秒钟传送的有效数据位数。

【例 8.2】 利用串行方式传送字符,假设数据传送速率是 120 个字符/秒,每个字符格式规定包含 10 个数据位(起始位、停止位、8 个数据位),问传送的波特率是多少?每个数据位占用的时间是多少?比特率又是多少?

解 波特率$=10\times120=1200$。

每个数据位占用的时间 Td 是波特率的倒数,所以 $Td=1/1200=0.833\times10-3\ s=0.833\ ms$。每个字符对应的 10 个数据位中只有 8 个有效数据位,所以比特率$=8\times120=960$。

2. 并行传输方式

利用并行方式传输二进制信息时,每位数据都需要单独有一条传输线,从而使得多位二进制数码在同一时刻同时进行传送。并行传输一般采用电位传送。由于所有的位同时被传送,所以并行数据传送的速度比串行数据传送的快得多。其特点是线路成本高,传送速度快。适用场合:短距离的高速数据传输。

3. 复合传输方式

在不同的时间间隔中,总线可以分别完成传送地址和传送数据的任务,或者当多部件共享总线时,各部件根据控制命令分时使用总线来完成自己的数据传送任务。也就是说,复合传输方式有两个概念:数据和地址信息分时享用总线,即总线复用方式;共享总线的部件分时使用总线,即总线分时方式。

复合传输方式的优缺点如下。

(1)复合传输方式的优点:可提高总线的利用率,减少总线的信号线数量,从而降低总线的成本。

(2)复合传输方式的缺点:会影响总线操作的速度。

4. 猝发传输方式

猝发传输是指在一次传输地址后,利用连续多个数据时间依次传输多个数据的方式。一次猝发式传输总线周期通常由一个地址周期和一个或几个数据周期组成,也称为并发传输或成组传输方式。

8.2.4 总线结构

从结构上看,有单总线结构、双总线结构和三总线结构等。

1. 单总线结构

单总线结构将 CPU、主存、I/O 设备(通过 I/O 接口)都挂到一组总线上,允许 I/O 设备之间、I/O 设备与主存之间直接交换信息,如图 8-2 所示。单总线结构中设备的寻址采用统一编址的方法,即所有的主存单元以及 I/O 设备接口寄存器的地址一起构成一个统一的地址空间,因此,访内存指令与 I/O 指令在形式上完全相同,区别仅在于地址的数值不一样,所以省去了 I/O 指令,简化了指令系统。

单总线结构的优点:结构简单,允许 I/O 设备之间或 I/O 设备与主存之间直接交换信息,只需 CPU 分配总线使用权,不需要 CPU 干预信息的交换;单总线结构的缺点:由于全部系统部件都连接在一组总线上,总线的负载很重,可能使其吞吐量达到饱和甚至不能胜任的程度,故大多为小型机和微型机采用。

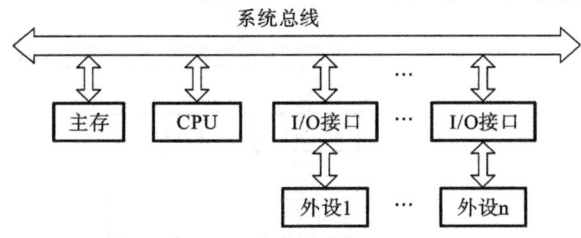

图 8-2　单总线结构

2. 双总线结构

双总线结构有两条总线,一条是主存总线,用于 CPU、主存和通道之间进行数据传送;另一条是 I/O 总线,用于多个 I/O 设备与通道之间进行数据传送。双总线结构如图 8-3 所示。在双总线系统中采用单独编址的方法,CPU 对内存总线和系统总线必须有不同的指令系统,内存地址和 I/O 设备的地址是分开的,当访问内存时,由存储读、存储写两条控制线来控制;当访问 I/O 设备时,由 I/O 读、I/O 写两条控制线来控制。双总线结构的优点:将速度较低的 I/O 设备从单总线上分离出来,形成存储器总线和 I/O 总线分开的结构。适合大型、中型计算机;双总线结构的缺点:需要增加通道等硬件设备。

3. 三总线结构

三总线结构是在计算机系统各部件之间采用三条各自独立的总线来构成信息通路。三条总线分别是存储总线、I/O 总线和系统总线,如图 8-4 所示。

三总线结构采用单独编址的方法,是在双总线系统的基础上增加 I/O 总线形成的。存储总线用于在 CPU 和内存之间传送地址、数据和控制信息,是 CPU、内存和通道进行数据传送的公共通路;I/O 总线用于 CPU 和各类外设之间的通信,是多个外设与通道之间进行数据传送的公共通路;系统总线用于在内存和高速外设之间直接传送数据,系统总线中的 I/O 设备与存储器之间直接交换数据而不经过 CPU,从而减轻了 CPU 对数据 I/O 的控制。三总线结构通常用于中型、大型计算机中。

一般来说,在三总线结构中,任一时刻只使用一种总线;若使用多入口存储器,存储总线可与系统总线同时工作,此时三总线结构可以比单总线结构运行得更快。但是在三总线结

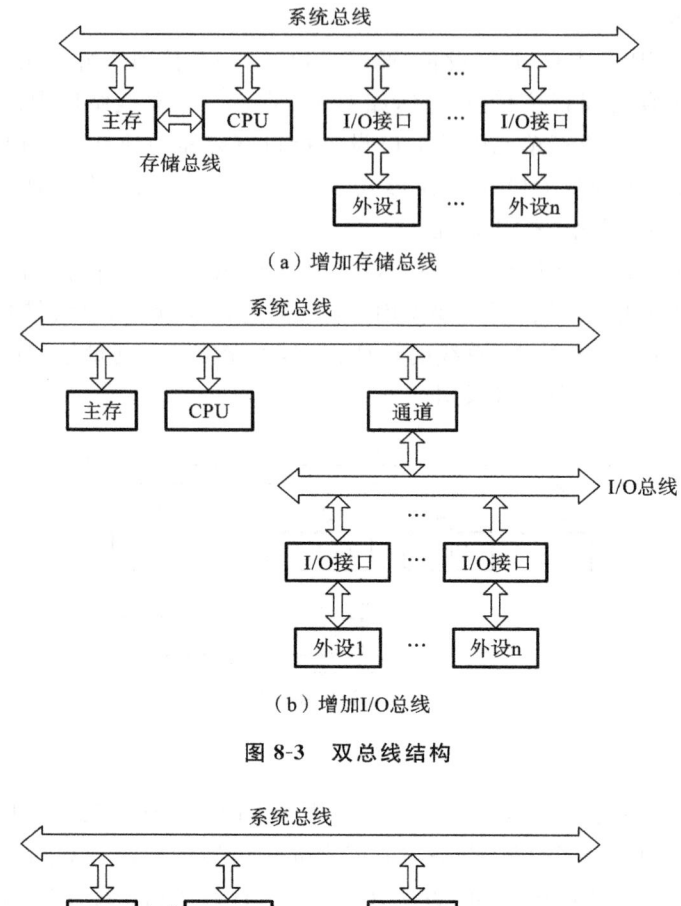

（a）增加存储总线

（b）增加I/O总线

图 8-3　双总线结构

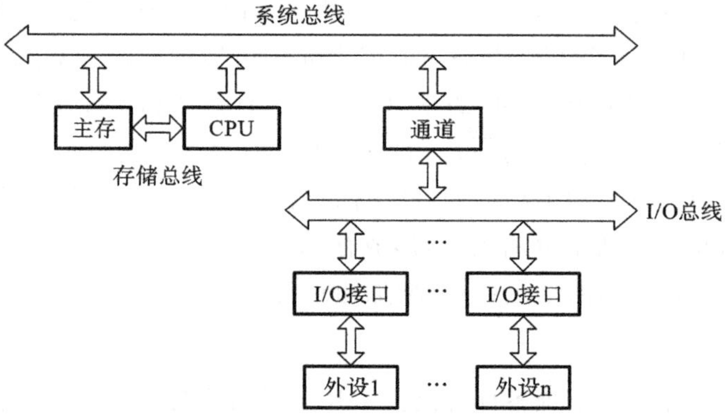

图 8-4　三总线结构

构中，设备与设备间不能直接进行信息传送，而必须经过 CPU 或内存间接传送，所以三总线结构的工作效率较低。

三总线结构的优点：提高了 I/O 设备的性能，使其更快地响应命令，提高了系统吞吐量；其缺点：系统工作效率较低。

8.2.5　总线标准

所谓总线标准，可视为系统与各模块、模块与模块之间的一个互联的标准界面。这个界面两端的任意一方只需根据总线标准的要求完成自身接口的功能要求，而无须了解对方接口与总线的连接要求。因此,按总线标准设计的接口可视为通用接口。制定总线标准的目的是便于灵活组成系统。

常用的总线标准有以下几个。

1. ISA 总线

ISA(Industry Standard Architecture,工业标准体系结构)总线,又称 AT 总线。采用 24 位地址线(可直接寻址的内存容量为 16 MB),不支持仲裁的硬件逻辑,不支持多台主设备系统,属系统总线标准。

2. EISA 总线

EISA(Extended Industry Standard Architecture,扩展工业标准体系结构)是一种在 ISA 基础上扩展的总线标准。支持多个总线主控器和突发方式(总线上可进行成块的数据传输)的传输。地址总线为 32 位,数据总线为 32 位,属于系统总线标准。

3. VESA(VL-BUS)总线

VESA 总线是由 VESA(Video Electronic Standard Association,视频电子标准协会)提出来的局部总线标准,也称 VL-BUS 总线。所谓局部总线,是指在系统外为两个以上设备提供的高速传输信息通道,VESA 配有局部控制器,将高速设备直接挂在 CPU 的总线上,实现 CPU 与高速外设之间的高速数据交换。数据总线为 32 位,属于系统总线标准。

4. PCI 总线

PCI(Peripheral Component Interconnect),即外部设备互联总线,它提供 32/64 位数据总线,总线时钟频率为 33 MHz。与 ISA、EISA 均可兼容,支持即插即用、多层结构,提供数据和地址奇偶校验功能。采用同步时序协议和集中式仲裁方式,属于系统总线标准。

PCI Express 总线是一种完全不同于 PCI 总线的一种全新总线规范,与 PCI 总线共享并行架构相比,PCI Express 总线是一种点对点串行连接的设备连接方式,点对点意味着每一个 PCI Express 设备都拥有自己独立的数据连接,各个设备之间并发的数据传输互不影响,而对于过去 PCI 那种共享总线方式,PCI 总线上只能有一个设备进行通信,一旦 PCI 总线上挂接的设备增多,每个设备的实际传输速率就会下降,性能得不到保证。现在,PCI Express 以点对点的方式处理通信,每个设备在要求传输数据的时候各自建立自己的传输通道,对于其他设备而言,这个通道是封闭的,这样的操作保证了通道的专有性,从而避免了其他设备的干扰。

5. AGP 总线

AGP(Accelerated Graphics Port,加速图形接口)是专为提高视频带宽而设计的总线规范。它采用点对点连接,连接控制芯片组和 AGP 显示卡,因此严格来说,AGP 不能称为总线,而是一种接口标准,它属于设备总线标准。

6. RS-232C 总线

RS-232C(Recommended Standard,232 为标志号,C 表示修改次数)是由美国电子工业协会(EIA)提出的一种串行通信总线标准,它是应用于串行二进制交换的数据终端设备和数据通信设备之间的标准接口。RS-232C 属于设备总线标准。

7. SCSI 总线

SCSI(Small Computer System Interface,小型计算机系统接口)总线主要用于光驱、音频设备、扫描仪、打印机以及像硬盘驱动器这样的大容量存储设备等的连接,是一种直接连接外设的并行 I/O 总线,属于设备总线标准。

8. USB 总线

USB(Universal Serial Bus,通用串行总线)是一种连接外围设备的 I/O 总线,属于设备总线标准。USB 由 Intel 公司提出,带宽为 12 Mb/s,与传统接口总线相比,主要优点有以下三个:① 具有即插即用功能(USB 提供机箱外的即插即用连接,连接外设时不必再打开机箱,也不必关闭主机电源);② USB 采用"级联"方式连接各个外部设备(每个 USB 设备用一个 USB 插头连接到前一个外设的 USB 插座上,而其本身又提供一个 USB 插座,以供下一个 USB 外设连接,可连接多达 127 个外设,两个外设间的线缆长度可达 5 米);③ 适用于低速外设连接(USB 的传送速度可达 12 Mb/s,可与键盘、鼠标、Modem 等常见外设连接,还可以与 ISDN、电话系统、数字音响、打印机/扫描仪等低速外设连接)。

在 USB 总线上,数据的传送是以帧(Frame)为单位进行的,即发送方需要按照一定的格式对要传送的数据进行组织;接收方按照同样的格式来接收和理解帧。

8.3 直接程序传送方式与接口

在计算机的操作过程中,最基本的和使用最多的操作是数据传送。在微机系统中,数据主要在 CPU、存储器和 I/O 接口之间传送。在数据传送过程中,关键的问题是数据传送的控制方式,微机系统中数据传送的控制方式主要有程序控制传送方式和 DMA(直接存储器存取)传送方式。

程序控制传送方式可分为无条件传送方式、查询传送方式和中断传送方式。

1. 无条件传送方式

无条件传送方式又称同步传送方式。主要用于外设的定时是固定的且已知的场合,外设必须在微处理器限定的指令时间内把数据准备就绪,并完成数据的接收或发送工作。通常采用的办法是:把 I/O 指令插入程序中,当程序执行到该 I/O 指令时,外设必须已为传送的数据做好准备,在此指令时间内完成数据的传送任务。无条件传送是最简单的传送方式,它所需要的硬件和软件都较少。

图 8-5 所示的电路,是无条件传送方式的电路,开关 S 的状态总是随时可读的。

2. 查询传送方式

查询传送方式又称异步传送方式。当 CPU 与外设工作不同步时,很难确保 CPU 在执行输入操作时外设的数据一定是"准备好"的;而在执行输出操作时,外设寄存器一定是"空"的。为了确保数据传送的正确进行,便提出了查询传送方式。当采用这种传送方式时,CPU 必须先对外设进行状态测试。完成一次传送过程的步骤如下。

(1)通过执行一条输入指令,读取所选外设当前的状态。

(2)根据该设备的状态决定程序的去向,如果外设正处于"忙"或"未准备就绪",则程序

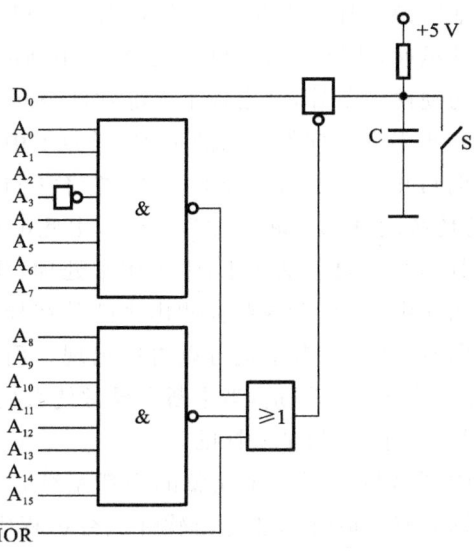

图 8-5　无条件传送方式

转回重复检测外设的状态；如果外设处于"空"或"准备就绪"，则发出一条输入/输出指令，进行一次数据传送。查询传送方式的流程如图 8-6 所示。

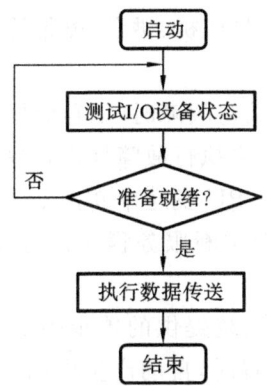

图 8-6　查询传送方式的流程图

查询传送方式的优点是安全可靠、用于接口的硬件较省；查询传送方式的缺点是 CPU 必须循环等待外设准备就绪，导致效率不高。

8.4　中断方式与接口

8.4.1　中断方式基本概念

中断是 CPU 在执行当前程序的过程中，当出现某些异常事件或某种外部请求时，使得 CPU 暂时停止正在执行的程序（即中断），转去执行外部设备服务的程序。当外部设备服务的程序执行完后，CPU 再返回暂时停止正在执行的程序（即断点），继续执行原来的程序。

这种中断就是人们通常所说的外部中断。但是,随着计算机体系结构不断地更新换代,中断技术发展的速度也非常迅速,中断的概念也随之延伸,中断的应用范围也随之扩大。除了由传统的外围部件引起的硬件中断外,又出现了内部软件中断概念。

在 Pentium 中则更进一步丰富了软件中断的种类,延伸了中断的内涵。它把许多在执行指令过程中产生的错误也归并到了中断处理的范畴,并将它们和通常意义上的内部软件中断一起统称为异常,而将传统的外部中断简称为中断。由此可见,中断和异常对于 Pentium 微处理机来说是有区别的,其主要区别在于:中断用来处理 CPU 以外的异常事件,而异常则用来处理在执行指令期间由 CPU 本身对检测出来的某些异常事件做出响应。当再次执行产生异常的程序或数据时,这种异常总是可以再次出现。而由外围部件引起的硬件中断,一般来说与当前的执行程序无关。但是,当中断和异常使微处理机暂时停止执行当前的程序,去执行更高优先级别的程序时,却是一样的。

外部中断和内部软件中断就构成了一个完整的中断系统。发出中断请求的来源非常多,不管是由外部事件而引起的外部中断,还是由软件执行过程中而引发的内部软件中断,凡是能够提出中断请求的设备或异常故障,均被称为中断源。

8.4.2 中断请求

中断源有以下几种。

(1)外设中断源。一般有键盘、打印机、磁盘、磁带等,工作中要求 CPU 为它服务时,会向 CPU 发送中断请求。

(2)故障中断源。当系统出现某些故障时(如存储器出错、运算溢出等),相关部件会向 CPU 发出中断请求,以便使 CPU 转去执行故障处理程序来解决故障。

(3)软件中断源。在程序中向 CPU 发送中断指令(8086 为 INT 指令),可迫使 CPU 转去执行某个特定的中断服务程序,而中断服务程序执行完后,CPU 又回到源程序中继续执行 INT 指令后面的指令。

(4)为调试而设置的中断源。系统提供的单步中断和断点中断,可以使被调试程序在执行一条指令或执行到某个特定位置时,自动产生中断,从而便于程序员检查中间结果,寻找错误所在。

8.4.3 中断判优

根据中断源是来自 CPU 内部还是 CPU 外部,通常将所有中断源分为两类:外部中断源和内部中断源,对应的中断称为外部中断或内部中断。

1. 外部中断源和外部中断

外部中断源即硬件中断源,来自 CPU 外部。8086 CPU 提供了两个引脚来接收外部中断源的中断请求信号:可屏蔽中断请求引脚和不可屏蔽中断请求引脚。

通过可屏蔽中断请求引脚输入的中断请求信号称为可屏蔽中断请求,对这种中断请求,CPU 可响应也可不响应,具体取决于标志寄存器中 IF 标志位的状态。通过不可屏蔽中断请求引脚输入的中断请求信号称为不可屏蔽中断请求,这种中断请求 CPU 必须响应。

2. 内部中断源和内部中断

内部中断源是来自 CPU 内部的中断事件,这些事件都是特定事件,一旦发生,CPU 就调用预定的中断服务程序去处理。内部中断主要有几种情况:除法错误中断、断点中断、单步中断。单步中断和断点中断一般仅在调试程序时使用。调试程序通过为系统提供这两种中断的中断服务程序,在发生断点或单步中断后获得 CPU 控制权,从而可以检查被调试程序(中断前 CPU 运行的程序)的状态。

由于系统中存在许多中断源,当中断发生时,CPU 就要进行中断源的判断。只有知道了中断源,CPU 才能调用相应的中断服务程序来为其服务。为了标记中断源,人们给系统中的每个中断源指定一个唯一的编号,称为中断类型号。CPU 对中断源的识别就是获取当前中断源的中断类型号,在 8086 系统中的实现如下所述。

(1)可屏蔽中断(硬件中断):所有通过可屏蔽中断请求引脚向 CPU 发送的中断请求,都必须由中断控制器 8259A 管理。CPU 在准备响应其中断请求时,会给 8259A 发送一个中断响应信号,8259A 收到这个信号后,会将发出中断申请外设的中断类型号通过系统数据总线发送给 CPU。

(2)软件中断:在中断指令 INT n 中,参数 n 即为中断类型号。

(3)除以上两种情况外,其余中断都是固定类型号,主要是内部中断,如除法错误中断(类型 0)、单步中断 IF=1(类型 1)、断点中断 INT 3(类型 3)、溢出中断 INT 0(类型 4)等。外部中断中不可屏蔽中断的类型号也是固定的(类型 2)。

8086/8088 系统中,中断类型号范围为 0~FFH,即最多有 256 个中断源。

8.4.4 中断处理概述

不同类型计算机系统中的中断系统有所不同,但实现中断的过程是相同的。中断的处理过程一般有以下几步,即中断请求、中断响应、中断处理、中断返回。

1. 中断请求

中断处理的第一步是中断源发出中断请求,这一过程随中断源类型的不同而出现不同的特点,具体如下。

(1)外部中断源的中断请求。

当外部设备要求 CPU 为它服务时,需要发送一个中断请求信号给 CPU 进行中断请求。8086 CPU 有两个外部中断请求引脚 INTR 和 NMI 供外设向其发送中断请求信号使用,这两个引脚的区别在于 CPU 响应中断的条件不同。

CPU 在执行完每条指令后,都要检测中断请求输入引脚,看是否有外设的中断请求信号。根据优先级,CPU 先检查 NMI 引脚,再检查 INTR 引脚。

INTR 引脚口上的中断请求称为可屏蔽中断请求,CPU 是否响应这种请求,取决于标志寄存器的 IF 标志位的值。IF=1 为允许中断,CPU 可以响应 INTR 上的中断请求;IF=0 为禁止中断,CPU 将不理会 INTR 上的中断请求。

由于外部中断源有很多,而 CPU 的可屏蔽中断请求引脚只有一个,这又产生了如何使得多个中断源合理共用一个中断请求引脚的问题。解决这个问题的方法是引入 8259A 中断控制器,由它先对多路外部中断请求进行排队,根据预先设定的优先级决定在有中断请求冲突时,允许哪个中断源向 CPU 发送中断请求信号。

NMI 引脚口上的中断请求称为不可屏蔽中断请求(或非屏蔽中断请求),这种中断请求CPU 必须响应,它不能被 IF 标志位所禁止。不可屏蔽中断请求通常用于处理应急事件。在 PC 系列机中,RAM 奇偶校验错、I/O 通道校验错和协处理器 8087 运算错等都能够产生不可屏蔽中断请求。

(2)内部中断源的中断请求。

CPU 的中断源除了外部硬件中断源外,还有内部中断源。内部中断请求不需要使用CPU 的引脚口,它由 CPU 在下列两种情况下自动触发:其一是在系统运行程序时,内部某些特殊事件发生(如除数为 0,运算溢出或单步跟踪及断点设置等);其二是 CPU 执行了软件中断指令 INT n。所有的内部中断都是不可屏蔽的,即 CPU 总是响应(不受 IF 限制)。8086 的中断系统结构如图 8-7 所示。

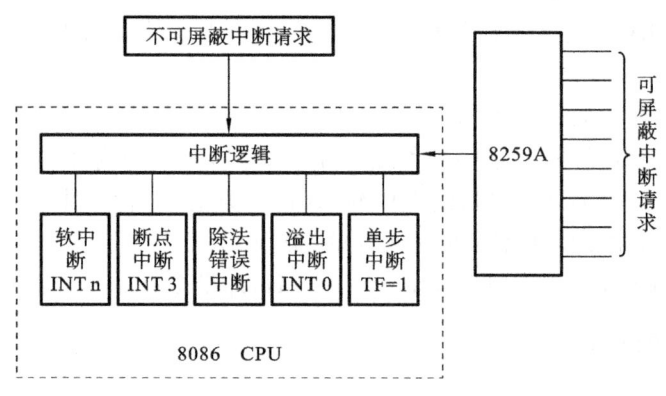

图 8-7 8086 的中断结构

2.中断处理

中断处理的过程就是 CPU 运行中断服务程序的过程,这一步骤对所有中断源都一样。所谓中断服务程序,就是为实现中断源所期望达到的功能而编写的处理程序。中断服务程序一般由四部分组成:保护现场、中断服务、恢复现场、中断返回。所谓保护现场,是因为有些寄存器可能在主程序被打断时存放了有用的内容,为了保证返回后不破坏主程序在断点处的状态,应将有关寄存器的内容压入堆栈进行保存。中断服务部分是整个中断服务程序的核心,其代码完成与外设的数据交换。恢复现场是指中断服务程序完成后,把原先压入堆栈的寄存器内容再弹回到 CPU 相应的寄存器中。有了保护现场和恢复现场的操作,就可保证在返回断点后,正确无误地继续执行原先被打断的程序。中断服务程序的最后部分是一条中断返回指令 IRET。

3.中断返回

在中断服务程序的最后,应安排一条中断返回指令 IRET。该指令完成如下功能。

(1)从栈顶弹出一个字——IP。

(2)再从栈顶弹出一个字——CS。

（3）再从栈顶弹出一个字——FLAGS。

IRET 指令执行完后，CS、IP 恢复为原中断前的值，CPU 从断点处继续执行原程序。

从上述过程可以看出，各类中断源的中断过程基本相同，以可屏蔽中断的过程最为复杂，如图 8-8 所示。

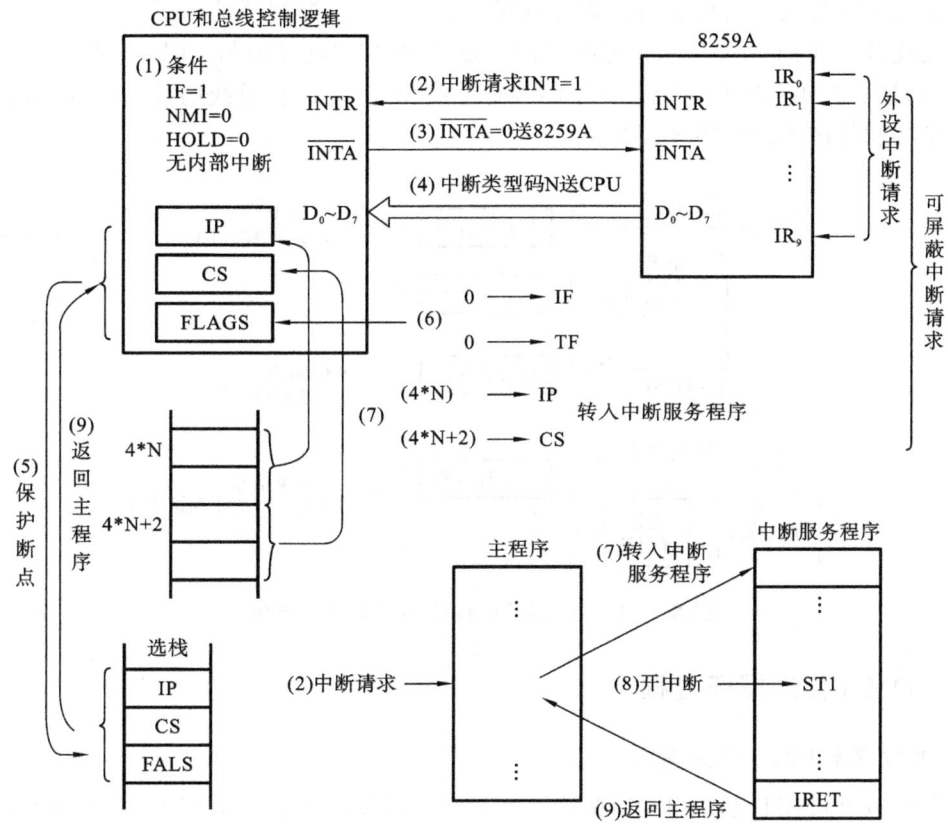

图 8-8　可屏蔽中断的响应和处理过程

8.5　DMA 方式与接口

8.5.1　DMA 方式基本概念

为了解决外设与内存之间大块数据交换时的速度问题，提出了 DMA 方式。DMA 方式是一种让数据在外设和内存之间（或者内存到内存之间）直接传送的方式，其基本特点是 CPU 不参与数据传送。在 DMA 传送期间，CPU 自己挂起，把总线控制权让出来，在 DMA 控制器的管理下，提供给外设和内存使用。

DMA 传送的关键是 DMA 控制器，它可以像 CPU 那样取得总线控制权。为了实现 DMA 传送，DMA 控制器必须将内存地址送到地址总线上，并且能够发送和接收联络信号。

DMA 传送的基本过程如下：一个 DMA 控制器通常可以连接一个或几个输入/输出接

口,每个接口通过一组连线和DMA控制器相连。习惯上,将DMA控制器中与某个接口有联系的部分称为一个通道。这就是说,一个DMA控制器一般由几个通道组成。

8.5.2 DMA 控制器与接口的连接

外设与系统总线之间只进行数据总线的连接。DMA控制器的连接比较复杂,首先它要与外设连接,接收DMA请求信号和控制外设操作;其次它还要与CPU联系,请求取得总线控制权;最后它还必须与系统总线上的各种总线相连,并进行总线的控制。DMA控制器的编程结构和外部连线如图8-9所示。

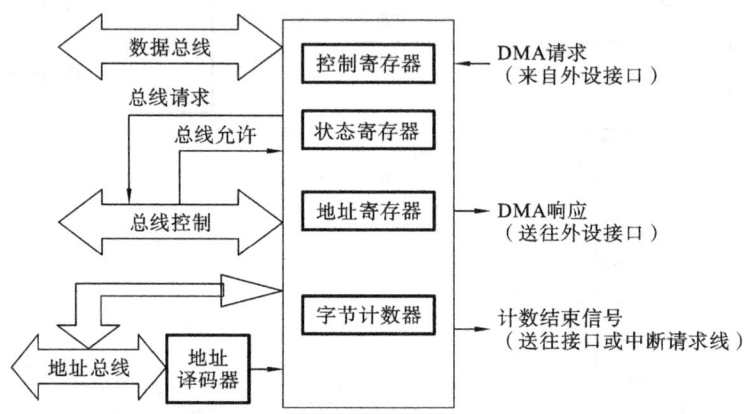

图 8-9　DMA 控制器的编程结构和外部连线

8.5.3 DMA 传送操作过程

1. 外设提出 DMA 传送请求

由外设或外设控制电路向DMA控制器发送DMA请求信号DREQ,表示请求进行一次DMA传送。

2. DMA 控制器响应请求信号

DMA控制器接收到请求信号后,经控制电路向CPU提出保持请求信号HOLD,并等待CPU的回答。如果控制器连接多个DMA设备,就要对各设备的请求进行排队,选择优先级别最高的请求输出,作为向CPU发送的保持请求信号。

3. CPU 响应

CPU会在每个时钟上升沿检测有无HOLD请求信号,若有此请求信号,且自身正处在总线空闲周期中,CPU就会立即响应保持请求信号。如果CPU正在执行某个总线周期,那么要等到这个总线周期结束后再响应此保持请求信号。CPU对保持请求信号有两个动作:第一个是从HLDA引脚端发送一个响应信号,告诉DMA控制器可以开始占用总线;第二个是将CPU与总线相连接的引脚口设置为高阻态,即释放总线。

4. DMA 控制器的动作

DMA控制器在接收到HLDA响应信号后,即开始对直接存储器存取的过程进行控制。它向外设发送 DACK 作为对 DMA 请求信号的响应,同时也作为外设的数据选通。还向系统总线发送控制信号和地址信号,以选择合适的存储单元。在一次 DMA 结束后,控制器撤除 HOLD 请求信号,CPU 也消除 HLDA 响应信号,并重新开始使用总线。

习 题 八

1. 什么是总线?

2. 微型计算机中的总线通常分为哪几类? 各有什么特点?

3. 在微型计算机中,总线标准有什么特性?

4. 设计总线时应考虑哪些因素?

5. IBM PC 总线、PC/AT 总线的主要特点是什么? 它们的使用范围如何?

6. PCI 总线的主要特点是什么?

7. 总线的性能指标有哪些? 比较常用的微型机总线有哪些?

8. USB 总线的特点是什么?

9. IBM PC/AT 微机的 16 位总线插槽由多少个引脚组成? 它比 PC/XT 总线增加了哪些信号?

10. CPU 与接口电路之间数据传送的控制方式有几种? 试比较它们各自的优缺点及其适用场合。

11. 简述 8086/8088 可屏蔽中断的响应过程。

12. 一般 DMA 控制器应具有哪些基本功能?

参 考 文 献

[1] 白中英,戴志涛.计算机组成原理[M].北京:科学出版社,2013.

[2] 包健,冯建文,章复嘉.计算机组成原理与系统结构[M].2版.北京:高等教育出版社,2017.

[3] 蒋本珊.计算机组成原理[M].3版.北京:清华大学出版社,2013.

[4] 唐朔飞.计算机组成原理[M].2版.北京:清华大学出版社,2008.

[5] 艾伦·克莱门茨.计算机科学丛书:计算机组成原理.沈立,王苏峰,肖晓强,译.北京:机械工业出版社,2017.

[6] 袁春风.计算机组成与系统结构[M].2版.北京:清华大学出版社,2015.

[7] 张光河.计算机组成原理[M].北京:人民邮电出版社,2013.

[8] 张新荣,李雪威,于瑞国.计算机组成原理[M].北京:机械工业出版社,2010.

[9] https://www.intel.com.

[10] https://www.top500.org.